Mathematik

Skript

SOFTFRUTTI verlag

Auflage 2014/2015

Gymnasium G8

6

H. Heil, R. Rau, H. Umla:
Mathematik 6, Skript, Gymnasium G8
ISBN 978-3-928881-30-2

Passend zu diesem Buch:

Arbeitsbuch Mathematik 6 G8, ISBN 978-3-928881-26-5

www.softfrutti.de

Inhaltsverzeichnis

Bezeichnungen und Symbole

$\mathbb{N}$ = Menge der natürlichen Zahlen $= \{0, 1, 2, 3, \ldots\}$

$\mathbb{N}^* = \mathbb{N} \setminus \{0\} = \{1, 2, 3, \ldots\}$

$\mathbb{Z}$ = Menge der ganzen Zahlen $= \{0, 1, -1, 2, -2, 3, -3, \ldots\}$

$\mathbb{Z}^- = \{-1, -2, -3, \ldots\}$

$\mathbb{Z}^+ = \{1, 2, 3, \ldots\}$

$\mathbb{Z}^* = \mathbb{Z} \setminus \{0\} = \{1, -1, 2, -2, 3, -3, \ldots\}$

$\mathbb{Q}$ = Menge der rationalen Zahlen

$\mathbb{Q}^* = \mathbb{Q} \setminus \{0\}$

☞ Dieses Zeichen verweist auf einen wichtigen Sachverhalt.

1

Die ganzen Zahlen, Addition und Subtraktion

Die natürlichen Zahlen sind dir zuerst im Alltag beim Zählen und Nummerieren begegnet. In der Grundschule hast du dann gelernt mit natürlichen Zahlen zu rechnen. Mit der Menge der natürlichen Zahlen, ihren Eigenschaften und Rechengesetzen bist du in Klassenstufe 5 vertraut gemacht worden. Dabei hast du erkannt, dass in dieser Zahlenmenge nicht alle Grundrechenarten uneingeschränkt ausgeführt werden können und auch nicht alle Sachverhalte des täglichen Lebens beschrieben werden können.

1.1 Hinführung zu den ganzen Zahlen

An einem Wintertag stieg die Temperatur von morgens 7 Uhr bis mittags 3 Uhr um 9°C auf 5°C an. Welche Temperatur hat das Thermometer um 7 Uhr angezeigt?

Wir versuchen das Problem mit einer Gleichung zu lösen:

Temperatur um 7 Uhr + 9°C = 5°C.

Zum Rechnen verwenden wir aber nur die Maßzahlen der Temperaturen, wobei wir die Maßzahl der unbekannten Temperatur um 7 Uhr mit x bezeichnen. Dann lautet die entsprechende Gleichung:

$$x + 9 = 5$$

Wir versuchen die Gleichung zu lösen, indem wir auf beiden Seiten 9 subtrahieren:

$$x + 9 = 5 \quad \big| -9$$

$$x = 5 - 9$$

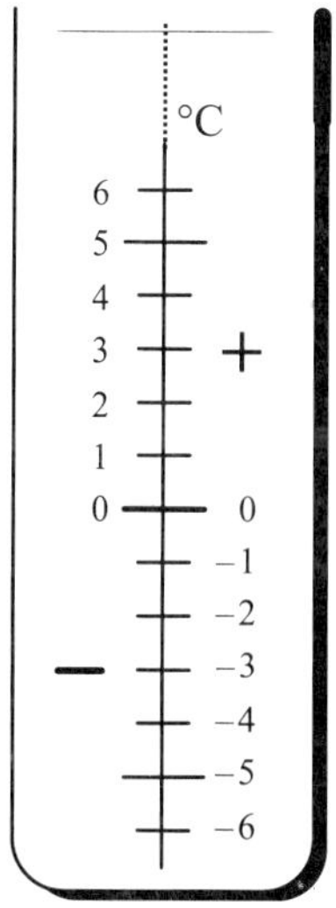

Bild 1.1

Diese Gleichung ist in $\mathbb{N}$ nicht lösbar, da die Differenz $5 - 9$ keine natürliche Zahl ergibt[1].

Du kannst das Problem aber lösen, indem du auf der Temperaturskala des Thermometers 9°C abwärts zählst (Bild 1.1): Um 7 Uhr waren es -4°C.

---

[1] In Klasse 5 hast du gelernt: Die Differenz $a - b$ ergibt nur dann eine natürliche Zahl, wenn a mindestens so groß wie b ist (siehe Skript Klasse 5, Abschnitt 3.1).

Fritz hat bei seiner Schwester Frieda Geld ausgeliehen. Beim Zurückzahlen seiner Schulden gibt er ihr einen 10 €-Schein. Daraufhin hat er bei Frieda noch ein Guthaben von 3 €.

Wie hoch waren seine Schulden?

Wir wollen versuchen, auch dieses Problem mithilfe einer Gleichung zu lösen:

$$\text{Schulden} + 10\,€ = 3\,€$$

Zum Rechnen verwenden wir aber wiederum nur die Maßzahlen der Geldbeträge, wobei wir die Maßzahl des unbekannten Betrags, also der Schulden, mit x bezeichnen. Als Gleichung ergibt sich dann:

$$x + 10 = 3$$

Wir versuchen sie zu lösen, indem wir auf beiden Seiten 10 subtrahieren:

$$x + 10 = 3 \quad \Big| -10$$

$$x = 3 - 10$$

Auch diese Gleichung ist in $\mathbb{N}$ nicht lösbar, da die Differenz $3 - 10$ keine natürliche Zahl ergibt.

Wir können aber auch dieses Problem lösen, indem wir uns eine Geldskala anlegen, auf der wir nach links die Schulden und nach rechts das Guthaben abtragen. Schuldenbeträge erhalten ein Minuszeichen, Guthabenbeträge erhalten ein Pluszeichen (Bild 1.2).

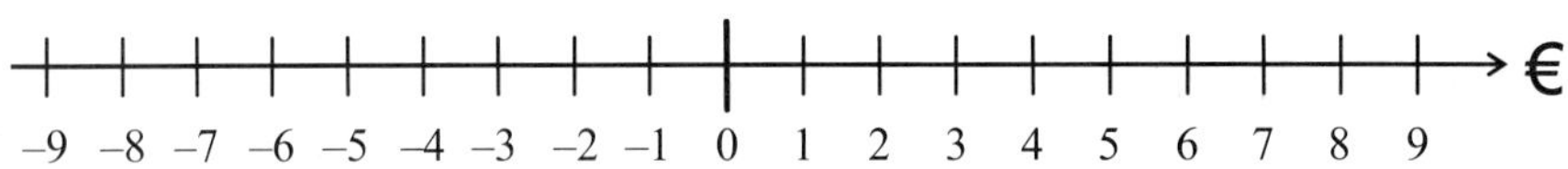

Bild 1.2

Wir zählen von 3 ausgehend 10 Einheiten nach links und sind dann bei –7. Fritz hatte also 7 € Schulden.

Wie diese beiden vorangehenden Betrachtungen zeigen, weist die Menge der natürlichen Zahlen Mängel auf:

Merke

(1) In der Zahlenmenge $\mathbb{N}$ kann man nicht uneingeschränkt subtrahieren.

(2) In der Zahlenmenge $\mathbb{N}$ ist nicht jede Gleichung der Form $x + a = b$ mit $a, b \in \mathbb{N}$ lösbar.

(3) Die natürlichen Zahlen reichen nicht aus, um einfache Sachverhalte des täglichen Lebens mathematisch zu beschreiben.

☞ **Um diese Mängel zu beheben, benötigen wir neue Zahlen.**

1.2 Die Menge der ganzen Zahlen

Wie der vorherige Abschnitt zeigt, ist es manchmal hilfreich, Skalen, auf denen natürliche Zahlen markiert sind, um Markierungen für noch unbekannte Zahlen zu erweitern.

Wir zeichnen dazu eine Zahlengerade und markieren die Zahlpunkte für die natürlichen Zahlen.

Dann werden die Zahlpunkte der natürlichen Zahlen 1, 2, 3, ... am Nullpunkt der Zahlengeraden gespiegelt. Den Spiegelpunkten ordnet man die neuen Zahlen **−1, −2, −3**, ... zu (Bild 1.3). Sie heißen **negative ganze Zahlen**.

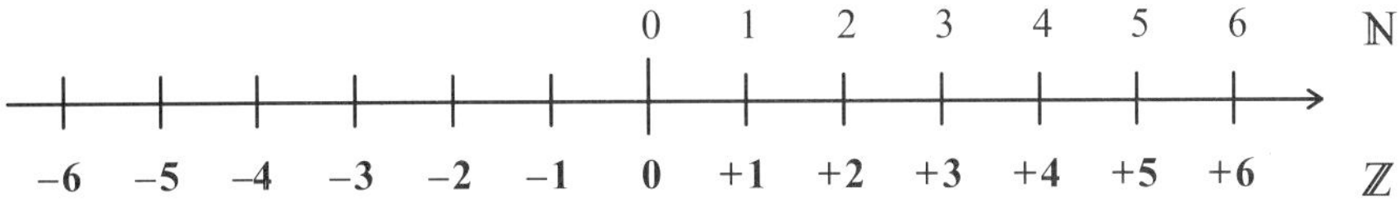

Bild 1.3

Dies führt zu folgender Definition:

Definition 1.1

Der Zahlpunkt der Zahl $n \in \mathbb{N}^*$ wird am Nullpunkt der Zahlengeraden gespiegelt. Dem Spiegelpunkt ordnet man die Zahl $-\boldsymbol{n}$ (lies: minus n) zu.

Die Zahl $-n$ heißt **negative ganze Zahl**.

Die durch Punkte der Zahlengeraden dargestellten Zahlen, nämlich die natürlichen Zahlen und die negativen ganzen Zahlen bilden zusammen die **Menge der ganzen Zahlen**.

Die Zahlen 1, 2, 3, … heißen positive ganze Zahlen; wir schreiben sie auch in der Form +1, +2, +3, …

Definition 1.2

(a) Die Menge $\mathbb{Z} := \{0, 1, -1, 2, -2, 3, -3, \dots\}$ heißt **Menge der ganzen Zahlen**.

(b) Die Menge $\mathbb{Z}^- := \{\dots, -4, -3, -2, -1\}$ heißt **Menge der negativen ganzen Zahlen**.

(c) Die Menge $\mathbb{Z}^+ := \{+1, +2, +3, +4, \dots\}$ heißt **Menge der positiven ganzen Zahlen**.

(d) Die Menge $\mathbb{Z}^* := \{1, -1, 2, -2, 3, -3, \dots\}$ heißt **Menge der ganzen Zahlen ohne die Null**.

Bemerkungen

1. Positive ganze Zahlen haben das **Vorzeichen** „ + “, negative ganze Zahlen haben das Vorzeichen „ – “.

   Das Vorzeichen „ + “ kann man weglassen. Bei einer ganzen Zahl ohne Vorzeichen kann man sich das Vorzeichen „ + “ ergänzt denken.

   Achtung: Unterscheide ab sofort zwischen Vorzeichen, wie z. B. bei -4 oder bei $+9$, und Rechenzeichen, wie z. B. bei $8-3+4$.
2. Nach 1. gilt: $\mathbb{Z}^+ = \{+1, +2, +3, +4, \ldots\} = \{1, 2, 3, 4, \ldots\} = \mathbb{N}^*$, d.h. die Menge der positiven ganzen Zahlen ist gleich der Menge der natürlichen Zahlen ohne die Null.
3. Die Menge der ganzen Zahlen setzt sich zusammen aus den positiven ganzen Zahlen, den negativen ganzen Zahlen und der Null.
4. Die Menge der ganzen Zahlen ist eine **Erweiterung** der Menge der natürlichen Zahlen, denn nach 3. gilt $\mathbb{N} \subset \mathbb{Z}$.
5. Jede ganze Zahl hat einen Vorgänger und einen Nachfolger.
6. Es gibt unendlich viele ganze Zahlen.

Anordnung in $\mathbb{Z}$

Zum Schluss dieses Abschnitts noch ein Hinweis zur Anordnung der ganzen Zahlen. Mithilfe der Zahlengeraden und als Fortführung der Anordnung in $\mathbb{N}$ gelingt folgende anschauliche Definition:

Definition 1.3

Die ganze Zahl a heißt **kleiner als** die ganze Zahl b (in Zeichen: $\boldsymbol{a < b}$), wenn der Zahlpunkt von a auf der Zahlengeraden links vom Zahlpunkt von b liegt.

Beispiel

In $\mathbb{Z}$ gilt:

a) $3 < 7$, denn der Zahlpunkt von 3 liegt auf der Zahlengeraden links vom Zahlpunkt von 7.

b) $-2 < 2$, denn der Zahlpunkt von -2 liegt auf der Zahlengeraden links vom Zahlpunkt von 2.

c) $2 < 8$, denn der Zahlpunkt von 2 liegt auf der Zahlengeraden links vom Zahlpunkt von 8.

d) $-8 < -2$, denn der Zahlpunkt von -8 liegt auf der Zahlengeraden links vom Zahlpunkt von -2.

e) $-4 > -12$, denn der Zahlpunkt von -4 liegt auf der Zahlengeraden **rechts** vom Zahlpunkt von -12.

1.3 Betrag

In Bild 1.4 sind die Abstände einiger Zahlpunkte vom Nullpunkt der Zahlengeraden eingetragen.

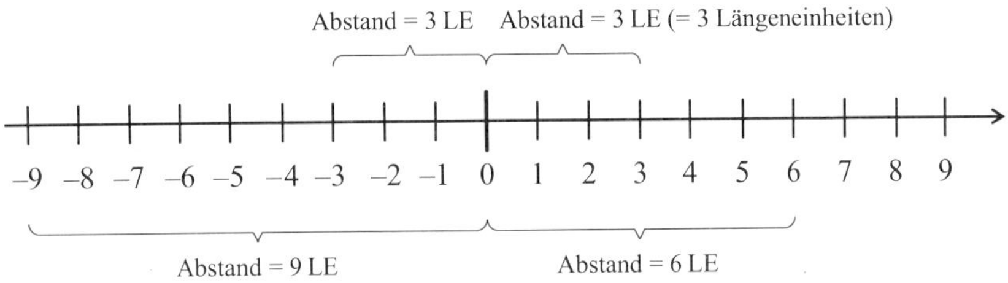

Bild 1.4

Die Maßzahl eines Abstands ist nie negativ. Beachte auch, dass z.B. die Zahlpunkte von –3 und 3 den gleichen Abstand vom Nullpunkt haben, nämlich 3 LE (LE = Längeneinheit).

Die folgende Tabelle enthält noch zu weiteren ganzen Zahlen jeweils die Maßzahl des Abstands ihres Zahlpunktes vom Nullpunkt der Zahlengeraden.

Zahl	–21	–9	–3	0	3	6	8
Maßzahl des Abstands des ZP (Zahlpunkt) vom Nullpunkt	21	9	3	0	3	6	8

Folgender Begriff ist festgelegt:

Definition 1.4
Die Maßzahl des Abstands des Zahlpunkts einer ganzen Zahl a vom Nullpunkt der Zahlengeraden heißt **Betrag von *a*** und wird mit $|\boldsymbol{a}|$ (lies: Betrag von a) bezeichnet. Die senkrechten Striche heißen **Betragsstriche**.

Beispiel 1

a) Zu der Zahl –3 ist die Maßzahl des Abstands des ZP vom Nullpunkt 3 (Bild 1.5). Somit hat die Zahl –3 gemäß Definition 1.4 den Betrag 3.
In Zeichen: $|-3| = 3$

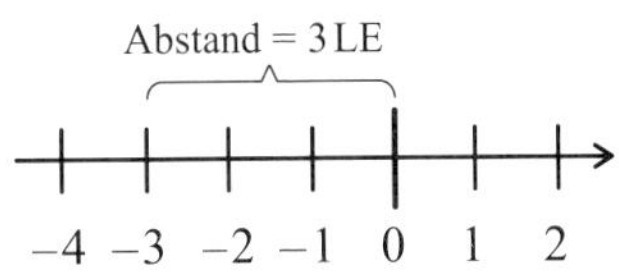

Bild 1.5

b) Zu der Zahl 6 ist die Maßzahl des Abstands des ZP vom Nullpunkt 6 (Bild 1.6). Somit hat die Zahl 6 gemäß Definition 1.4 den Betrag 6.
In Zeichen: $|6| = 6$

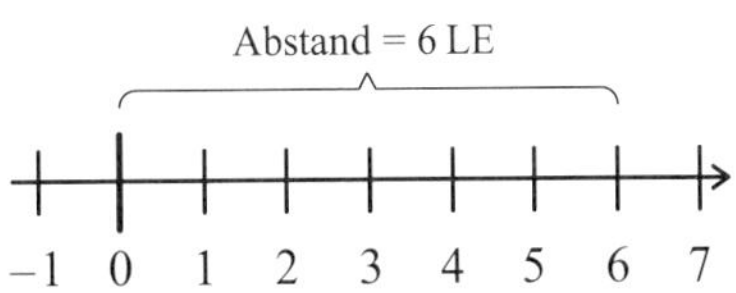

Bild 1.6

☞ Die Zahl 0 hat gemäß Definition 1.4 den Betrag 0, in Zeichen $|0|=0$, weil der Abstand des Nullpunkts vom Nullpunkt natürlich 0 ist.

Wie du leicht siehst, gelten folgende Sachverhalte:

Merke

(1) Der Betrag einer ganzen Zahl ist stets eine natürliche Zahl.
Kurz: Für alle $n \in \mathbb{N}$ gilt: $|n|=n$ und $|-n|=n$.

(2) Der Betrag einer ganzen Zahl ist immer größer oder gleich null.
Kurz: Für alle $a \in \mathbb{Z}$ gilt: $|a| \geq 0$.

Gleichungen mit Beträgen

Beispiel 2

a) $|x|=3$, $L=\{-3, 3\}$ b) $|x|=0$, $L=\{0\}$

c) $|x|=-6$, $L=\{\,\}$, die Gleichung ist unerfüllbar

Ungleichungen mit Beträgen kann man leicht mithilfe der Zahlengeraden lösen.

Beispiel 3

a) $|x|>3$
$L=\{4, -4, 5, -5, \dots\}$

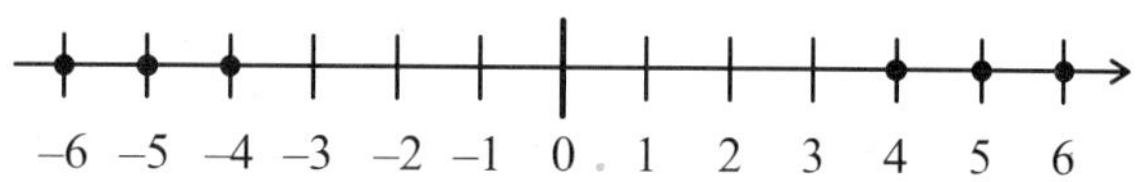

Bild 1.7

b) $|x| \leq 2$, $L=\{-2, -1, 0, 1, 2\}$

c) $|x|>-5$, $L=\mathbb{Z}$, die Ungleichung ist allgemeingültig

d) $|x|<-7$, $L=\{\,\}$, die Ungleichung ist unerfüllbar

Mit Beträgen kann man auch rechnen.

Beispiel 4

a) $|5|+|-4|=5+4=9$ b) $|-14|-|9|=14-9=5$

c) $18-|7|=18-7=11$ d) $|-8|\cdot|-12|=8\cdot 12=96$

1.4 Addition von ganzen Zahlen

Die neuen Zahlen nützen uns natürlich nur dann, wenn man mit ihnen, wie mit den natürlichen Zahlen, auch rechnen kann, d.h. wenn man sie addieren, subtrahieren, multiplizieren und dividieren kann. Zunächst beschäftigen wir uns mit der Addition.

Forderungen an die Addition in $\mathbb{Z}$

(1) Schränkt man die Addition auf $\mathbb{N}$ ein, so erhält man die bekannte Addition in $\mathbb{N}$ (d.h. ganze Zahlen, die auch natürliche Zahlen sind, werden wie bisher addiert).

(2) In $\mathbb{Z}$ gelten, wie in $\mathbb{N}$, die Rechengesetze K^+, A^+ und N^+.

Wir wollen nun unter Beachtung dieser Forderungen versuchen, für die Addition in $\mathbb{Z}$ eine Additionstabelle aufzustellen.

Schritt 1

Wir legen dazu eine Tabelle mit zwei Eingängen an, die mit den ganzen Zahlen besetzt sind.

Dann werden in der Tabelle zunächst nur diejenigen Zahlen ergänzt, deren Summe wir bereits mit der Addition in $\mathbb{N}$ bestimmen können (Bild 1.8). Damit ist die Forderung (1) schon erfüllt.

+	…	−3	−2	−1	0	1	2	3	…
⋮	⋮	⋮	⋮	⋮	⋮	⋮	⋮	⋮	⋮
−3	…								…
−2	…		?		?		?		…
−1	…								…
0	…		?		**0**	**1**	**2**	**3**	…
1	…				**1**	**2**	**3**	**4**	…
2	…		?		**2**	**3**	**4**	**5**	…
3	…				**3**	**4**	**5**	**6**	…
⋮	⋮	⋮	⋮	⋮	⋮	⋮	⋮	⋮	⋮

Bild 1.8

Schritt 2

Nach Forderung (2) soll in $\mathbb{Z}$ das Gesetz N^+ gelten. Die Zahl 0 ist also auch das neutrale Element der Addition in $\mathbb{Z}$. Es muss also gelten:

$-3 + 0 = \mathbf{-3}$	$0 + (-3) = \mathbf{-3}$
$-2 + 0 = \mathbf{-2}$	$0 + (-2) = \mathbf{-2}$
$-1 + 0 = \mathbf{-1}$	$0 + (-1) = \mathbf{-1}$
usw.	usw.

Wir können eine Spalte und eine Zeile der Additionstabelle vervollständigen (Bild 1.9).

+	…	−3	−2	−1	0	1	2	3	…
⋮	⋮	⋮	⋮	⋮	⋮	⋮	⋮	⋮	⋮
−3	…				**−3**				…
−2	…		?		**−2**		?		…
−1	…				**−1**				…
0	…	**−3**	**−2**	**−1**	0	1	2	3	…
1	…				1	2	3	4	…
2	…		?		2	3	4	5	…
3	…				3	4	5	6	…
⋮	⋮	⋮	⋮	⋮	⋮	⋮	⋮	⋮	⋮

Bild 1.9

Schritt 3

Zur Vervollständigung der Additionstafel verwendet man dann zuerst den folgenden Zusammenhang:

Ersetzt man in einer Summe **einen** Summanden durch den Vorgänger, so erhält man den Vorgänger der Summe (**Permanenzprinzip**[1]).

Weitere Summen berechnet man durch Vertauschung der Summanden (K^+ in Forderung (2)).

+	…	−3	−2	−1	0	1	2	3	…
⋮	⋮	⋮	⋮	⋮	⋮	⋮	⋮	⋮	⋮
−3	…	**−6**	**−5**	**−4**	−3	**−2**	**−1**	**0**	…
−2	…	**−5**	**−4**	**−3**	−2	**−1**	**0**	**1**	…
−1	…	**−4**	**−3**	**−2**	−1	**0**	**1**	**2**	…
0	…	−3	−2	−1	0	1	2	3	…
1	…	**−2**	**−1**	**0**	1	2	3	4	…
2	…	**−1**	**0**	**1**	2	3	4	5	…
3	…	**0**	**1**	**2**	3	4	5	6	…
⋮	⋮	⋮	⋮	⋮	⋮	⋮	⋮	⋮	⋮

Bild 1.10

Es muss dann gelten:

$1 + 3 = 4$	$3 + 1 = 4$
$1 + 2 = 3$	$2 + 1 = 3$
$1 + 1 = 2$	$1 + 1 = 2$
$1 + 0 = 1$	$0 + 1 = 1$
$1 + (-1) = \mathbf{0}$	$(-1) + 1 = \mathbf{0}$
$1 + (-2) = \mathbf{-1}$	$(-2) + 1 = \mathbf{-1}$
$1 + (-3) = \mathbf{-2}$	$(-3) + 1 = \mathbf{-2}$
usw.	usw.

$2 + 3 = 5$	$(-1) + 3 = 2$
$2 + 2 = 4$	$(-1) + 2 = 1$
$2 + 1 = 3$	$(-1) + 1 = 0$
$2 + 0 = 2$	$(-1) + 0 = -1$
$2 + (-1) = \mathbf{1}$	$(-1) + (-1) = \mathbf{-2}$
$2 + (-2) = \mathbf{0}$	$(-1) + (-2) = \mathbf{-3}$
$2 + (-3) = \mathbf{-1}$	$(-1) + (-3) = \mathbf{-4}$
usw.	usw.

Damit ist es uns gelungen für die Addition in $\mathbb{Z}$ eine vollständige Additionstabelle aufzustellen (Bild 1.10).

Beispiel 1

Aus der Additionstabelle kannst du ablesen:

$3+2=5$; $(-2)+1=-1$; $(-3)+3=0$; $(-1)+(-2)=-3$ usw.

[1] permanere (lat.), erhalten bleiben. Den Grundsatz, dass bestehende Gesetze bei Erweiterungsdefinitionen erhalten bleiben sollen, nennt man Permanenzprinzip.

Addition von ganzen Zahlen mit gleichen Vorzeichen

Wir wollen jetzt lernen, ohne Additionstabelle ganze Zahlen zu addieren. Dazu betrachten wir zuerst Summen ganzer Zahlen mit gleichen Vorzeichen.

Rechne nach und vergleiche:

- $(+2)+(+3)=+5$ und $\left(|+2|+|+3|\right)=+(2+3)=+5$,
  also gilt $(+2)+(+3)=+\left(|+2|+|+3|\right)=+(2+3)=+5$.
- $(+1)+(+2)=+3$ und $+\left(|+1|+|+2|\right)=+(1+2)=+3$,
  also gilt $(+1)+(+2)=+\left(|+1|+|+2|\right)=+(1+2)=+3$.
- $(-2)+(-3)=-5$ und $-\left(|-2|+|-3|\right)=-(2+3)=-5$,
  also gilt $(-2)+(-3)=-\left(|-2|+|-3|\right)=-(2+3)=-5$.
- $(-3)+(-1)=-4$ und $-\left(|-3|+|-1|\right)=-(3+1)=-4$,
  also gilt $(-3)+(-1)=-\left(|-3|+|-1|\right)=-(3+1)=-4$.

Du erkennst folgende Rechenregel für die Addition ganzer Zahlen mit gleichen Vorzeichen:

Merke (1. Additionsregel)
Zwei ganze Zahlen mit gleichen Vorzeichen werden addiert, indem man ihre Beträge addiert und das gemeinsame Vorzeichen setzt.

Beispiel 2

In diesem Beispiel werden je zwei positive ganze Zahlen addiert.

a) $(+25)+(+9)=+\left(|+25|+|+9|\right)=+(25+9)=+34$

Setze das gemeinsame Vorzeichen „+“. — Die Beträge werden addiert.

b) $(+57)+(+13)=+\left(|+57|+|+13|\right)=+(57+13)=+70$

Setze das gemeinsame Vorzeichen „+“. — Die Beträge werden addiert.

Beispiel 3

In diesem Beispiel werden je zwei negative ganze Zahlen addiert:

a) $(-7)+(-8)=-\left(\left|-7\right|+\left|-8\right|\right)=-(7+8)=-15$

Setze das gemeinsame Vorzeichen „–“.

Die Beträge werden addiert.

b) $(-38)+(-93)=-\left(\left|-38\right|+\left|-93\right|\right)=-(38+93)=-131$

Setze das gemeinsame Vorzeichen „–“.

Die Beträge werden addiert.

Addition von ganzen Zahlen mit verschiedenen Vorzeichen

Jetzt betrachten wir Summen ganzer Zahlen mit verschiedenen Vorzeichen. Rechne nach und vergleiche:

- $(+2)+(-1)=+1$ und $+\left(\left|+2\right|-\left|-1\right|\right)=+(2-1)=+1$,
  also gilt $(+2)+(-1)=+\left(\left|+2\right|-\left|-1\right|\right)=+(2-1)=+1$.
- $(+2)+(-3)=-1$ und $-\left(\left|-3\right|-\left|+2\right|\right)=-(3-2)=-1$,
  also gilt $(+2)+(-3)=-\left(\left|-3\right|-\left|+2\right|\right)=-(3-2)=-1$.
- $(-3)+(+1)=-2$ und $-\left(\left|-3\right|-\left|+1\right|\right)=-(3-1)=-2$,
  also gilt $(-3)+(+1)=-\left(\left|-3\right|-\left|+1\right|\right)=-(3-1)=-2$.
- $(-1)+(+4)=+3$ und $+\left(\left|+4\right|-\left|-1\right|\right)=+(4-1)=+3$,
  also gilt $(-1)+(+4)=+\left(\left|+4\right|-\left|-1\right|\right)=+(4-1)=+3$.

Du erkennst folgende Rechenregel für die Addition ganzer Zahlen mit verschiedenen Vorzeichen:

Merke (2. Additionsregel)

Zwei ganze Zahlen mit verschiedenen Vorzeichen werden addiert, indem man vom größeren Betrag den kleineren Betrag subtrahiert und das Vorzeichen der betragsgrößeren Zahl setzt.

Bemerkung

Von zwei Zahlen heißt die Zahl mit dem größeren Betrag die **betragsgrößere Zahl**. So ist z.B. von den Zahlen -25 und $+7$ die Zahl -25 die betragsgrößere Zahl, denn es gilt $|-25|=25$ und $|+7|=7$ und damit $|-25|>|+7|$.

Beispiel 4

Jetzt werden je zwei ganze Zahlen mit verschiedenen Vorzeichen addiert:

a)

Die betragsgrößere Zahl hat das Vorzeichen „+“.

Vom größeren Betrag wird der kleinere subtrahiert.

$$(+13)+(-8)=+\left(|+13|-|-8|\right)=+\left(13-8\right)=+5$$

Setze das Vorzeichen der betragsgrößeren Zahl.

b)

Die betragsgrößere Zahl hat das Vorzeichen „–“.

Vom größeren Betrag wird der kleinere subtrahiert.

$$(+41)+(-54)=-\left(|-54|-|+41|\right)=-\left(54-41\right)=-13$$

Setze das Vorzeichen der betragsgrößeren Zahl.

☞ Einen Überblick über die Vorgehensweise bei der Addition zweier ganzer Zahlen vermittelt zusammenfassend das folgende **Flussdiagramm**:

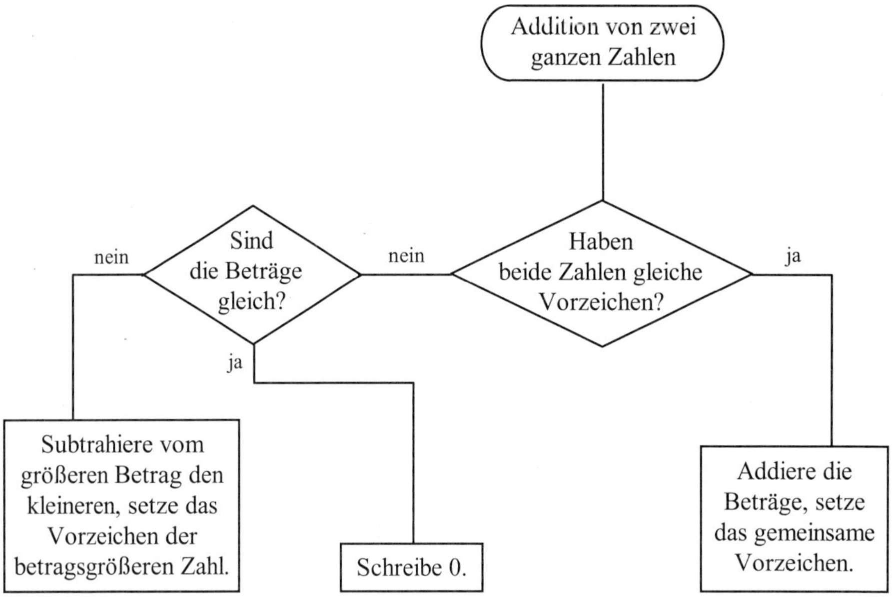

Bemerkung

Mithilfe der beiden Additionsregeln wird die Addition in $\mathbb{Z}$ nach einer Vorzeichenentscheidung auf schon bekannte Rechenarten in $\mathbb{N}$ zurückgeführt.

Rechengesetze für die Addition von ganzen Zahlen

Wir wollen nun zum Abschluss prüfen, ob die Addition in $\mathbb{Z}$ auch die Forderung (2) (Gültigkeit der Rechengesetze) von Seite 7 vollständig erfüllt.

Rechne dazu nach und vergleiche die Summen:

- $(-17)+(+25)=25-17=+8$ und $(+25)+(-17)=25-17=+8$,
  also gilt: $(-17)+(+25)=(+25)+(-17)$.
- $(+12)+(-31)=-(31-12)=-19$ und $(-31)+(+12)=-(31-12)=-19$,
  also gilt: $(+12)+(-31)=(-31)+(+12)$.

Merke

Es gilt das **Kommutativgesetz (Vertauschungsgesetz) der Addition**:

Vertauscht man in einer Summe ganzer Zahlen die beiden Summanden, so erhält man das gleiche Ergebnis.

Kurz: $\mathbf{K}^+$: Für alle $a, b \in \mathbb{Z}$ gilt: $a+b=b+a$.

Rechne nach und vergleiche folgende Ausdrücke:

- $[13+(-9)]+(-11)=[13-9]+(-11)=4+(-11)=-(11-4)=-7$
  und
  $13+[(-9)+(-11)]=13+[-(9+11)]=13+(-20)=-(20-13)=-7$,
  also gilt: $[13+(-9)]+(-11)=13+[(-9)+(-11)]$.
- $[(-17)+32]+(-14)=[32-17]+(-14)=15+(-14)=15-14=1$
  und
  $(-17)+[32+(-14)]=(-17)+[32-14]=(-17)+18=18-17=1$,
  also gilt: $[(-17)+32]+(-14)=(-17)+[32+(-14)]$.

Merke

Es gilt das **Assoziativgesetz (Zusammenfassungsgesetz) der Addition**:

In jeder Summe von drei Summanden darf man die Summanden beliebig durch Klammern zu Teilsummen zusammenfassen, ohne dass sich der Wert der Summe ändert.

Kurz: $\mathbf{A}^+$: Für alle $a, b, c \in \mathbb{Z}$ gilt: $(a+b)+c=a+(b+c)$.

Aus der Additionstabelle ergibt sich weiterhin:

Merke

Es gilt das **Gesetz vom neutralen Element der Addition**:

Die Zahl 0 verhält sich bei der Addition neutral. 0 ist das **neutrale Element der Addition**.

Kurz: $\mathbf{N}^+$: Für alle $a \in \mathbb{Z}$ gilt: $a+0=a$ und $0+a=a$.

Damit sind die beiden Forderungen (1) und (2) an die Addition in $\mathbb{Z}$ erfüllt.

1.5 Gegenzahl

Vorbetrachtung

Wir wählen eine Zahl aus $\mathbb{Z}$, z.B. die Zahl $+7$.
Gibt es eine ganze Zahl, die zu $+7$ addiert 0 ergibt?
Ja, die Zahl -7, denn es gilt $(+7)+(-7)=0$.

Wir wählen die Zahl -2.
Gibt es eine ganze Zahl, die zu -2 addiert 0 ergibt?
Ja, die Zahl $+2$, denn es gilt $(-2)+(+2)=0$.

Man definiert:

Definition 1.5

Sei $a \in \mathbb{Z}$. Die Zahl, die zu a addiert null ergibt, heißt **Gegenzahl von *a***.
In Zeichen: $\boldsymbol{-a}$.
Das Minuszeichen in dem Zeichen $-a$ ist kein Rechenzeichen, sondern das **Gegenzahlzeichen**.

Beispiel 1

Die Gegenzahl von +9 ist –9, denn $(+9)+(-9)=0$. Kurz: $-(+9)=-9$.

Gegenzahlzeichen Vorzeichen

Die Gegenzahl von –12 ist 12, denn $(-12)+12=0$. Kurz: $-(-12)=12$.

Gegenzahlzeichen Vorzeichen

Die Gegenzahl von 0 ist 0, denn $0+0=0$. Kurz: $-0=0$.

Gegenzahlzeichen

Wir finden zu jeder ganzen Zahl genau eine Gegenzahl. Dieser Sachverhalt wird durch folgenden Merksatz ausgedrückt:

Merke

In $\mathbb{Z}$ gilt das **Gesetz von der Gegenzahl (Gesetz vom inversen Element der Addition)**: Zu jeder ganzen Zahl gibt es genau eine Gegenzahl.

Kurz: $\mathbf{I}^{+}$: Zu jeder Zahl $a \in \mathbb{Z}$ gibt es genau eine Zahl $-a$ mit

$a+(-a)=0$ und $(-a)+a=0$.

Bemerkungen

1. Für die Addition in $\mathbb{N}$ gibt es kein entsprechendes Gesetz I^+, denn z.B. gibt es in $\mathbb{N}$ keine Zahl, die zu 3 addiert 0 ergibt.
2. Ab jetzt musst du unterscheiden zwischen „–“ als Rechenzeichen (z.B. $6-4$), als Vorzeichen (z.B. -5) und als Gegenzahlzeichen (z.B. $-(-3)$ als Gegenzahl von -3).

Wir zeichnen eine Zahlengerade und stellen ganze Zahlen und die dazugehörigen Gegenzahlen durch Zahlpunkte dar. Betrachte die Lage und vergleiche den Abstand der jeweiligen Zahlpunkte zum Nullpunkt (Bild 1.11). Was fällt auf?

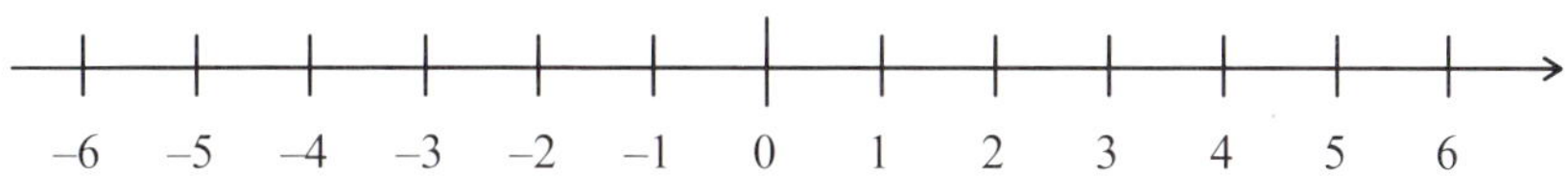

Bild 1.11

> **Merke**
> Auf der Zahlengeraden haben die Punkte von Zahl und Gegenzahl den gleichen Abstand vom Nullpunkt.
> Zahl und Gegenzahl haben damit gleichen Betrag.
> Kurz: Für alle $a \in \mathbb{Z}$ gilt: $|a| = |-a|$.

Kontrolliere die Einträge in folgender Tabelle:

a	b	$-a$	$-b$	$-(-a)$	$-(a+b)$	$(-a)+(-b)$
$+2$	-1	-2	$+1$	$-(-2)=+2$	$-((+2)+(-1))=-1$	$(-2)+(+1)=-1$
-5	-3	$+5$	$+3$	$-(+5)=-5$	$-((-5)+(-3))=+8$	$(+5)+(+3)=+8$
0	$+9$	0	-9	$-0=0$	$-(0+(+9))=-9$	$0+(-9)=-9$

Wir vergleichen in der Tabelle die Vorzeichen von a und $-a$.

Es besteht folgende Beziehung:

> **Merke**
> Ist die Zahl a positiv, so ist ihre Gegenzahl $-a$ negativ.
> Ist die Zahl a negativ, so ist ihre Gegenzahl $-a$ positiv.

Was bedeutet in der Tabelle der Term $-(-a)$? Nun, $-a$ bedeutet „die Gegenzahl von a“. Der Term $-(-a)$ beschreibt dann „die Gegenzahl der Gegenzahl von a“. Vergleichen wir die Werte des Terms $-(-a)$ mit der Zahl a, stellen wir folgenden Zusammenhang fest:

> **Merke (Erste Gegenzahlregel)**
> Die Gegenzahl der Gegenzahl einer Zahl ist die Zahl selbst.
> Kurz: Für alle $a \in \mathbb{Z}$ gilt: $-(-a) = a$.

In der Tabelle finden wir noch die Terme $-(a+b)$ und $(-a)+(-b)$. Wir wollen sie zuerst mit Worten beschreiben. Der Term $-(a+b)$ bedeutet „die Gegenzahl der Summe von a und b“, der Term $(-a)+(-b)$ drückt „die Summe der Gegenzahlen von a und b“ aus. Beim Vergleich der Werte der beiden Terme fällt folgender Sachverhalt auf:

> **Merke (Zweite Gegenzahlregel)**
> Die Gegenzahl einer Summe ist gleich der Summe der Gegenzahlen der Summanden.
> Kurz: Für alle $a, b \in \mathbb{Z}$ gilt: $-(a+b) = (-a)+(-b)$.

Beispiel 2

a) $-(12+3) = (-12) + (-3) = -15$

Gegenzahl, Summe → Summe, Gegenzahlen der Summanden

b) $-[15+(-7)] = (-15) + (+7) = -8$

Gegenzahl, Summe → Summe, Gegenzahlen der Summanden

c) $-(-7+8) = 7+(-8) = -1$

d) $-[-13+(-5)] = 13+5 = 18$

1.6 Subtraktion von ganzen Zahlen

Definition der Subtraktion

Aus Klasse 5 weißt du, dass in der Menge der natürlichen Zahlen die Addition und die Subtraktion entgegengesetzte Rechenarten sind. Die Subtraktion einer natürlichen Zahl macht die Addition dieser Zahl rückgängig (siehe Skript Klasse 5, Abschnitt 1.4).

Ebenso soll dies für die Subtraktion in der Menge der ganzen Zahlen gelten.

Vergleiche dazu die folgenden Rechnungen und ihre Veranschaulichung.

$9 + \mathbf{4} = 13$ und $13 + (\mathbf{-4}) = 9$

Du stellst fest: Die Addition der Zahl 4 wird rückgängig gemacht, wenn man die Gegenzahl von 4, also –4, addiert (Bild 1.12).

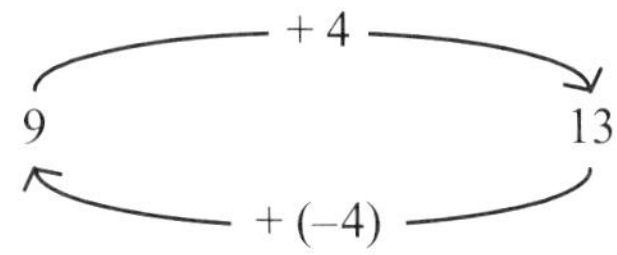

Bild 1.12

$16 + (\mathbf{-9}) = 7$ und $7 + \mathbf{9} = 16$

Du stellst fest: Die Addition der Zahl –9 wird rückgängig gemacht, wenn man die Gegenzahl von –9, also 9, addiert (Bild 1.13).

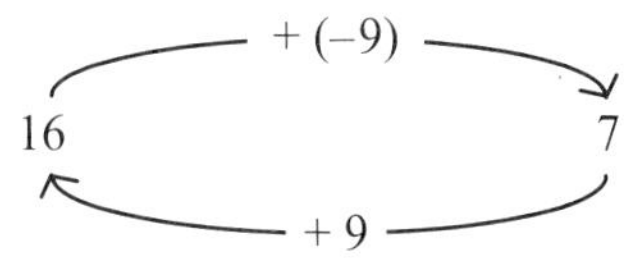

Bild 1.13

Allgemein gilt für alle $a, b \in \mathbb{Z}$:

$$[a+b]+(-b) \underset{A^+}{=} a+[b+(-b)] \underset{I^+}{=} a+0 \underset{N^+}{=} a.$$

In Worten:

> **Merke**
> Die Addition einer ganzen Zahl wird rückgängig gemacht, indem man ihre Gegenzahl addiert.

Damit also auch in $\mathbb{Z}$ die Subtraktion die Umkehrung der Addition ist, muss sie folgendermaßen festgelegt werden:

> **Definition 1.6 (Subtraktionsregel)**
> Eine ganze Zahl wird subtrahiert, indem man ihre Gegenzahl addiert.
> Kurz: $\boldsymbol{a - b} := a + (-b)$ für alle $a, b \in \mathbb{Z}$.
>
> Der Ausdruck $\boldsymbol{a - b}$ heißt **Differenz von *a* und *b***, die Zahl a heißt **Minuend** und die Zahl b **Subtrahend**.

Mithilfe der Definition der Subtraktion in $\mathbb{Z}$ können wir jede Differenz als Summe schreiben und dann berechnen.

Beispiel 1

a)

$$\underbrace{24-31}_{\text{subtrahieren von } 31}=\underbrace{24+(-31)}_{\text{addieren der Gegenzahl } -31}=-7$$

b)

$$\underbrace{-9-12}_{\text{subtrahieren von } 12}=\underbrace{-9+(-12)}_{\text{addieren der Gegenzahl } -12}=-21$$

c)

$$\underbrace{7-(-16)}_{\text{subtrahieren von } -16}=\underbrace{7+16}_{\text{addieren der Gegenzahl } 16}=23$$

Da jede ganze Zahl eine Gegenzahl besitzt und die Addition in $\mathbb{Z}$ immer durchführbar ist, gilt in $\mathbb{Z}$ im Gegensatz zu $\mathbb{N}$:

> **Merke**
> In $\mathbb{Z}$ kann man uneingeschränkt subtrahieren.

Rechne nach und vergleiche folgende Differenzen:

$-6-15=-6+(-15)=-21$ und $15-(-6)=15+6=21$,

also gilt: $-6-15\neq 15-(-6)$.

Rechne nach und vergleiche folgende Ausdrücke:

$9-(6-5)=9-1=8$ und $(9-6)-5=3-5=-2$,

also gilt: $9-(6-5)\neq(9-6)-5$.

> **Merke**
> Die Subtraktion in $\mathbb{Z}$ ist nicht kommutativ und nicht assoziativ.

Abstand zweier Zahlen

Jetzt beschäftigen wir uns noch mit dem **Abstand ganzer Zahlen**.

Beispiel 2

Wir wollen den Abstand der Zahlen 5 und 8 bestimmen. Dazu ist zu bemerken, dass der Abstand zweier Zahlen stets größer oder gleich null ist.

Dazu können wir die Zahlen auf der Zahlengeraden markieren (Bild 1.14).

Du kannst ablesen, dass der Abstand der beiden Zahlen 3 beträgt.

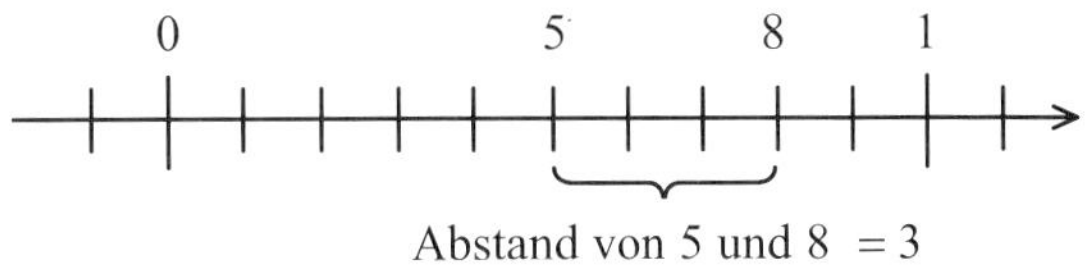

Bild 1.14

Wir können ihren Abstand auch berechnen, indem wir von der größeren Zahl die kleinere subtrahieren:

Abstand von 5 und 8 = $8 - 5 = 3$.

Beispiel 3

Wir wollen den Abstand der Zahlen –3 und 7 berechnen.

Auf der Zahlengerade lesen wir den Abstand 10 ab (Bild 1.15).

Auch hier müssen wir von der größeren Zahl die kleinere subtrahieren.

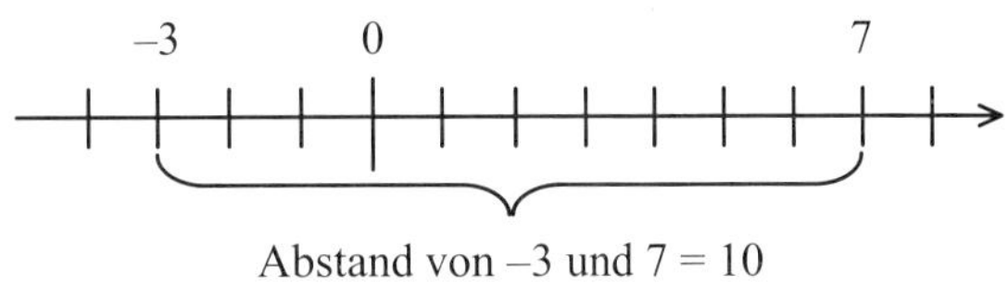

Bild 1.15

Abstand von –3 und 7 = $7 - (-3) = 7 + 3 = 10$.

Subtrahiert man aber von der kleineren Zahl die größere, so erhält man eine negative Zahl: $(-3) - 7 = -10$.

Der Abstand zweier Zahlen kann aber nicht negativ sein .

Nimmt man dagegen von einer der beiden möglichen Differenzen den Betrag, so ergibt sich der Abstand der beiden Zahlen in jedem Fall:

Abstand von –3 und 7 = $|-3-7| = |-10| = 10$ oder

Abstand von –3 und 7 = $|7-(-3)| = |10| = 10$.

Merke

Für alle $a, b \in \mathbb{Z}$ gilt: Abstand von a und b = $|a-b|$.

1.7 Mehrgliedrige Ausdrücke

Mehrgliedrige Rechenausdrücke, d.h. Ausdrücke, in denen addiert oder auch subtrahiert werden soll, ohne Klammern oder mit Klammern, hast du in $\mathbb{N}$ schon berechnet (siehe Skript Klasse 5, Abschnitt 3.3). Sie werden in $\mathbb{Z}$ genauso wie in $\mathbb{N}$ berechnet.

Merke
Berechne mehrgliedrige Ausdrücke ohne Klammern schrittweise von links nach rechts.

Beispiel 1

a) $(+26)+(-41)-(+18) \underset{\text{Vorzeichen und Rechenzeichen zusammenfassen}}{=} 26-41-18 \underset{\text{von links nach rechts rechnen}}{=} -15-18=-33$

b) $-(-5)-(+16)+(+12) \underset{\text{Vorzeichen und Rechenzeichen zusammenfassen}}{=} 5-16+12 \underset{\text{von links nach rechts rechnen}}{=} -11+12=1$

c) $-54+68+97-71 \underset{\text{von links nach rechts rechnen}}{=} 14+97-71 \underset{\text{von links nach rechts rechnen}}{=} 111-71=40$

Bemerkungen

1. Fasse bei mehrgliedrigen Ausdrücken zunächst, wenn möglich, Rechenzeichen und Vorzeichen zu einem Rechenzeichen zusammen. Ersetze dabei „+ (+...)“ und „– (–...)“ durch das Rechenzeichen „+“ und „+ (–...)“ und „– (+...)“ durch das Rechenzeichen „–“.
2. Zur Vereinfachung der Schreibweise wird das Vorzeichen „+“ bei ganzen Zahlen ab sofort meistens weggelassen.

Merke
(1) Bei mehrgliedrigen Rechenausdrücken mit Klammern müssen diese zuerst berechnet werden.
(2) Bei mehrgliedrigen Rechenausdrücken mit geschachtelten Klammern muss die innerste Klammer jeweils zuerst berechnet werden.

Beispiel 2

a) $-7+(8-14)-(9-21) \underset{\text{Klammern zuerst}}{=} -7+(-6)-(-12) \underset{\text{von links nach rechts}}{=} -13+12=-1$

b) $45-[22+(-18+6)] \underset{\text{innere Klammer berechnen}}{=} 45-[22+(-12)] \underset{\text{äußere Klammer berechnen}}{=} 45-10=35$

1.8 Rechenregeln

Die nachfolgenden Regeln sind dir schon vom Rechnen mit den natürlichen Zahlen bekannt (siehe Skript Klasse 5, Abschnitt 3.4).

Befolge sie auch weiterhin beim Berechnen von Termen in $\mathbb{Z}$.

Das Assoziativgesetz der Addition wurde schon in Abschnitt 1.4 genannt:

Merke

Es gilt das **Assoziativgesetz (Zusammenfassungsgesetz) der Addition**:

In jeder Summe von drei Summanden darf man die Summanden beliebig durch Klammern zu Teilsummen zusammenfassen, ohne dass sich der Wert der Summe ändert.

Kurz: $\mathbf{A}^+$: Für alle $a, b, c \in \mathbb{Z}$ gilt: $(a+b)+c = a+(b+c)$.

Weiterhin gelten die folgenden Regeln zur Behandlung von Klammern:

Plusklammerregel

Steht ein Pluszeichen vor der Klammer, so kann man die Klammer weglassen.

Kurz: $\mathbf{KR}^+$:

Für alle $a, b, c \in \mathbb{Z}$ gilt: $a+(b+c)=a+b+c$ und $a+(b-c)=a+b-c$.

Das Auflösen oder Setzen von Plusklammern kann dir Rechenvorteile verschaffen:

Beispiel 1

a) $16+(23-41) \underset{\text{Plusklammer auflösen}}{=} 16+23-41 \underset{\text{von links nach rechts}}{=} 39-41=-2$

b) $23+(-25-8-15) \underset{\text{Regel } KR^+}{=} 23+(-25)-8-15 \underset{\text{von links nach rechts}}{=} -25$

c) $17+(-45)+35 \underset{\text{Plusklammer setzen}}{=} 17+(-45+35) \underset{\text{Klammer berechnen}}{=} 17+(-10)=7$

d) $-78+(41-38)+75 \underset{\text{Klammer berechnen}}{=} -78+3+75 \underset{\text{von links nach rechts}}{=} -75+75=0$

Wie Beispiel 1d) zeigt, ist es manchmal vorteilhafter, eine Klammer auszurechnen, statt sie aufzulösen.

Minusklammerregel

Steht ein Minuszeichen vor der Klammer, so kann man die Klammer nur dann weglassen, wenn man innerhalb der Klammer jedes Rechenzeichen „+" durch „–" und „–" durch „+" ersetzt.

Kurz: **KR⁻**: Für alle $a, b, c \in \mathbb{Z}$ gilt:

$$a-(b+c)=a-b-c \quad \text{und} \quad a-(b-c)=a-b+c.$$

Beispiel 2

a) $16-(6+13) \underset{\substack{\text{Minusklammer}\\ \text{auflösen}}}{=} 16-6-13 \underset{\substack{\text{von links}\\ \text{nach rechts}}}{=} 10-13=-3$

b) $18-(20-31) \underset{\substack{\text{Regel}\\ \text{KR}^-}}{=} 18-20+31 \underset{\substack{\text{von links}\\ \text{nach rechts}}}{=} -2+31=29$

c) $14-(-26+38) \underset{\substack{\text{Regel}\\ \text{KR}^-}}{=} 14-(-26)-38 \underset{\substack{\text{von links}\\ \text{nach rechts}}}{=} 40-38=2$

Vorzeichen ⇑ ⇑ Rechenzeichen

d) $-26-(-16-9) \underset{\substack{\text{Regel}\\ \text{KR}^-}}{=} -26-(-16)+9 \underset{\substack{\text{von links}\\ \text{nach rechts}}}{=} -10+9=-1$

Vorzeichen ⇑ ⇑ Rechenzeichen

☞ Wie die Beispiele 2c) und 2d) zeigen, werden beim Auflösen von Minusklammern **nur die Rechenzeichen** in der Klammer ersetzt. Die Vorzeichen bleiben dagegen unverändert stehen.

Auch die nächste Regel hast du schon früher gelernt (siehe Skript Klasse 5, Abschnitt 3.4). Sie gilt ebenfalls in $\mathbb{Z}$:

Umstellungsregel für mehrgliedrige Rechenausdrücke

UR: In mehrgliedrigen Rechenausdrücken darf man die **Rechenglieder** (d.h. eine Zahl und ihr vorausgehendes Rechenzeichen + oder –) vertauschen, ohne dass sich der Wert des Rechenausdrucks ändert.

Durch Anwendung der Umstellungsregel kannst du dir Rechenvorteile verschaffen. Beachte dabei folgende Punkte:

- Gelangt dabei ein Rechenglied, vor dem ein Pluszeichen steht (hier +46), an den Anfang, so kann man dieses Pluszeichen weglassen:

$$-73+46+24 \underset{\substack{\text{Umstellungs-}\\ \text{regel UR anwenden}}}{=} 46+24-73 \underset{\substack{\text{von links}\\ \text{nach rechts}}}{=} 70-73=-3\,.$$

- Tritt eine Zahl ohne Vorzeichen, die am Anfang steht (hier 37), nach Umstellung an einer anderen Stelle des Ausdrucks auf, so muss ein Pluszeichen vor die Zahl gesetzt werden:

$$37+29-49 \underset{\text{UR anwenden}}{=} 29-49+37 \underset{\substack{\text{von links}\\ \text{nach rechts}}}{=} -20+37=17\,.$$

- Ein Rechenglied, vor dem ein Minuszeichen steht (hier −59), darf, im Gegensatz zu früher, auch an den Anfang gestellt werden.

$$123-59-41 \underset{\text{UR anwenden}}{=} -59-41+123 \underset{\substack{\text{von links}\\ \text{nach rechts}}}{=} -100+123=23\,.$$

Häufig ist es geschickt geeignete Rechenglieder in Plusklammern zusammenzufassen und dann diese zu berechnen.

Beispiel 3

$$\begin{aligned} 67-75+56-37+15 &= 67-37-75+15+56 && \text{(Umstellungsregel angew.)}\\ &= (67-37)+(-75+15)+56 && \text{(Plusklammern gesetzt)}\\ &= 30+(-60)+56=26 && \text{(Klammern ausgerechnet)} \end{aligned}$$

Vorteilhaft kann es auch sein zunächst alle Plusglieder und alle Minusglieder in Plusklammern zusammenzufassen und dann diese zu berechnen.

Beispiel 4

$$\begin{aligned} -49+55-31+15 &= 55+15-31-49 && \text{(Umstellungsregel angewendet)}\\ &= (55+15)+(-31-49) && \text{(Plusklammern gesetzt)}\\ &= 70+(-80)=-10 && \text{(Klammern ausgerechnet)} \end{aligned}$$

Nach einiger Übung kannst du auf das Aufschreiben der Umstellungen und auf die Plusklammern verzichten. Unterstreiche dann nur noch die Zahlen, die du zusammenfassen willst.

Beispiel 5

a) $\underline{46}\underset{\cdots}{-47}\underline{+13}\underset{\cdots}{-23}\underset{\cdots}{-37}\underline{+44}=103+(-107)=-4$

b) $\underline{-68}\underset{\cdots}{+85}\underline{+71}+29\underset{\cdots}{-87}=3+(-2)+29=30$

Begegnen dir jetzt Terme, in denen ganze Zahlen vorkommen, so behalten die Verfahren aus Klasse 5 ihre Gültigkeit (siehe Skript Klasse 5, Kapitel 3).

Beachte bei Termumformungen die folgenden Hinweise:

Merke

(1) Beachte die Rechenregeln und -gesetze für die Addition und die Subtraktion in $\mathbb{Z}$.

(2) Ordne zuerst nach Variablen und Zahlen und fasse dann so weit zusammen wie möglich.

(3) Beachte die Klammerregeln.

Beispiel 6

a) $7+x-9=x+7-9$ (Glieder mit Regel UR geordnet)
$=x+(7-9)$ (Plusklammer gesetzt)
$=x+(-2)$ (Klammer ausgerechnet)
$=x-2$ (Zeichen zusammengefasst)

b) $y-4+y+5-y=y+y-y+5-4$ (Glieder mit Regel UR geordnet)
$=y+(y-y)+(5-4)$ (Plusklammern gesetzt)
$=y+0+1$ (Klammern ausgerechnet)
$=y+1$ (zusammengefasst)

c) $z-(z+9)+(3-z)=z-z-9+3-z$ (Klammern aufgelöst)
$=z-z-z+3-9$ (Glieder geordnet)
$=(z-z)-z+(3-9)$ (Plusklammern gesetzt)
$=0-z+(-6)$ (Klammern ausgerechnet)
$=-z-6$ (zusammengefasst)

1.9 Koordinatensystem

In Klasse 5 hast du schon das **Koordinatensystem**[1] kennen gelernt (siehe Skript Klasse 5, Abschnitt 5.1.1).

Wir zeichnen dieses Koordinatensystem jetzt in erweiterter Form. Die beiden zueinander senkrecht verlaufenden **Koordinatenachsen** sind Zahlengeraden, auf denen wir nun jeweils die ganzen Zahlen einzeichnen. Die von links nach rechts verlaufende Zahlengerade heißt ***x*-Achse**, die von unten nach oben verlaufende Zahlengerade heißt ***y*-Achse** des Koordinatensystems (Bild 1.16).

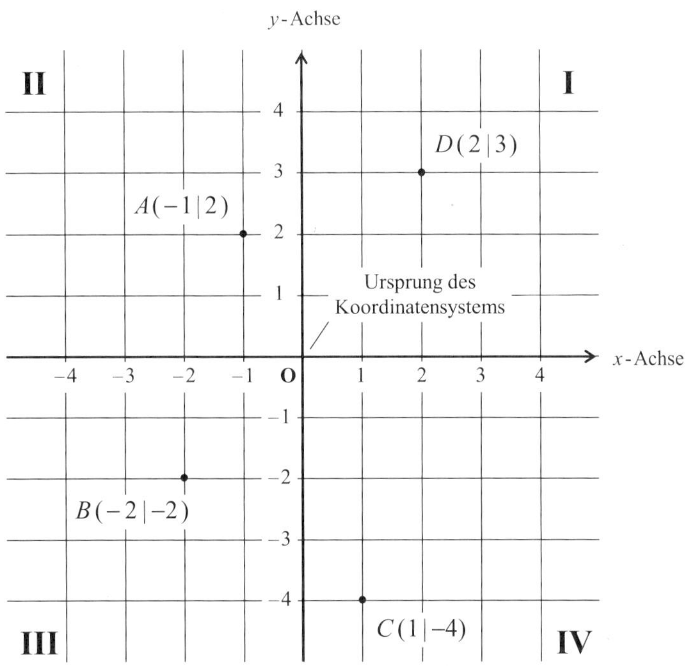

Bild 1.16

Der Schnittpunkt der beiden Koordinatenachsen heißt **Koordinatenursprung** und wird mit dem Buchstaben **O**[2] bezeichnet. Das **Achsenkreuz** teilt die Zeichenebene in vier **Felder** oder **Quadranten**[3]. Sie werden wie in Bild 1.16 mit römischen Zahlzeichen nummeriert.

[1] coordinare (lat.), zuordnen, zusammenstellen

[2] origo (lat.), der Ursprung

[3] quadrans (lat.), ein Viertel

Beispiel

a) Den in Bild 1.16 eingezeichneten Punkt A erreicht man, indem man vom Ursprung aus zuerst um 1 Schritt auf der x-Achse nach links geht und dann um 2 Schritte parallel zur y-Achse nach oben.

Man sagt: der Punkt A hat die **x-Koordinate** -1 und die **y-Koordinate** 2 und schreibt kurz $\mathbf{A(-1|2)}$.

b) Den eingezeichneten Punkt B erreicht man, indem man vom Ursprung aus zuerst um 2 Schritte auf der x-Achse nach links geht und dann um 2 Schritte parallel zur y-Achse nach unten.

Man sagt: B hat die x-Koordinate -2 und die y-Koordinate -2 und schreibt kurz $B(-2|-2)$.

c) Den eingezeichneten Punkt C erreicht man, indem man vom Ursprung aus zuerst um 1 Schritt auf der x-Achse nach rechts geht und dann um 4 Schritte parallel zur y-Achse nach unten.

Man sagt: C hat die x-Koordinate 1 und die y-Koordinate -4 und schreibt kurz $C(1|-4)$.

d) Den eingezeichneten Punkt D erreicht man, indem man vom Ursprung aus zuerst um 2 Schritte auf der x-Achse nach rechts geht und dann um 3 Schritte parallel zur y-Achse nach oben.

Man sagt: D hat die x-Koordinate 2 und die y-Koordinate 3 und schreibt kurz $D(2|3)$.

Allgemein gilt:

Merke

Jedem Zahlenpaar $(a|b)$ entspricht im Koordinatensystem der Punkt $P(a\mid b)$.

Zum Einzeichnen des Punktes $P(a|b)$ in das Koordinatensystem geht man zuerst vom Ursprung aus um $|a|$ Einheiten auf der x-Achse nach rechts (links), wenn $a \geq 0$ ($a < 0$), und von dort aus um $|b|$ Einheiten parallel zur y-Achse nach oben (unten), wenn $b \geq 0$ ($b < 0$).

Zur Geschichte der negativen Zahlen

Erste Hinweise auf negative Zahlen sind in babylonischen Tabellentexten zu astronomischen Daten bereits um 500 v. Chr. zu finden.

Gleichungen mit negativen Zahlen als Lösungen treten in China im 2. Jh. v. Chr. und in der indischen Mathematik im 7. Jh. n. Chr. auf.

Erst 2000 Jahre nach der ersten Erwähnung der negativen Zahlen, nämlich im 16. Jahrhundert, setzt die Entwicklung und das Rechnen mit ihnen (von einigen Vorläufern abgesehen) im Abendland ein. Vor allem **Michael Stifel**[1] ist als „Entdecker“ des neuen Zahlbereichs anzusehen. Wird aber der Grund zur Einführung der negativen Zahlen genauer betrachtet, muss in dem Zusammenhang nicht von „entdecken“, sondern von „erfinden“ gesprochen werden. Der Ursprung ist im schematischen Lösen von Gleichungen zu suchen, so wie wir es auch am Anfang dieses Kapitels gemacht haben.

Dass der erweiterte Zahlbereich jedoch noch lange nicht akzeptiert wurde, belegen viele Zitate von namhaften Mathematikern. So war es scheinbar widersinnig, dass z.B. bei einer Addition das Ergebnis kleiner sein kann als einer oder sogar beide Summanden. Die konkrete Vorstellung der Addition war bisher Vermehrung oder Vergrößerung. Für die Subtraktion gilt entsprechendes. Erst Mitte des 19. Jahrhunderts wurden die negativen Zahlen samt ihren Rechenoperationen vollends akzeptiert.

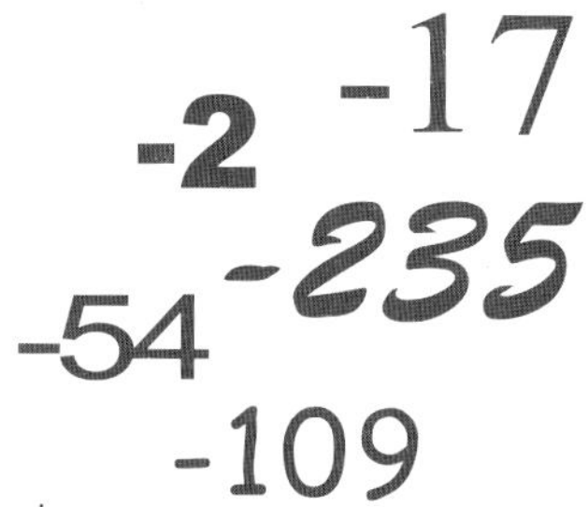

[1] Michael Stifel (1480 - 1567), deutscher Pfarrer und Mathematiker in Wittenberg (Sachsen-Anhalt)

2

Multiplikation und Division ganzer Zahlen

Bisher können wir ganze Zahlen uneingeschränkt addieren und subtrahieren. In diesem Kapitel wollen wir lernen, wie man ganze Zahlen multipliziert und dividiert. Zunächst beschäftigen wir uns mit der Multiplikation.

2.1 Multiplikation

Definition der Multiplikation

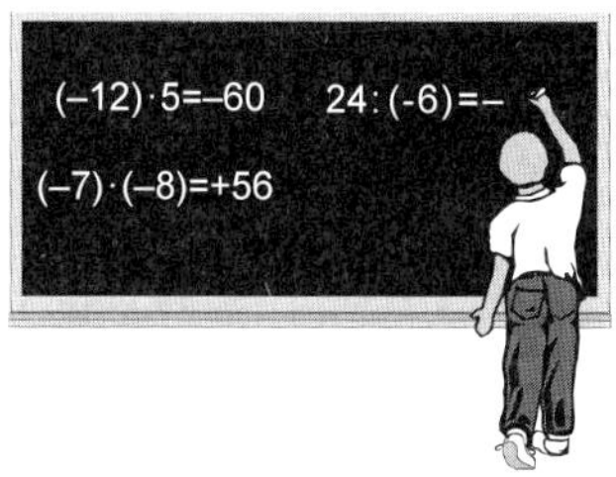

Um die Multiplikation ganzer Zahlen zu erklären, wollen wir zunächst festhalten, welche Eigenschaften die Multiplikation in $\mathbb{Z}$ haben muss.

Forderungen an die Multiplikation in $\mathbb{Z}$

(1) Schränkt man die Multiplikation auf $\mathbb{N}$ ein, so erhält man die bekannte Multiplikation in $\mathbb{N}$ (d.h. ganze Zahlen, die auch natürliche Zahlen sind, werden wie bisher multipliziert).

(2) In $\mathbb{Z}$ gelten für die Multiplikation die gleichen Rechengesetze wie in $\mathbb{N}$, also $K^{\bullet}$, $A^{\bullet}$, $N^{\bullet}$ und zusammen mit der Addition das Distributivgesetz D.

Unter Beachtung dieser Forderungen wollen wir nun versuchen für die Multiplikation in $\mathbb{Z}$ eine Multiplikationstabelle aufzustellen. Ähnlich sind wir schon bei der Definition der Addition in $\mathbb{Z}$ vorgegangen (siehe Abschnitt 1.4).

Schritt 1

Wir legen dazu eine Tabelle mit zwei Eingängen an, die mit den ganzen Zahlen besetzt sind.
Zunächst tragen wir nur diejenigen Produkte ein, die wir bereits mit der Multiplikation in $\mathbb{N}$ bestimmen können (Bild 2.1). Damit ist die Forderung (1) schon erfüllt.

•	…	−3	−2	−1	0	1	2	3	…
⋮	⋮	⋮	⋮	⋮	⋮	⋮	⋮	⋮	⋮
−3	…								…
−2	…		?		?		?		…
−1	…								…
0	…		?		**0**	**0**	**0**	**0**	…
1	…				**0**	**1**	**2**	**3**	…
2	…		?		**0**	**2**	**4**	**6**	…
3	…				**0**	**3**	**6**	**9**	…
⋮	⋮	⋮	⋮	⋮	⋮	⋮	⋮	⋮	⋮

Bild 2.1

Schritt 2

Nach Forderung (2) soll in $\mathbb{Z}$ das Gesetz $N^{\bullet}$ gelten. Die Zahl 1 ist also auch das neutrale Element der Multiplikation in $\mathbb{Z}$. Es muss also gelten:

$(-1)\cdot 1 = \mathbf{-1}$	$1\cdot(-1) = \mathbf{-1}$
$(-2)\cdot 1 = \mathbf{-2}$	$1\cdot(-2) = \mathbf{-2}$
$(-3)\cdot 1 = \mathbf{-3}$	$1\cdot(-3) = \mathbf{-3}$
usw.	usw.

Wir können eine Spalte und eine Zeile der Multiplikationstabelle vervollständigen (Bild 2.2).

•	…	−3	−2	−1	0	1	2	3	…
⋮	⋮	⋮	⋮	⋮	⋮	⋮	⋮	⋮	⋮
−3	…				**0**	**−3**			…
−2	…		?		**0**	**−2**	?		…
−1	…				**0**	**−1**			…
0	…	**0**	**0**	**0**	0	0	0	0	…
1	…	**−3**	**−2**	**−1**	0	1	2	3	…
2	…		?		0	2	4	6	…
3	…				0	3	6	9	…
⋮	⋮	⋮	⋮	⋮	⋮	⋮	⋮	⋮	⋮

Bild 2.2

Weiter sollen auch bei der Multiplikation in $\mathbb{Z}$ alle Produkte, bei denen ein Faktor die Zahl 0 ist, den Wert 0 haben. Es muss also gelten:

$(-1)\cdot 0 = \mathbf{0}$	$0\cdot(-1) = \mathbf{0}$
$(-2)\cdot 0 = \mathbf{0}$	$0\cdot(-2) = \mathbf{0}$
$(-3)\cdot 0 = \mathbf{0}$	$0\cdot(-3) = \mathbf{0}$
usw.	usw.

Wir können eine weitere Spalte und eine weitere Zeile der Multiplikationstabelle vervollständigen (Bild 2.2).

Schritt 3

In $\mathbb{N}$ sind Produkte Kurzschreibweisen von Summen mit lauter gleichen Summanden.

So gilt z.B.: $3\cdot 2 = 2+2+2 = 6$.

Nach Forderung (2) muss dies auch in $\mathbb{Z}$ gelten:

$2\cdot(-1) = (-1)+(-1) = \mathbf{-2}$

$3\cdot(-1) = (-1)+(-1)+(-1) = \mathbf{-3}$

usw.

$2\cdot(-2) = (-2)+(-2) = \mathbf{-4}$

$3\cdot(-2) = (-2)+(-2)+(-2) = \mathbf{-6}$

usw.

•	…	−3	−2	−1	0	1	2	3	…
⋮	⋮	⋮	⋮	⋮	⋮	⋮	⋮	⋮	⋮
−3	…				0	−3	**−6**	**−9**	…
−2	…		?		0	−2	**−4**	**−6**	…
−1	…				0	−1	**−2**	**−3**	…
0	…	0	0	0	0	0	0	0	…
1	…	−3	−2	−1	0	1	2	3	…
2	…	**−6**	**−4**	**−2**	0	2	4	6	…
3	…	**−9**	**−6**	**−3**	0	3	6	9	…
⋮	⋮	⋮	⋮	⋮	⋮	⋮	⋮	⋮	⋮

Bild 2.3

Da die Multiplikation in $\mathbb{Z}$ auch kommutativ sein soll, ergeben sich weitere Produkte:

$3 \cdot (-1) = (-1) \cdot 3 = \mathbf{-3}$

$3 \cdot (-2) = (-2) \cdot 3 = \mathbf{-6}$

usw.

In unserer Multiplikationstabelle fehlen jetzt nur noch die Produkte aus zwei negativen Zahlen (Bild 2.3).

Schritt 4

Die Produkte zweier negativer ganzer Zahlen lassen sich leicht ergänzen, indem wir nach dem Permanenzprinzip (siehe Abschnitt 1.4) die bestehenden Zahlenfolgen in den Spalten nach oben fortsetzen und feststellen, dass damit auch die Zahlenfolgen in den Zeilen richtig vervollständigt werden (Bild 2.4).

•	…	−3	−2	−1	0	1	2	3	…
⋮	⋮	⋮	⋮	⋮	⋮	⋮	⋮	⋮	⋮
−3	…	**9**	**6**	**3**	0	−3	−6	−9	…
−2	…	**6**	**4**	**2**	0	−2	−4	−6	…
−1	…	**3**	**2**	**1**	0	−1	−2	−3	…
0	…	0	0	0	0	0	0	0	…
1	…	−3	−2	−1	0	1	2	3	…
2	…	−6	−4	−2	0	2	4	6	…
3	…	−9	−6	−3	0	3	6	9	…
⋮	⋮	⋮	⋮	⋮	⋮	⋮	⋮	⋮	⋮

Bild 2.4

Aus der Forderung nach Gültigkeit des Distributivgesetzes in $\mathbb{Z}$ ergibt sich eine weitere Möglichkeit Produkte mit zwei negativen ganzen Zahlen zu bestimmen.

Betrachtung zum Produkt $(-1) \cdot (-1)$

Es soll gelten:

$$0 = (-1) \cdot 0 \underset{I^+}{=} (-1) \cdot [1 + (-1)] \underset{D}{=} (-1) \cdot 1 + (-1) \cdot (-1) = (-1) + (-1) \cdot (-1).$$

Zusammengefasst muss gelten: $0 = (-1) + (-1) \cdot (-1)$.

Diese Gleichung ist aber nur dann wahr, wenn gilt: $(-1) \cdot (-1) = \mathbf{1}$.

Damit liegt uns für die Multiplikation in $\mathbb{Z}$ eine vollständige Multiplikationstabelle vor (Bild 2.4).

Beispiel 1

Aus der Multiplikationstabelle lässt sich ablesen:

$3 \cdot 1 = 3$; $(-2) \cdot 1 = -2$; $(-1) \cdot (-2) = 2$;

$2 \cdot 2 = 4$; $3 \cdot (-3) = -9$; $(-2) \cdot (-3) = 6$ usw.

Weiter erkennst du mithilfe der Tabelle:

> **Merke**
> Haben zwei ganze Zahlen gleiches Vorzeichen, so ist ihr Produkt positiv, haben sie verschiedene Vorzeichen, so ist ihr Produkt negativ.

Wie können wir ganze Zahlen ohne Multiplikationstabelle multiplizieren? Dazu betrachten wir zunächst einige Produkte ganzer Zahlen.

Rechne nach und vergleiche:

- $(+2)\cdot(+3)=+6$ und $+(|+2|\cdot|+3|)=+(2\cdot 3)=+6$,
  also gilt: $(+2)\cdot(+3)=+(|+2|\cdot|+3|)=+(2\cdot 3)=+6$.
- $(-3)\cdot(-3)=+9$ und $+(|-3|\cdot|-3|)=+(3\cdot 3)=+9$,
  also gilt: $(-3)\cdot(-3)=+(|-3|\cdot|-3|)=+(3\cdot 3)=+9$.
- $(+2)\cdot(-3)=-6$ und $-(|+2|\cdot|-3|)=-(2\cdot 3)=-6$,
  also gilt: $(+2)\cdot(-3)=-(|+2|\cdot|-3|)=-(2\cdot 3)=-6$.
- $(-2)\cdot(+1)=-2$ und $-(|-2|\cdot|+1|)=-(2\cdot 1)=-2$,
  also gilt: $(-2)\cdot(+1)=-(|-2|\cdot|+1|)=-(2\cdot 1)=-2$.

Du erkennst folgende Rechenregel für die Multiplikation von ganzen Zahlen:

> **Merke (Multiplikationsregel)**
> Zwei ganze Zahlen werden multipliziert, indem man ihre Beträge multipliziert und entweder ein Pluszeichen setzt, wenn beide Zahlen gleiche Vorzeichen haben oder ein Minuszeichen setzt, wenn beide Zahlen verschiedene Vorzeichen haben.

Beispiel 2

a)

Pluszeichen setzen ⇩   ⇩ Beträge multiplizieren

$$\underbrace{(-12)\cdot(-15)} = +(|-12|\cdot|-15|)=12\cdot 15=180$$

⇧ gleiche Vorzeichen

b)

Minuszeichen setzen — Beträge multiplizieren

$$\underbrace{(+18)\cdot(-5)}_{} = -\left(|+18|\cdot|-5|\right) = -(18\cdot 5) = -90$$

verschiedene Vorzeichen

c) $(-11)\cdot(+7) = -\left(|-11|\cdot|+7|\right) = -(11\cdot 7) = -77$

d) $(+6)\cdot(+14) = +\left(|+6|\cdot|+14|\right) = 6\cdot 14 = 84$

Bemerkung

Mithilfe der Multiplikationsregel wird die Multiplikation in $\mathbb{Z}$ nach einer Vorzeichenentscheidung auf die bekannte Multiplikation in $\mathbb{N}$ zurückgeführt.

Rechengesetze für die Multiplikation von ganzen Zahlen

Mithilfe von Beispielen kannst du leicht überprüfen, dass für die Multiplikation in $\mathbb{Z}$ die folgenden Rechengesetze ihre Gültigkeit behalten:

Merke

Es gilt das **Kommutativgesetz (Vertauschungsgesetz) der Multiplikation**:

In jedem Produkt $a\cdot b$ darf man die Faktoren vertauschen.

Kurz: $\mathbf{K}^{\bullet}$: Für alle $a, b \in \mathbb{Z}$ gilt: $a\cdot b = b\cdot a$.

Weiterhin gilt:

Merke

Es gilt das **Gesetz vom neutralen Element der Multiplikation**:

Das Multiplizieren mit 1 ist „ohne Wirkung“. Die Zahl 1 verhält sich bei der Multiplikation neutral. 1 ist das **neutrale Element der Multiplikation**.

Kurz: $\mathbf{N}^{\bullet}$: Für alle $a \in \mathbb{Z}$ gilt: $a\cdot 1 = 1\cdot a = a$.

Außerdem behält die Zahl 0 ihre besondere Bedeutung bei der Multiplikation:

Merke Nullproduktsatz

Wenn ein Faktor eines Produktes 0 ist, dann ist das Produkt gleich 0.

Kurz: Für alle $a \in \mathbb{Z}$ gilt: $a\cdot 0 = 0$ und $0\cdot a = 0$.

Gegenzahlregeln

Aus den folgenden Tabellen kannst du Regeln für Gegenzahlen ablesen:

a	b	$-a$	$-b$	$(-1)\cdot a$	$a\cdot b$	$(-a)\cdot(-b)$
$+3$	$+4$	-3	-4	$(-1)\cdot(+3)=-3$	$(+3)\cdot(+4)=+12$	$(-3)\cdot(-4)=+12$
$+2$	-1	-2	$+1$	$(-1)\cdot(+2)=-2$	$(+2)\cdot(-1)=-2$	$(-2)\cdot(+1)=-2$
-5	-3	$+5$	$+3$	$(-1)\cdot(-5)=+5$	$(-5)\cdot(-3)=+15$	$(+5)\cdot(+3)=+15$
-7	$+1$	$+7$	-1	$(-1)\cdot(-7)=+7$	$(-7)\cdot(+1)=-7$	$(+7)\cdot(-1)=-7$

Der Vergleich des Produktes $(-1)\cdot a$ mit $-a$, also der Gegenzahl von a, ergibt:

> **Merke**
> Das Produkt einer Zahl mit -1 ist die Gegenzahl der Zahl.
> Kurz: Für alle $a\in\mathbb{Z}$ gilt: $(-1)\cdot a=-a$ und $a\cdot(-1)=-a$.

Beim Vergleich der beiden letzten Spalten der obigen Tabelle erkennst du:

> **Merke**
> Das Produkt zweier Zahlen stimmt mit dem Produkt ihrer Gegenzahlen überein.
> Kurz: Für alle $a,b\in\mathbb{Z}$ gilt: $a\cdot b=(-a)\cdot(-b)$.

a	b	$-a$	$-b$	$(-a)\cdot b$	$a\cdot(-b)$	$-(a\cdot b)$
$+2$	$+5$	-2	-5	$(-2)\cdot(+5)=-10$	$(+2)\cdot(-5)=-10$	$-((+2)\cdot(+5))=-10$
$+3$	-1	-3	$+1$	$(-3)\cdot(-1)=+3$	$(+3)\cdot(+1)=+3$	$-((+3)\cdot(-1))=+3$
-4	$+1$	$+4$	-1	$(+4)\cdot(+1)=+4$	$(-4)\cdot(-1)=+4$	$-((-4)\cdot(+1))=+4$
-5	-2	$+5$	$+2$	$(+5)\cdot(-2)=-10$	$(-5)\cdot(+2)=-10$	$-((-5)\cdot(-2))=-10$

Der Vergleich der Werte in den drei letzten Spalten der obigen Tabelle liefert folgenden Zusammenhang:

> **Merke**
> Für zwei ganze Zahlen a und b stimmen das Produkt der Gegenzahl von a mit der Zahl b, das Produkt von a mit der Gegenzahl von b und die Gegenzahl des Produktes von a und b überein.
> Kurz: Für alle $a,b\in\mathbb{Z}$ gilt: $(-a)\cdot b=a\cdot(-b)=-(a\cdot b)$.

2.2 Mehrgliedrige Produkte

Produkte mit mehr als zwei Faktoren, so genannte mehrgliedrige Produkte, kennst du schon aus Klasse 5 (siehe Skript Klasse 5, Abschnitt 3.6). Berechne sie auch in $\mathbb{Z}$ wie gewohnt.

Merke

(1) Berechne Produkte ohne Klammern schrittweise von links nach rechts.

(2) Berechne was in Klammern steht zuerst.

(3) Berechne bei geschachtelten Klammern die innerste Klammer zuerst.

Beispiel 1

a) $(-4)\cdot(+6)\cdot(-8) \underset{\text{von links nach rechts}}{=} (-24)\cdot(-8)=192$

b) $2\cdot\big((-5)\cdot 7\big) \underset{\text{Klammer zuerst}}{=} 2\cdot(-35)=-70$

c) $\big[\big((-3)\cdot 2\big)\cdot(-5)\big]\cdot(-11) \underset{\text{innere Klammer}}{=} \big[(-6)\cdot(-5)\big]\cdot(-11) \underset{\text{äußere Klammer}}{=} 30\cdot(-11)=-330$

Wie du an einigen Beispielen leicht prüfen kannst, behält auch das folgende Gesetz in $\mathbb{Z}$ seine Gültigkeit:

Merke

Es gilt das **Assoziativgesetz (Zusammenfassungsgesetz) der Multiplikation**: In jedem Produkt von drei Faktoren darf man die Faktoren beliebig durch Klammern zu Teilprodukten zusammenfassen, ohne dass sich der Wert des Produktes ändert.

Kurz: $\mathbf{A}^{\bullet}$: Für alle $a, b, c \in \mathbb{Z}$ gilt: $(a\cdot b)\cdot c = a\cdot(b\cdot c)$.

Als Zusammenfassung des Kommutativgesetzes und des Assoziativgesetzes gilt auch in $\mathbb{Z}$ die bekannte Rechenregel:

Umstellungsregel für Produkte

$\mathbf{UR}^{\bullet}$: In jedem Produkt darf man die Faktoren beliebig vertauschen und zu Teilprodukten zusammenfassen, ohne dass sich der Wert des Produktes ändert.

Beispiel 2

a) $(-20)\cdot 69\cdot(-5) \underset{\text{UR}^\bullet}{=} [(-20)\cdot(-5)]\cdot 69 \underset{\substack{\text{Teilprodukt}\\ \text{berechnen}}}{=} 100\cdot 69 = 6900$

b) $(-4)\cdot(-43)\cdot 25 \underset{\text{UR}^\bullet}{=} [(-4)\cdot 25]\cdot(-43) \underset{\substack{\text{Teilprodukt}\\ \text{berechnen}}}{=} (-100)\cdot(-43) = 4300$

Das Verfahren lässt sich abkürzen, indem du nur noch die Faktoren unterstreichst, die du zusammenfassen willst.

Beispiel 3

a) $(\underline{-17})\cdot(\underline{-8})\cdot \underline{9}\cdot(\underline{-25}) = 200\cdot(-153) = -30600$

b) $(\underline{-125})\cdot \underline{13}\cdot \underline{7}\cdot(\underline{-8}) = 1000\cdot 91 = 91000$

Potenzen

Auch bei den ganzen Zahlen werden mehrgliedrige Produkte mit nur gleichen Faktoren kürzer als Potenz geschrieben (siehe Skript Klasse 5, Abschnitt 1.8).

Beispiel 4

$(-3)^3 = (-3)\cdot(-3)\cdot(-3) = -27$; $(-2)^4 = (-2)\cdot(-2)\cdot(-2)\cdot(-2) = 16$

Bemerkungen

1. Der Potenzwert einer Potenz mit negativer Basis und geradem Exponent ist positiv, der Potenzwert einer Potenz mit negativer Basis und ungeradem Exponent ist negativ.
2. $1^0 = 1$; $(-1)^0 = 1$; $2^0 = 1$; $(-2)^0 = 1$; $3^0 = 1$; $(-3)^0 = 1$ usw.

   Aber merke: Das Zeichen 0^0 ergibt keinen Sinn.
3. Unterscheide:

   $(-2)^6$ = sechste Potenz von $-2 = 64$.

   -2^6 = Gegenzahl der sechsten Potenz von $2 = -64$, also $-2^6 = -(2^6)$.

☞ Treten in einem mehrgliedrigen Produkt Potenzen auf, so sind diese zuerst auszurechnen.

Beispiel 5

a) $4\cdot(-5)^3\cdot(-3) \underset{\substack{\text{Potenz}\\ \text{zuerst}}}{=} 4\cdot(-125)\cdot(-3) \underset{\text{UR}^\bullet}{=} (-500)\cdot(-3) = 1500$

b) $5\cdot(-1^4)\cdot(-6)^2 \underset{\substack{\text{Potenzen}\\ \text{zuerst}}}{=} 5\cdot(-1)\cdot 36 \underset{\text{UR}^\bullet}{=} (-5)\cdot 36 = -180$

2.3 Punkt- und Strichrechnung

Wenn Rechenausdrücke berechnet werden müssen, in denen die Addition, die Subtraktion, die Multiplikation und die Potenzrechnung zusammentreffen, so gelten für die Abfolge der Rechenschritte weiterhin folgende Vereinbarungen:

> **Merke**
> (1) Punktrechnung geht vor Strichrechnung.
> (2) Berechne was in Klammern steht zuerst.
> (3) Potenzrechnung geht vor Punktrechnung.

Beispiel 1

a) $-14\cdot(-6)+(-8)\cdot 15 \underset{\substack{\text{Produkte}\\\text{berechnen}}}{=} 84+(-120) \underset{\substack{\text{Summe}\\\text{berechnen}}}{=} -36$

b) $13\cdot(-5-7) \underset{\substack{\text{Klammer}\\\text{berechnen}}}{=} 13\cdot(-12) \underset{\substack{\text{Produkt}\\\text{berechnen}}}{=} -156$

c) $-3\cdot(-2)^3-(-5)^2 \underset{\substack{\text{Potenzen}\\\text{berechnen}}}{=} -3\cdot(-8)-25 \underset{\substack{\text{Produkt}\\\text{berechnen}}}{=} 24-25 \underset{\substack{\text{Differenz}\\\text{berechnen}}}{=} -1$

Beispiel 2

Wir schreiben folgende Rechenanweisung kürzer als Rechenausdruck:

Subtrahiere von der Gegenzahl des Produktes aus 7 und –5 die dritte Potenz von –3.

Der passende Rechenausdruck ist: $\underbrace{-7\cdot(-5)}_{\text{von der Gegenzahl des Produktes aus 7 und }-5}\;\underset{\text{subtrahiere}}{-}\;\underbrace{(-3)^3}_{\text{die dritte Potenz von }-3}$

Wir rechnen den Rechenausdruck aus:

$$-7\cdot(-5)-(-3)^3 \underset{\substack{\text{Potenzen}\\\text{berechnen}}}{=} -7\cdot(-5)-(-27) \underset{\substack{\text{Produkt}\\\text{berechnen}}}{=} -(-35)-(-27) \underset{\substack{\text{Differenz}\\\text{berechnen}}}{=} 62$$

2.4 Distributivgesetz

Anhand von Beispielen kannst du leicht überprüfen, dass in $\mathbb{Z}$ auch das Distributivgesetz gilt (siehe Skript Klasse 5, Abschnitt 3.8):

Merke

Es gilt das **Distributivgesetz (Verteilungsgesetz) für Summen**:
Eine Summe wird mit einer Zahl multipliziert, indem man jeden Summanden mit der Zahl multipliziert und dann die Teilprodukte addiert.
Kurz: **D**: Für alle $a, b, c \in \mathbb{Z}$ gilt: $a \cdot (b+c) = a \cdot b + a \cdot c$.

☞ Das Distributivgesetz gilt auch entsprechend bei Differenzen:
Für alle $a, b, c \in \mathbb{Z}$ gilt: $a \cdot (b-c) = a \cdot b - a \cdot c$.

Mithilfe des Distributivgesetzes kann man sich Rechenvorteile verschaffen. Wendet man dabei das Distributivgesetz von links nach rechts an, verschwinden die Klammern. Man hat **ausmultipliziert**.

Beispiel 1

a) $(-6) \cdot [30 + (-3)] \underset{\text{ausmultiplizieren}}{=} (-6) \cdot 30 + (-6) \cdot (-3) \underset{\text{Produkte berechnen}}{=} -180 + 18 = -162$

b) $(-20 - 3) \cdot 4 \underset{\text{ausmultiplizieren}}{=} (-20) \cdot 4 - 3 \cdot 4 \underset{\text{Produkte berechnen}}{=} -80 - 12 = -92$

Wendet man das Distributivgesetz von rechts nach links an, werden Klammern gesetzt. Man hat **ausgeklammert**.

Beispiel 2

a) $(-7) \cdot 13 + (-7) \cdot (-14) \underset{\text{gemeinsamen Faktor } -7 \text{ ausklammern}}{=} (-7) \cdot [13 + (-14)] \underset{\text{Klammer berechnen}}{=} (-7) \cdot (-1) = 7$

b) $28 \cdot (-18) - 32 \cdot 28 \underset{\text{gemeinsamen Faktor 28 ausklammern}}{=} 28 \cdot (-18 - 32) \underset{\text{Klammer berechnen}}{=} 28 \cdot (-50) = -1400$

2.5 Termumformungen

Aus Klasse 5 weißt du, dass sich Terme mit Variablen umformen lassen, wenn du Gesetze und Regeln des Zahlenrechnens auf die Terme anwendest.

Der Ausgangsterm und der umgeformte Term sind gleichwertig, d.h. sie nehmen bei allen Einsetzungen jeweils den gleichen Wert an. Zwischen den Ausgangsterm und den umgeformten Term wird ein Gleichheitszeichen gesetzt (siehe Skript Klasse 5, Abschnitt 3.9).

Die wichtigsten Termumformungen in $\mathbb{Z}$ erhalten wir durch Anwendung

- der Kommutativ- und Assoziativgesetze der Addition und Multiplikation,
- der Umtauschungsregeln,
- der Vorrangregel für die Rechenarten (Potenz- vor Punkt- vor Strichrechnung),
- der Regeln zum Behandeln von Klammern,
- des Distributivgesetzes und
- der Regeln für Gegenzahlen.

Beispiel

a) $(-10a)\cdot 4ab = -10\cdot a\cdot 4\cdot a\cdot b$ (Klammer nach Regel UR• weggelassen)
$= (-10\cdot 4)\cdot(a\cdot a)\cdot b$ (mit UR• gleichartige Faktoren zus.gefasst)
$= -40\cdot a^2\cdot b$ (Klammern berechnet bzw. zus.gefasst)
$= -40a^2b$ (Malpunkt weggelassen)

b) $-24x+27x-12x = (-24+27-12)\cdot x$ (Variable x ausgeklammert)
$= -9x$ (Klammer berechnet)

c) $3b+1-(5b+4) = 3b+1-5b-4$ (Minusklammer aufgelöst)
$= -2b-3$ (gleichartige Glieder zusammengefasst)

d) $(-y)\cdot(3y+5) = (-y)\cdot(3y)+(-y)\cdot 5$ (ausmultipliziert)
$= -3y^2+(-5y)$ (Produkte vereinfacht)
$= -3y^2-5y$ (Zeichen zusammengefasst)

e) $3z-2\cdot(z+4)+7 = 3z-(2z+8)+7$ (ausmultipliziert)
$= 3z-2z-8+7$ (Minusklammer aufgelöst)
$= z-1$ (gleichartige Glieder zusammengefasst)

2.6 Division

Zunächst beschäftigen wir uns mit dem Begriff des **Vielfachen** einer Zahl. Aus Klasse 5 kennst du ihn schon (siehe Skript Klasse 5, Abschnitt 8.1).

In ℕ gilt: 91 ist Vielfaches von 13, denn $\mathbf{7}\cdot 13 = 91$.
85 ist Vielfaches von 5, denn $\mathbf{17}\cdot 5 = 85$.

Für ganze Zahlen wird nun dieser Begriff entsprechend erweitert.

In ℤ gilt: $+48$ ist **Vielfaches von $+8$**, denn $(\mathbf{+6})\cdot(+8) = +48$.
-63 ist **Vielfaches von -7**, denn $(\mathbf{+9})\cdot(-7) = -63$.
-143 ist **Vielfaches von $+13$**, denn $(\mathbf{-11})\cdot(+13) = -143$.
$+72$ ist **Vielfaches von -6**, denn $(\mathbf{-12})\cdot(-6) = +72$.

Man definiert allgemein:

Definition 2.1

Seien $a \in \mathbb{Z}$ und $b \in \mathbb{Z}^*$. Die Zahl a heißt **Vielfaches von *b***, wenn es eine ganze Zahl gibt, die mit b multipliziert a ergibt.

Beispiel 1

a) -56 ist Vielfaches von $+4$, denn $(-14)\cdot(+4) = -56$.

b) 67 ist kein Vielfaches von -15, da es keine ganze Zahl gibt, die mit -15 multipliziert 67 ergibt.

Nun kommen wir zur Division ganzer Zahlen. Aus Klasse 5 weißt du, dass in ℕ die Multiplikation und die Division entgegengesetzte Rechenarten sind. Die Division durch eine natürliche Zahl macht die Multiplikation mit dieser Zahl rückgängig (siehe Skript Klasse 5, Abschnitt 1.7).

Diese Eigenschaft muss auch die Division in ℤ haben.

Damit ergibt sich z.B.:

Aus $(\mathbf{-3})\cdot(-2) = +6$ folgt $(+6):(-2) = \mathbf{-3}$. (Bild 2.5)

Aus $(\mathbf{-5})\cdot(+3) = -15$ folgt $(-15):(+3) = \mathbf{-5}$. (Bild 2.6)

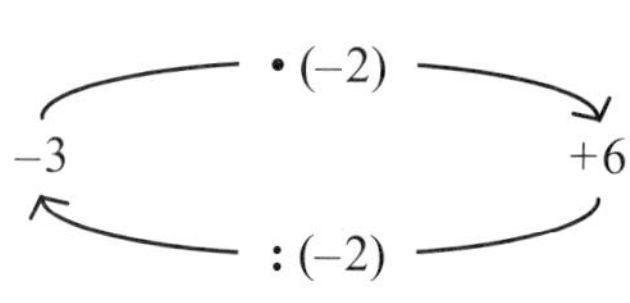

Bild 2.5

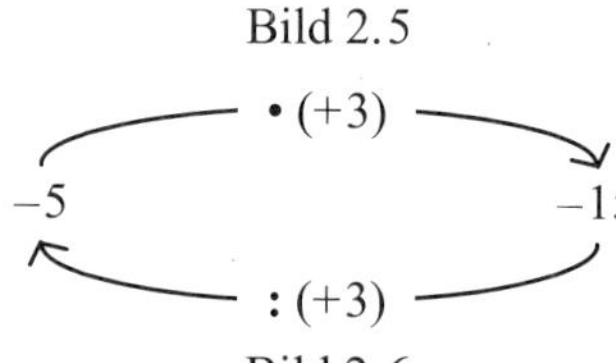

Bild 2.6

Man definiert allgemein:

Definition 2.2
Seien $a \in \mathbb{Z}$ und $b \in \mathbb{Z}^*$ und a Vielfaches von b.

Die ganze Zahl, die mit b multipliziert a ergibt, heißt **Quotient von *a* und *b*** und wird mit $\boldsymbol{a : b}$ bezeichnet.

Die Zahl a heißt **Dividend** und die Zahl b **Divisor**.

Beispiel 2

a) $(+36):(-9) = -4$, denn $(-4)\cdot(-9) = +36$.

b) $(-90):(+15) = -6$, denn $(-6)\cdot(+15) = -90$.

c) $(-51):(-3) = +17$, denn $(+17)\cdot(-3) = -51$.

d) $(+117):(+13) = +9$, denn $(+9)\cdot(+13) = +117$.

e) $(-38):(+4)$ ist keine ganze Zahl, da -38 kein Vielfaches von $+4$ ist.

Wir benötigen nun noch eine Rechenregel für die Division ganzer Zahlen.
Rechne nach und vergleiche:

- $(+12):(+4) = +3$ und $+\left(|+12|:|+4|\right) = +(12:4) = +3$,
  also gilt: $(+12):(+4) = +\left(|+12|:|+4|\right) = +3$.
- $(-12):(-4) = +3$ und $+\left(|-12|:|-4|\right) = +(12:4) = +3$,
  also gilt: $(-12):(-4) = +\left(|-12|:|-4|\right) = +3$.
- $(+12):(-4) = -3$ und $-\left(|+12|:|-4|\right) = -(12:4) = -3$,
  also gilt: $(+12):(-4) = -\left(|+12|:|-4|\right) = -3$.
- $(-12):(+4) = -3$ und $-\left(|-12|:|+4|\right) = -(12:4) = -3$,
  also gilt: $(-12):(+4) = -\left(|-12|:|+4|\right) = -3$.

Du erkennst folgende Rechenregel für die Division von ganzen Zahlen:

Merke (Divisionsregel)
Zwei ganze Zahlen werden dividiert, indem man ihre Beträge dividiert und entweder ein Pluszeichen setzt, wenn beide Zahlen gleiche Vorzeichen haben, oder ein Minuszeichen setzt, wenn beide Zahlen verschiedene Vorzeichen haben.

Beispiel 3

a)

Pluszeichen setzen ⇓ ⇓ Beträge dividieren

$$\underbrace{(-112):(-16)}_{\text{gleiche Vorzeichen}} = +\left(|-112| : |-16|\right) = +(112:16) = +7$$

b)

Minuszeichen setzen ⇓ ⇓ Beträge dividieren

$$\underbrace{(-154):(+11)}_{\text{verschiedene Vorzeichen}} = -\left(|-154| : |+11|\right) = -(154:11) = -14$$

c) $102:(-6) = -\left(|102| : |-6|\right) = -(102:6) = -17$

d) $95:5 = +\left(|95| : |5|\right) = 95:5 = 19$

Bemerkungen

1. Mithilfe der Divisionsregel wird die Division in $\mathbb{Z}$ nach einer Vorzeichenentscheidung auf die bekannte Division in $\mathbb{N}$ zurückgeführt.
2. Durch die Zahl 0 darf man, wie in $\mathbb{N}$, nicht dividieren.
3. Für $a \in \mathbb{Z}$ und $b \in \mathbb{Z}^*$ ist der Quotient $a:b$ **keine** ganze Zahl, wenn a **kein** Vielfaches von b ist. In $\mathbb{Z}$ kann man also, wie in $\mathbb{N}$, nicht uneingeschränkt dividieren.

Beachte die Werte spezieller Quotienten:

Merke

Für alle $a \in \mathbb{Z}^*$ gilt:

(1) $0:a = 0$

(2) $a:1 = a$

(3) $a:a = 1$

Rechne nach und vergleiche folgende Quotienten:
$(-24):8=-3$ und $8:(-24)\notin \mathbb{Z}$, also gilt $(-24):8\neq 8:(-24)$.

Rechne nach und vergleiche folgende Ausdrücke:
$[(-48):12]:(-2)=(-4):(-2)=2$ und $(-48):[12:(-2)]=(-48):(-6)=8$,

also gilt $[(-48):12]:(-2)\neq(-48):[12:(-2)]$.

Merke
Die Division in $\mathbb{Z}$ ist nicht kommutativ und nicht assoziativ.

Teilbarkeit bei ganzen Zahlen

Als Nächstes beschäftigen wir uns mit der Teilbarkeit ganzer Zahlen. Analog[1] zur Teilbarkeit natürlicher Zahlen (siehe Skript Klasse 5, Kapitel 8) gilt hier folgende Festlegung:

Definition 2.3
Seien $a\in \mathbb{Z}^*$ und $b\in \mathbb{Z}$.

Die Zahl a heißt **Teiler** der Zahl b, wenn die Division $b:a$ aufgeht, d.h. wenn man b durch a ohne Rest dividieren kann.
Die Menge aller Teiler von b heißt **Teilermenge** von b, in Zeichen $\boldsymbol{T(b)}$.

Beispiel 4
a) $T(4)=\{1,-1,2,-2,4,-4\}$ b) $T(-9)=\{1,-1,3,-3,9,-9\}$
c) $T(-11)=\{1,-1,11,-11\}$ d) $T(26)=\{1,-1,2,-2,13,-13,26,-26\}$

Wie das Beispiel zeigt, lässt sich die Teilermenge einer ganzen Zahl folgendermaßen bestimmen:

Teilermenge einer ganzen Zahl
So kannst du die Teilermenge einer ganzen Zahl bestimmen:
- Bestimme alle natürlichen Teiler ihres Betrages.
- Schreibe die Teiler zusammen mit ihren Gegenzahlen in der Teilermenge auf.

[1] analog (griech.), ähnlich, entsprechend

2.7 Die Grundrechenarten

Beachte, dass in der Menge der ganzen Zahlen uneingeschränkt addiert, subtrahiert und multipliziert werden kann. Dividieren ist dagegen nur möglich, wenn der Dividend ein Vielfaches des Divisors ist.
Beachte bei der Berechnung von Rechenausdrücken, in denen die vier Grundrechenarten zusammentreffen, folgende Regeln:

Merke
(1) Potenzrechnung geht vor Punktrechnung, Punktrechnung geht vor Strichrechnung.
(2) Berechne was in Klammern steht zuerst.
(3) Berechne bei geschachtelten Klammern die innerste Klammer zuerst (von innen nach außen).

Beispiel 1

a) $(-48):4:(-3) \underset{\substack{\text{von links}\\\text{nach rechts}}}{=} (-12):(-3)=4$

b) $-11\cdot[(-72):(-9)] \underset{\substack{\text{Klammer}\\\text{zuerst}}}{=} -11\cdot 8=-88$

c) $2\cdot(-3)^3-70:(-5) \underset{\substack{\text{Potenz}\\\text{berechnen}}}{=} 2\cdot(-27)-70:(-5) \underset{\substack{\text{Produkt und}\\\text{Quotient}\\\text{berechnen}}}{=} -54-(-14)=-40$

d) $[-8+(-7)\cdot 4]:(-9) \underset{\substack{\text{Produkt in}\\\text{der Klammer}\\\text{berechnen}}}{=} [-8+(-28)]:(-9) \underset{\substack{\text{Klammer}\\\text{berechnen}}}{=} (-36):(-9)=4$

Beispiel 2

Wir schreiben folgende Rechenanweisung kürzer als Rechenausdruck:

Addiere zur Gegenzahl des Quadrates von –4 den Quotienten aus den Zahlen –68 und –4.

Der passende Rechenausdruck ist: $\underbrace{-(-4)^2}_{\text{zur Gegenzahl des Quadrates von }-4}\ \underset{\text{addiere}}{+}\ \underbrace{(-68):(-4)}_{\text{den Quotienten aus }-68\text{ und }-4}$

Wir rechnen den Rechenausdruck aus:

$-(-4)^2+(-68):(-4) \underset{\substack{\text{Potenz}\\\text{berechnen}}}{=} -16+(-68):(-4) \underset{\substack{\text{Quotient}\\\text{berechnen}}}{=} -16+17 \underset{\substack{\text{Summe}\\\text{berechnen}}}{=} 1$

Wie für die Division in $\mathbb{N}$ (vergleiche Skript Klasse 5, Abschnitt 3.10) gilt auch in $\mathbb{Z}$ folgende Regel:

Merke (Divisionsregel für Produkte)

Statt ein Produkt durch eine Zahl zu dividieren, kann man einen Faktor des Produktes durch die Zahl dividieren und den Quotienten mit dem anderen Faktor multiplizieren.

Kurz: Für $a, b \in \mathbb{Z}$ und $c \in \mathbb{Z}^*$ gilt, falls die Quotienten definiert sind:

$$(a \cdot b) : c = (a : c) \cdot b .$$

Beispiel 3

a) $[95 \cdot (-53)] : (-19) \underset{\substack{\text{Divisions-}\\\text{regel für}\\\text{Produkte}}}{=} [95 : (-19)] \cdot (-53) \underset{\substack{\text{Klammer}\\\text{berechnen}}}{=} (-5) \cdot (-53) = 265$

b) $[-67 \cdot (-46)] : 23 \underset{\substack{\text{Divisions-}\\\text{regel für}\\\text{Produkte}}}{=} (-67) \cdot [(-46) : 23] \underset{\substack{\text{Klammer}\\\text{berechnen}}}{=} (-67) \cdot (-2) = 134$

c) $(-8x) : 4 \underset{\substack{\text{Divisions-}\\\text{regel für}\\\text{Produkte}}}{=} [(-8) : 4] \cdot x \underset{\substack{\text{Klammer}\\\text{berechnen}}}{=} -2x$

2.8 Gleichungen

Gleichungen in $\mathbb{Z}$ werden mithilfe der Methoden gelöst, die dir schon von den Gleichungen in $\mathbb{N}$ (vergleiche Skript Klasse 5, Kapitel 4) bekannt sind:

Merke

(1) Die Grundmenge ist bis auf Ausnahmen $\mathbb{Z}$.

(2) Die Lösungsmenge einer Gleichung ändert sich nicht, wenn man die Terme auf beiden Seiten der Gleichung unter Beachtung der gültigen Regeln und Gesetze umformt und vereinfacht.

(3) Die Lösungsmenge einer Gleichung ändert sich nicht, wenn man auf beiden Seiten der Gleichung dieselbe ganze Zahl addiert oder subtrahiert.

(4) Die Lösungsmenge einer Gleichung ändert sich nicht, wenn man auf beiden Seiten der Gleichung denselben Term addiert oder subtrahiert.

(5) Die Lösungsmenge einer Gleichung ändert sich nicht, wenn man beide Seiten der Gleichung mit derselben ganzen Zahl ungleich null multipliziert oder dividiert.

Wir bestimmen nun die Lösungsmengen einiger Gleichungen.

Beispiel 1

a)

$$
\begin{aligned}
4x+3&=-5 && |-3\\
4x&=-8 && |:4\\
x&=-2
\end{aligned}
$$

Ergebnis: $L=\{-2\}$

b)

$$
\begin{aligned}
-6-7y&=29 && |+6\\
-7y&=35 && |:(-7)\\
y&=-5
\end{aligned}
$$

Ergebnis: $L=\{-5\}$

Beispiel 2

$$
\begin{aligned}
8-(4z-7)&=2z+(6-3z) && \text{(Klammern auflösen)}\\
8-4z+7&=2z+6-3z && \text{(zusammenfassen)}\\
-4z+15&=-z+6 && |+z\\
-3z+15&=6 && |-15\\
-3z&=-9 && |:(-3)\\
z&=3
\end{aligned}
$$

Probe:

$$
\begin{aligned}
8-(4\cdot 3-7)&=2\cdot 3+(6-3\cdot 3) && \text{(Klammern berechnen)}\\
8-5&=2\cdot 3+(-3) && \text{(r)}
\end{aligned}
$$

Ergebnis: $L=\{3\}$

Beispiel 3

$$16-(4-3x)=2x+3-4\cdot(x-1) \quad \text{(ausmultiplizieren)}$$
$$16-(4-3x)=2x+3-(4x-4) \quad \text{(Klammern auflösen)}$$
$$16-4+3x=2x+3-4x+4 \quad \text{(zusammenfassen)}$$
$$3x+12=-2x+7 \quad |+2x$$
$$5x+12=7 \quad |-12$$
$$5x=-5 \quad |:5$$
$$x=-1$$

Probe: $16-(4-3\cdot(-1))=2\cdot(-1)+3-4\cdot((-1)-1)$ (vereinfachen)

$$16-(4-(-3))=-2+3-4\cdot(-2) \quad \text{(vereinfachen)}$$
$$16-7=1-(-8) \quad \text{(r)}$$

Ergebnis: $L=\{-1\}$

Zum Abschluss dieses Abschnitts wollen wir noch ein Zahlenrätsel lösen.

Beispiel 4

Zahlenrätsel: Gibt es eine ganze Zahl, deren Dreifaches um 8 vergrößert, das Doppelte der um 3 vergrößerten Zahl ergibt?

Lösung:

x bezeichnet die gesuchte ganze Zahl.

Ansatz: $3x+8=2\cdot(x+3)$ (ausmultiplizieren)

$$3x+8=2x+6 \quad |-2x$$
$$x+8=6 \quad |-8$$
$$x=-2$$

Probe mit dem Aufgabentext: (r)

Ergebnis: Die Zahl -2 hat die geforderte Eigenschaft.

2.9 Ungleichungen

2.9.1 Anordnung in $\mathbb{Z}$ und Monotoniegesetze

In Abschnitt 1.2 ist durch die Definition 1.3 die **Anordnung in $\mathbb{Z}$** mithilfe der Zahlengeraden anschaulich festgelegt worden.

Beispiel

a) Es gilt $-8<0$, denn der Zahlpunkt von -8 liegt auf der Zahlengerade links vom Zahlpunkt von 0.

Es gilt $0<+5$, denn der Zahlpunkt von 0 liegt auf der Zahlengerade links vom Zahlpunkt von $+5$.

b) Es gilt $-7<-3$, denn der Zahlpunkt von -7 liegt auf der Zahlengerade links vom Zahlpunkt von -3. Für ihre Beträge aber gilt: $|-7|>|-3|$.

c) Es gilt ... und $-3<-2<-1$ und $-2<-1<0$ und $-1<0<+1$ und ...

Wie du mithilfe dieses Beispiels erkennst, gilt:

Merke

(1) Die ganzen Zahlen, die kleiner als null sind, entsprechen den negativen ganzen Zahlen; die ganzen Zahlen, die größer als null sind, entsprechen den positiven ganzen Zahlen.

(2) Von zwei negativen ganzen Zahlen hat die kleinere Zahl den größeren Betrag.

(3) Jede ganze Zahl besitzt einen Vorgänger und einen Nachfolger.

(4) Es gibt keine kleinste und keine größte ganze Zahl.

Wir wollen nun untersuchen, wie sich die einzelnen Rechenarten auf die Anordnung auswirken. Kontrolliere dazu die Einträge in folgender Tabelle:

a		b	c	$a+c$		$b+c$	$a-c$		$b-c$
2	<	5	4	6	<	9	−2	<	1
1	<	4	−5	−4	<	−1	6	<	9
3	<	7	0	3	<	7	3	<	7
−6	<	−3	1	−5	<	−2	−7	<	−4
−4	<	1	−3	−7	<	−2	−1	<	4

Aus der Tabelle lässt sich der Einfluss der Addition und der Subtraktion auf die Anordnung ablesen.

Merke

(1) In $\mathbb{Z}$ gilt das **Monotoniegesetz der Addition**:
$\mathbf{M}^+$: Für alle $a, b, c \in \mathbb{Z}$ gilt: Wenn $a < b$, dann $a + c < b + c$.

(2) In $\mathbb{Z}$ gilt das **Monotoniegesetz der Subtraktion**:
$\mathbf{M}^-$: Für alle $a, b, c \in \mathbb{Z}$ gilt: Wenn $a < b$, dann $a - c < b - c$.

Kontrolliere weiter die Einträge in folgender Tabelle:

a		b	c	$a \cdot c$		$b \cdot c$	$a : c$		$b : c$
2	<	4	2	4	<	8	1	<	2
6	<	15	−3	−18	>	−45	−2	>	−5
3	<	7	0	0	=	0	—		—
−6	<	−3	1	−6	<	−3	−6	<	−3
−4	<	2	−2	8	>	−4	2	>	−1

Aus der Tabelle lässt sich der Einfluss der Multiplikation und der Division auf die Anordnung ablesen:

Merke

(1) In $\mathbb{Z}$ gilt das **Monotoniegesetz der Multiplikation**:
$\mathbf{M}^{\cdot}$: Für alle $a, b \in \mathbb{Z}$, $c \in \mathbb{Z}^*$ gilt:

a) Wenn $a < b$ und $c \in \mathbb{Z}^+$, dann $a \cdot c < b \cdot c$.

b) Wenn $a < b$ und $c \in \mathbb{Z}^-$, dann $a \cdot c > b \cdot c$.

(2) In $\mathbb{Z}$ gilt das **Monotoniegesetz der Division**:
$\mathbf{M}^{:}$: Für alle $a, b \in \mathbb{Z}$, $c \in \mathbb{Z}^*$ mit a, b Vielfache von c gilt:

a) Wenn $a < b$ und $c \in \mathbb{Z}^+$, dann $a : c < b : c$.

b) Wenn $a < b$ und $c \in \mathbb{Z}^-$, dann $a : c > b : c$.

Die Monotoniegesetze können folgendermaßen zusammengefasst werden:

Merke (Zusammenfassung der Monotoniegesetze)

Die Anordnung in $\mathbb{Z}$ bleibt unverändert bei der Addition oder Subtraktion einer beliebigen ganzen Zahl und bei der Multiplikation oder Division mit einer positiven ganzen Zahl.

Dagegen ändert sich die Anordnung bei der Multiplikation oder der Division mit einer negativen ganzen Zahl.

2.9.2 Umformen von Ungleichungen

Mithilfe der Monotoniegesetze lassen sich **Ungleichungen** lösen. Schon in Klasse 5 haben wir Ungleichungen behandelt. Wir haben dort aber Ungleichungen mehr oder weniger durch Probieren gelöst. Jetzt wollen wir Verfahren kennen lernen, mit denen man Ungleichungen ähnlich wie Gleichungen systematisch lösen kann. Die Grundmenge ist, wie bei Gleichungen, bis auf Ausnahmen $\mathbb{Z}$.

Wir betrachten zuerst die einfache Ungleichung $x-3<-1$. Durch Probieren erhält man die Lösungsmenge $L=\{...,-2,-1,0,1\}$.

Wir wollen aber die Ungleichung so umformen, dass die Lösungsmenge direkt ablesbar ist. Dazu müssen wir die Ungleichung so umformen, dass auf der linken Seite x alleine steht. Nach dem Monotoniegesetz der Addition bleibt die Anordnung erhalten, wenn man auf beiden Seiten der Ungleichung dieselbe Zahl addiert. Hier führt die Addition von 3 auf beiden Seiten der Ungleichung zum Ziel. Wir erkennen, dass sich dabei auch die Lösungsmenge nicht ändert.

Also:

$$\begin{aligned} x-3&<-1 \quad \Big|+3 \text{ (Anordnung bleibt erhalten)} \\ x&<2 \end{aligned}$$

Die Lösungsmenge lässt sich jetzt angeben: $L=\{...,-2,-1,0,1\}$

Wir betrachten die Ungleichung $x+7\geq-5$. Durch Probieren erhält man die Lösungsmenge $L=\{-12,-11,-10,...\}$. Nach dem Monotoniegesetz der Subtraktion bleibt die Anordnung erhalten, wenn man auf beiden Seiten der Ungleichung dieselbe Zahl subtrahiert. Hier führt die Subtraktion von 7 auf beiden Seiten der Ungleichung zum Ziel. Wir erkennen, dass sich dabei auch die Lösungsmenge nicht ändert.

Also:

$$\begin{aligned} x+7&\geq-5 \quad \Big|-7 \text{ (Anordnung bleibt erhalten)} \\ x&\geq-12 \end{aligned}$$

Als Lösungsmenge lässt sich jetzt angeben: $L=\{-12,-11,-10,...\}$

Allgemein gilt:

Merke

Die Lösungsmenge einer Ungleichung ändert sich nicht, wenn man auf beiden Seiten der Ungleichung dieselbe Zahl addiert oder subtrahiert.

Wir betrachten nun die Ungleichung $x:3 \leq -6$. Die Grundmenge ist die Menge aller Vielfachen von 3. Durch Probieren erhält man die Lösungsmenge $L = \{..., -27, -24, -21, -18\}$.

Nach dem Monotoniegesetz der Multiplikation bleibt die Anordnung erhalten, wenn man beide Seiten der Ungleichung mit derselben positiven ganzen Zahl multipliziert. Hier führt die Multiplikation von 3 auf beiden Seiten der Ungleichung zum Ziel. Wir erkennen, dass sich dabei auch die Lösungsmenge nicht ändert.

Also:

$$x:3 \leq -6 \quad \Big| \cdot 3 \quad \text{(Anordnung bleibt erhalten)}$$

$$x \leq -18$$

$$\text{Ergebnis: } L = \{..., -27, -24, -21, -18\}$$

Weiter betrachten wir die Ungleichung $-7x > -21$. Durch Probieren erhält man die Lösungsmenge $L = \{..., -1, 0, 1, 2\}$.

Will man, dass x auf der linken Seite alleine steht, so muss man die Ungleichung auf beiden Seiten durch -7 dividieren.

Nach dem Monotoniegesetz der Division muss man das Anordnungszeichen umkehren, wenn man beide Seiten der Ungleichung durch dieselbe negative ganze Zahl dividiert. Wir erkennen auch hier, dass sich dabei die Lösungsmenge nicht ändert.

Also:

$$-7x > -21 \quad \Big| :(-7) \quad \text{(Anordnung kehrt sich um)}$$

$$x < 3$$

$$\text{Ergebnis: } L = \{..., -1, 0, 1, 2\}$$

Allgemein gilt:

Merke

Die Lösungsmenge einer Ungleichung ändert sich nicht, wenn man auf beiden Seiten der Ungleichung

- mit derselben positiven ganzen Zahl multipliziert oder dividiert,
- mit derselben negativen ganzen Zahl multipliziert oder dividiert und das Anordnungszeichen umkehrt.

Zum Schluss betrachten wir noch die Ungleichung $7x < 6x - 3$.

Hier führt die Subtraktion des Terms $6x$ auf beiden Seiten der Ungleichung zum Ziel.

Die Anordnung bleibt erhalten, da sich das Monotoniegesetz der Subtraktion auch auf Terme übertragen lässt. Auch hier ändert sich dabei die Lösungsmenge der Ungleichung nicht.

Also:

$$7x < 6x - 3 \quad | -6x \text{ (Anordnung bleibt erhalten)}$$
$$x < -3$$

Ergebnis: $L = \{..., -6, -5, -4\}$

Natürlich bleibt bei Ungleichungen auch die Anordnung und die Lösungsmenge erhalten, wenn man auf beiden Seiten denselben Term addiert.

Zusammenfassend gilt:

Merke
Die Lösungsmenge einer Ungleichung ändert sich nicht, wenn man auf beiden Seiten der Ungleichung denselben Term addiert oder subtrahiert.

Wir lösen nun zum Abschluss einige Ungleichungen in der Grundmenge $\mathbb{Z}$ nach dem systematischen Lösungsverfahren.

Beispiel 1

$$-10x - 17 \leq 11 - 3x \quad | +3x$$
$$-7x - 17 \leq 11 \quad | +17$$
$$-7x \leq 28 \quad | :(-7) \text{ (Anordnungszeichen umkehren)}$$
$$x \geq -4$$

Ergebnis: $L = \{-4, -3, -2, ...\}$

Beispiel 2

$$7y \leq 13y - 42 \quad | -13y$$
$$-6y \leq -42 \quad | :(-6) \text{ (Anordnungszeichen umkehren)}$$
$$y \geq 7$$

Ergebnis: $L = \{7, 8, 9, ...\}$

3

Geometrische Körper

In Klasse 5 bist du mit wichtigen Grundbegriffen der Geometrie und der Handhabung der Zeichengeräte vertraut gemacht worden. Als grundlegende Figuren hast du den Kreis, das Rechteck und das Quadrat kennen gelernt.

In diesem Kapitel wollen wir uns nun mit der Form und der Größe von Gegenständen beschäftigen. Du wirst dabei einige geometrische Grundformen entdecken und lernen sie zeichnerisch zu veranschaulichen. Ein weiteres Ziel ist die Größe dieser Grundformen rechnerisch zu erfassen.

3.1 Ecken, Kanten, Flächen

In Bild 3.1 sind verschiedene Gegenstände (Lautsprecherboxen, Kühlbox, Spielwürfel, Getränkedose, Kelchglas, Eistüte, Haus, Ball, Topf, Erdkugel, Geldstücke, Pyramiden) abgebildet.

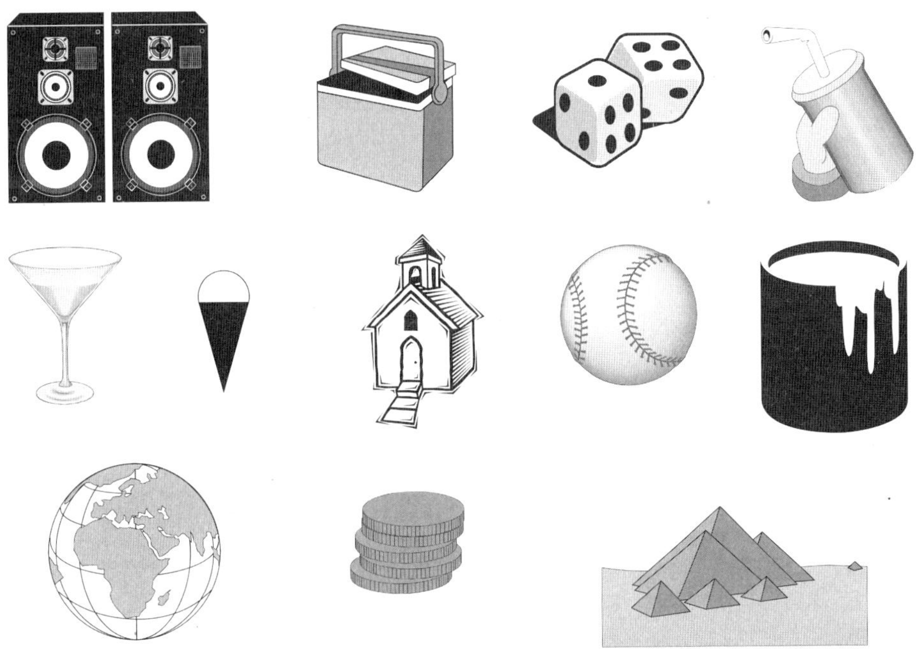

Bild 3.1

Betrachtest du nur die Form der Gegenstände, so kannst du jedem Gegenstand eine der geometrischen Grundformen aus Bild 3.2 zuordnen. Solche auftretenden Grundformen heißen **geometrische Körper**. Das Bild 3.2 enthält die geometrischen Körper, die für dich zunächst am wichtigsten sind.

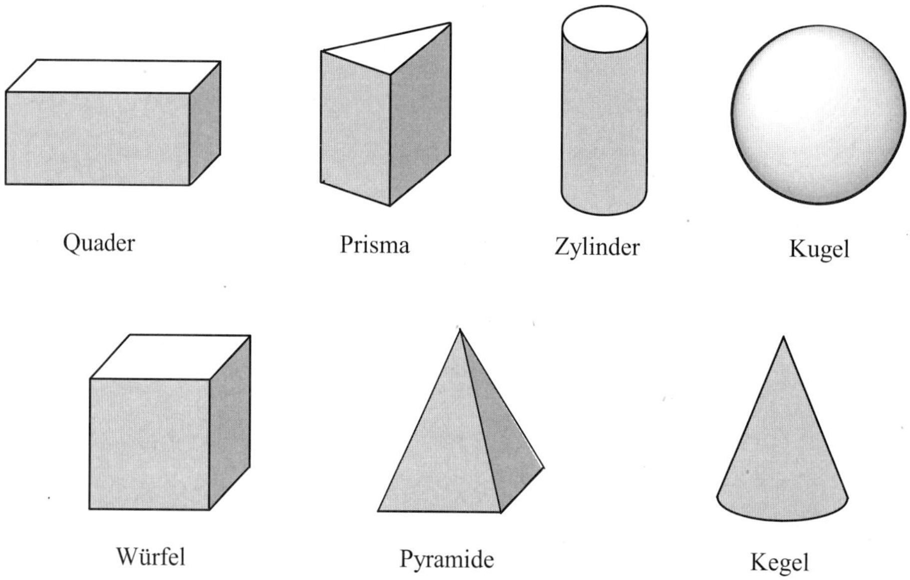

Bild 3.2

Beachte, dass im täglichen Leben geometrische Körper selten in geometrischer „Idealform“ vorkommen.

An einem Körper treten nun besondere Teile auf (Bild 3.3).

Merke

Geometrische Körper werden von **Flächen** begrenzt.

Die Gesamtheit dieser Flächen bildet die **Oberfläche** des Körpers.

Zwei zusammenstoßende Flächen bilden eine **Kante** des Körpers.

Zusammenstoßende Kanten bilden eine **Ecke** des Körpers.

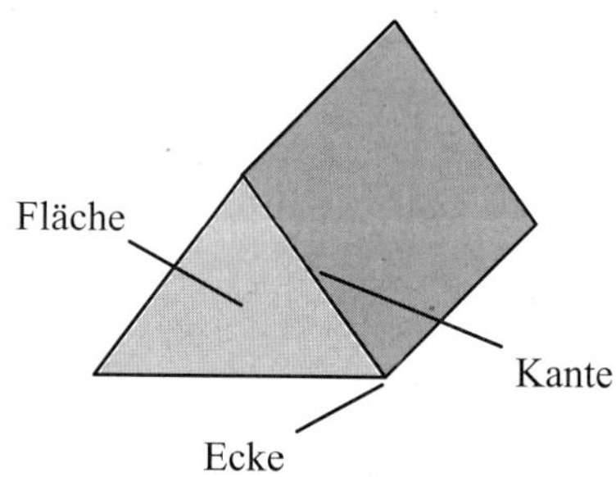

Bild 3.3

Mithilfe der besonderen Merkmale seiner Teile lässt sich nun ein Körper geometrisch beschreiben:

Geometrische Beschreibung eines Körpers

- Flächen: Wie viele? Welcher Art? Gibt es deckungsgleiche[1] Flächen?
- Kanten: Wie viele? Gibt es parallele und gleich lange Kanten?
- Ecken: Wie viele? Wie viele Kanten treffen dort zusammen? Treffen dort Kanten senkrecht aufeinander?

Für einen **Quader** (Bild 3.4) erhalten wir folgende Merkmale:

Merkmale eines Quaders

- Seine Oberfläche besteht aus 6 Rechtecken, von denen jeweils gegenüberliegende deckungsgleich sind.
- Er hat 12 Kanten, von denen je vier parallel und gleich lang sind.
- Er hat 8 Ecken, in denen je drei Kanten senkrecht aufeinander treffen.

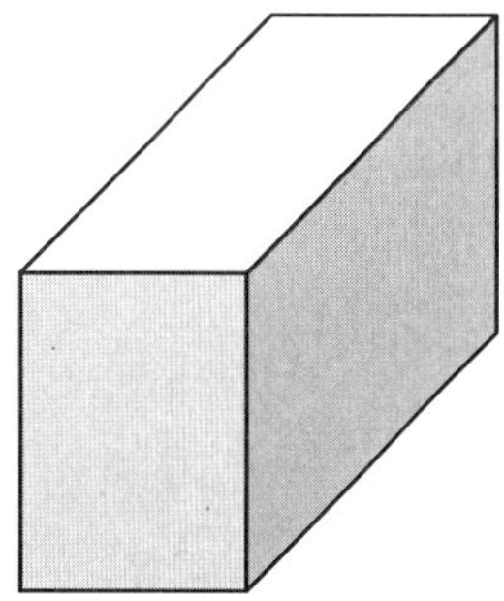

Bild 3.4

Ein besonderer Quader ist der **Würfel** (Bild 3.5). Er zeichnet sich durch folgende Merkmale aus:

Merkmale eines Würfels

- Seine Oberfläche besteht aus 6 Quadraten, die alle deckungsgleich sind.
- Er hat 12 gleich lange Kanten, von denen je vier parallel sind.
- Er hat 8 Ecken, in denen je drei Kanten senkrecht aufeinander treffen.

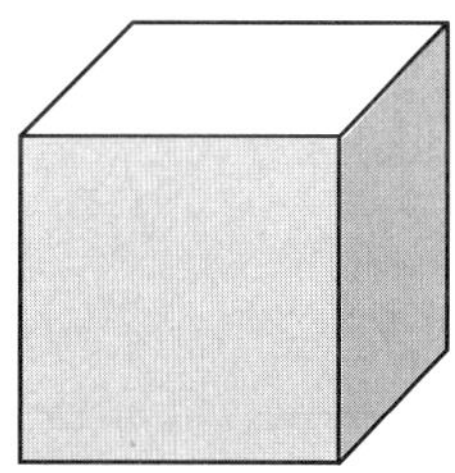

Bild 3.5

[1] Flächen heißen **deckungsgleich**, wenn sie (auf Papier gezeichnet und ausgeschnitten) so aufeinander gelegt werden können, dass sie sich vollständig überdecken, ohne dass etwas übersteht oder fehlt.

Wir wollen aus Draht ein **Kantenmodell** eines Quaders mit den Kantenlängen $a = 5\,\text{cm}$, $b = 4\,\text{cm}$ und $c = 3\,\text{cm}$ bauen (Bild 3.6 a). Wie viel Draht wird dazu benötigt?

Wir müssen die **Summe aller Kantenlängen** bestimmen.

Da jede Kantenlänge viermal vorkommt, gilt für die Summe S aller Kantenlängen:

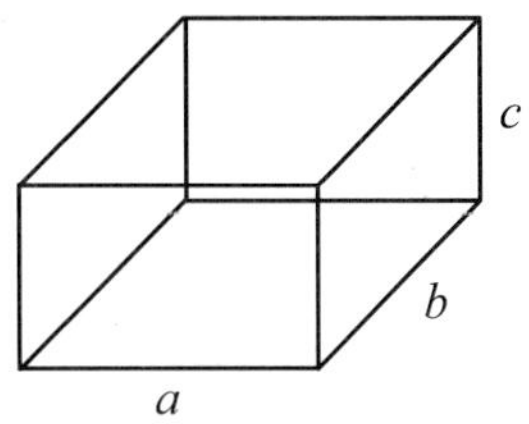

Bild 3.6 a

$$S = 4a + 4b + 4c = 4\cdot(a+b+c) = 4\cdot(5\,\text{cm} + 4\,\text{cm} + 3\,\text{cm}) = 4\cdot 12\,\text{cm} = 48\,\text{cm}.$$

Wir benötigen also für das Kantenmodell des Quaders 48 cm Draht.

Wir wollen noch ein Kantenmodell eines Würfels mit der Kantenlänge $a = 3\,\text{cm}$ bauen (Bild 3.6 b).

Da der Würfel 12 gleich lange Kanten hat, gilt für die Summe S aller Kantenlängen:

$S = 12a = 12\cdot 3\,\text{cm} = 36\,\text{cm}$.

Wir benötigen also für das Kantenmodell des Würfels 36 cm Draht.

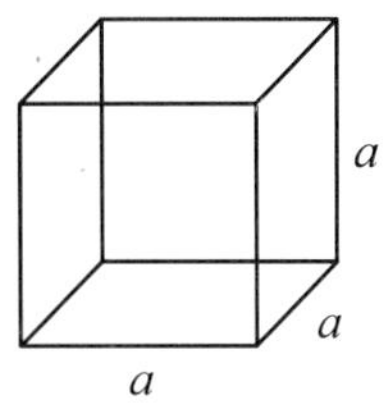

Bild 3.6 b

Allgemein gilt:

Merke

Ein Quader mit den Kantenlängen a, b, c hat die Kantensumme

$$S = 4a + 4b + 4c = 4\cdot(a+b+c)$$

Ein Würfel mit der Kantenlänge a hat die Kantensumme

$$S = 12a$$

Die Verbindungsstrecken der Gegenecken eines Quaders sind seine **Raumdiagonalen**. Bei dem Kantenmodell in Bild 3.7 sind die Raumdiagonalen die Strecken $\overline{AG}$, $\overline{BH}$, $\overline{CE}$ und $\overline{DF}$.

Vergleicht man bei einem Kantenmodell eines Quaders die Längen der Raumdiagonalen, so stellt man fest:

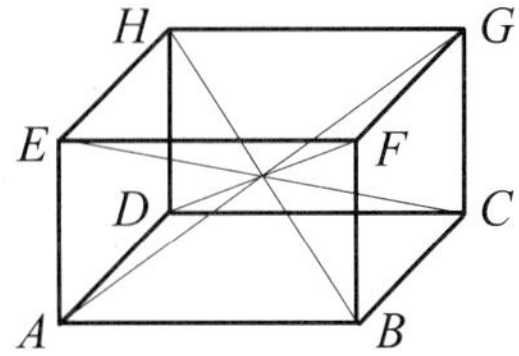

Bild 3.7

Merke

In einem Quader sind die vier Raumdiagonalen gleich lang.

Formen von Gegenständen des täglichen Lebens und von Gebäuden sind oft aus zwei oder mehr geometrischen Grundformen zusammengesetzt.

Beispiel

Der Körper in Bild 3.8 hat die Form eines Hauses.

Er hat 7 Begrenzungsflächen (ein Rechteck als Grundfläche, zwei deckungsgleiche Rechtecke als Wandflächen, zwei deckungsgleiche Fünfecke als Giebelflächen und zwei deckungsgleiche Rechtecke als Dachflächen). Der Dachteil des Körpers ist ein Prisma, der verbleibende Restteil ist ein Quader.

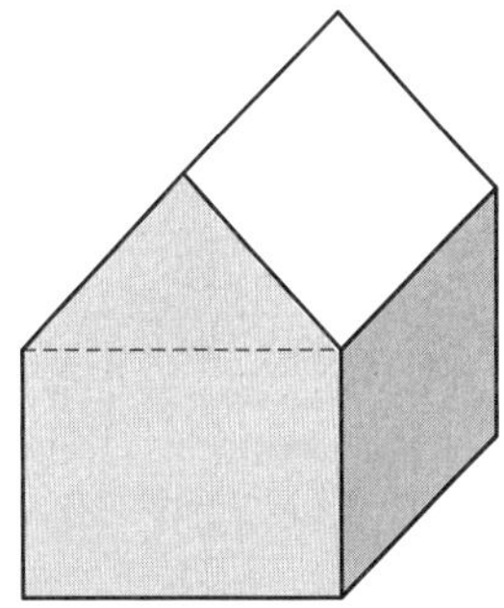

Bild 3.8

Abschließend wollen wir in nachfolgender Tabelle einige Körper untereinander vergleichen und zwar im Hinblick auf die Anzahl ihrer Begrenzungsflächen f, ihrer Kanten k und ihrer Ecken e.

Körper	f	e	$e+f$	k	$k+2$
Quader in Bild 3.2	6	8	14	12	14
Prisma in Bild 3.2	5	6	11	9	11
Pyramide in Bild 3.2	5	5	10	8	10
Körper in Bild 3.8	7	10	17	15	17
Zylinder in Bild 3.2	3	0	3	2	4

Du stellst fest, dass für die vier ersten Körper der Tabelle die Summe ihrer Ecken- und Flächenzahl ($e+f$) ihrer um 2 vergrößerten Kantenzahl ($k+2$) entspricht. Bei einem Zylinder gilt diese Beziehung nicht.

Ein Körper, dessen Begrenzungsflächen Dreiecke, Vierecke oder Fünfecke usw. sind, heißt **Polyeder** oder **Vielflächner**. Quader, Würfel, Prisma und Pyramide z.B. sind Polyeder, Zylinder und Kegel sind dagegen keine Polyeder.

Es gilt:

Euler'scher Polyedersatz

Für einen Polyeder mit e Ecken, k Kanten und f Flächen, der keine Dellen hat, gilt die Beziehung: $e+f=k+2$ bzw. $e-k+f=2$.

Leonhard Euler

Leonhard Euler ist zweifellos einer der bedeutendsten Mathematiker aller Zeiten. Seine Zeitgenossen nannten ihn die *Fleisch gewordene Analysis.* „Euler rechnete so mühelos, wie andere Menschen atmen oder der Adler in den Lüften schwebt". Er wurde am 15. April 1707 in Basel (Schweiz) geboren. Sein Vater war ein armer Pfarrer. Auch Leonhard sollte wie sein Vater Pfarrer werden. Bereits mit 13 Jahren begann Euler an der Universität Basel zu studieren, was zu dieser Zeit durchaus üblich war. Als Sechzehnjähriger erhielt er die philosophische Magisterwürde.

Eines von vielen Porträts Leonhard Eulers

Nach dem Wunsch seines Vaters begann er 1723 sein Theologiestudium, besuchte allerdings nachmittags Pflichtveranstaltungen wie Geometrie, theoretische und praktische Arithmetik und Astronomie. Während seines Studiums kam er in den Kreis junger Mathematiker um *Johann Bernoulli*[1] (Bruder von *Jakob Bernoulli*) und schloss Bekanntschaft mit dessen Söhnen (*Johann II*, *Daniel* und *Nikolaus*). Mit 18 Jahren schrieb er seine erste mathematische Abhandlung. Seine Vielseitigkeit zeigt sich beispielsweise auch dadurch, dass er (als Schweizer!) an der Pariser Akademie zu der Preisfrage „die beste Stelle im Schiffskörper für das Einsetzen der Masten zu finden" einen Lösungsvorschlag einreichte. Dabei gewann er zwar keinen Preis, erhielt aber eine Anerkennung.

Im Jahre 1726, als knapp Zwanzigjähriger, wurde er als *Adjunkt* (wissenschaftlicher Mitarbeiter) an die kurz vorher gegründete Petersburger Akademie der Wissenschaften berufen. Akademien von damals waren Forschungsstätten, die ihre führenden Mitglieder dafür bezahlten, dass sie wissenschaftliche Arbeit leisteten. Die Gehälter waren so großzügig, dass eine Familie bequem davon leben konnte. Vor ihm hatte der russische Zar schon die Bernoulli-Söhne als Professoren dorthin geholt. Die Stellung an der Petersburger Akademie, ab 1731 als Professor für Physik, später auch für Mathematik, gab Euler Gelegenheit an mathematischen Naturwissenschaften zu arbeiten. Darüber hinaus veröffentlichte er auch Arbeiten zu anderen Gebieten wie *Mathematische Musiktheorie*, *Analysis*, *Zahlentheorie* und *Geometrie.*

[1] Die Bernoullis waren eine berühmte schweizerische Gelehrtenfamilie

1741 folgte Euler einem Ruf *Friedrichs des Großen* an die Akademie der Wissenschaften in Berlin, zu deren Direktor der mathematischen Klasse er 1744 ernannt wurde. In der Folgezeit arbeitete er auf allen Gebieten der Mathematik, Physik und Astronomie. Im Jahr 1766 kehrte er nach Petersburg zurück, wo er bis zu seinem Lebensende blieb. Obwohl er während der letzten siebzehn Jahre seines Lebens völlig blind war, hemmte dies in keiner Weise seine unvergleichliche Produktivität; ja, der Verlust des Augenlichtes schärfte vielleicht sogar noch seine innere Wahrnehmungskraft. Es entstanden u.a. Arbeiten über die *Mondbewegung* (1772) und allgemein verständliche Werke wie die *Vollständige Anleitung zur Algebra* (1770) und die *Lettres à une princesse allemande* (1768-1772). In diesen Briefen an eine deutsche Prinzessin über verschiedene Gegenstände aus der Physik und Philosophie legte Euler eine Gesamtdarstellung seiner philosophischen Ansichten dar.

Auf Euler gehen verschiedene, auch heute noch gebräuchliche mathematische Notationen zurück, so z.B. $f(x)$ für eine Funktion (1734), e für die Basis des natürlichen Logarithmus (1727) oder i für die imaginäre Einheit (1777).

Auf der abgebildeten Briefmarke (DDR 1983, zum 200. Todestag Eulers) ist ein *Ikosaeder* zu sehen, also einer der fünf *Platonischen Körper*[1]. Ein Platonischer Körper ist ein Polyeder, dessen sämtliche Begrenzungsflächen kongruente regelmäßige n-Ecke sind; diese bilden an allen Kanten den gleichen Winkel. Die anderen Platonischen Körper sind *Tetraeder*, *Würfel*, *Oktaeder* und *Dodekaeder*. Ein Ikosaeder besteht aus 20 gleichseitigen, kongruenten Dreiecken. In mehrfacher Hinsicht ist es der größte Platonische Körper: Er hat die meisten Flächen (20), die meisten Kanten (30, gemeinsam mit dem Dodekaeder) und an seinen Ecken stoßen die maximal möglichen 5 Flächen aneinander.

Auf der abgebildeten Briefmarke ist neben einem Porträt von Euler auch die *Euler'sche Polyederformel* (ca. 1750) zu sehen: $e-k+f=2$.

Dabei steht e für die Anzahl der Ecken, k für die Anzahl der Kanten und f für die Anzahl der Flächen. Beim Ikosaeder ergibt sich $12-30+20=2$.

Gegen Ende 1988 wurde unter Mathematikern eine weltweite Umfrage zu den „schönsten" Sätzen der Mathematik durchgeführt. Die Euler'sche Polyederformel landete dabei auf dem zweiten Platz. Die Aussage „Es gibt genau fünf Platonische Körper" belegte den vierten Platz.

[1] Platonisch ist vom griechischen Philosophen **Platon** (427 v.Chr. - 347 v.Chr.) abgeleitet

3.2 Netze von Körpern

Du findest sicherlich eine leere Verpackungsschachtel, die die Form eines Quaders hat, z.B. eine Cornflakesverpackung. Wenn du sie an einigen Kanten entlang geeignet aufschneidest, kannst du die Pappe in einem einzigen Stück flach auf den Tisch legen (Bild 3.9).

Natürlich kannst du aus dem Pappstück leicht wieder eine Schachtel machen. Dazu musst du nur einige Teile des Pappstücks hochbiegen und die zerschnittenen Kannten wieder mit Klebestreifen zusammenkleben (Bild 3.10).

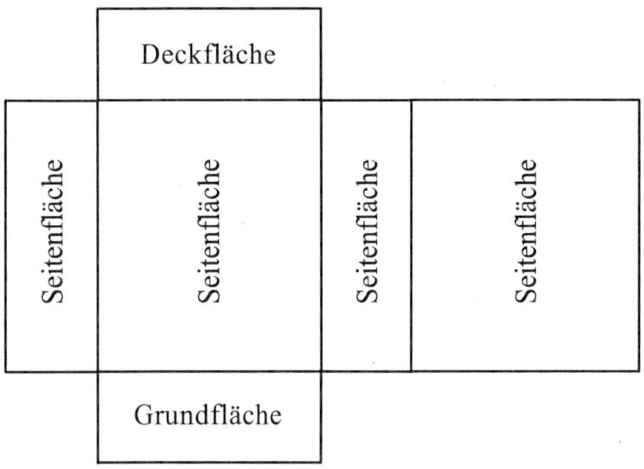

Bild 3.9

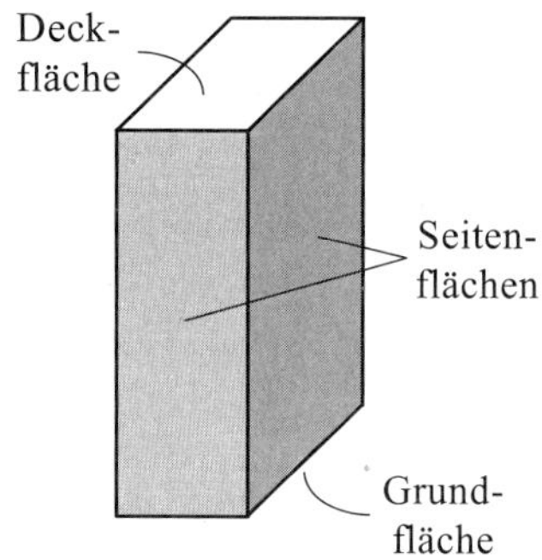

Bild 3.10

Eine Figur wie in Bild 3.9 heißt **Netz** eines Quaders.

Du hättest die Schachtel auch anders auseinander schneiden können (Bild 3.11).

Es wäre dann ein anderes Netz desselben Quaders entstanden.

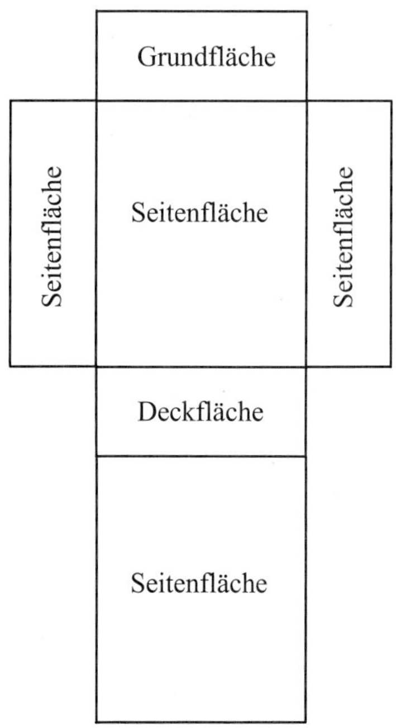

Bild 3.11

Merke
Die in die Zeichenebene ausgebreitete Oberfläche eines Körpers bildet ein **Netz** des Körpers.

Die Figur in Bild 3.12 stellt ebenfalls ein Netz dar. Nach Zusammenfügen siehst du, dass es sich um ein Netz eines Würfels handelt.

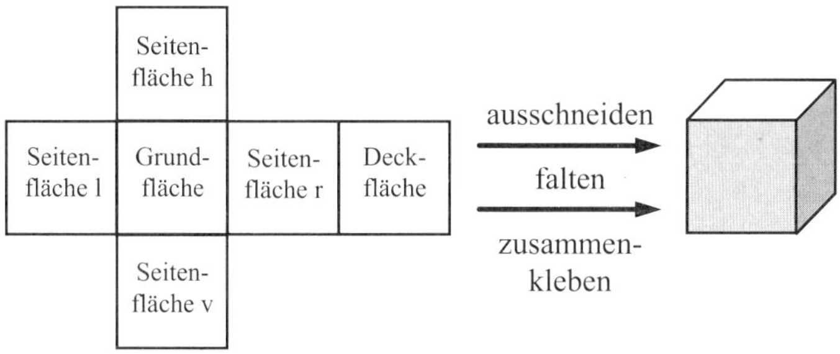

Bild 3.12

Auch andere Körper kannst du mithilfe von Netzen durch Falten und Verkleben zusammenbauen, wie zum Beispiel die Pyramide in Bild 3.13.

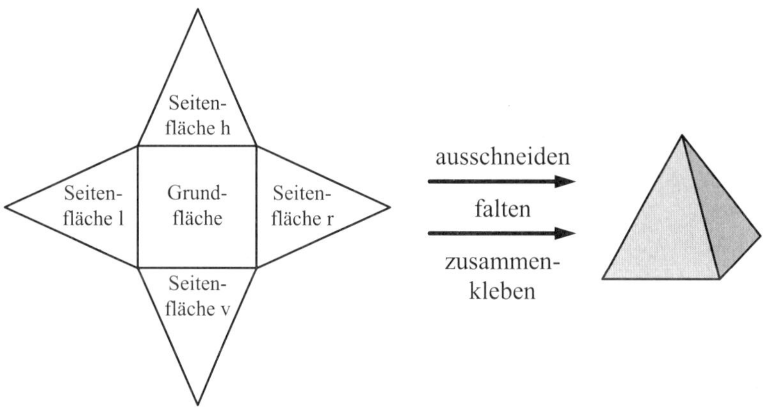

Bild 3.13

Beachte aber, dass nicht jede Figur ein Netz eines Körpers darstellt. So handelt es sich bei der Figur in Bild 3.14 **nicht** um ein Netz eines Würfels, denn nachdem du sie ausgeschnitten hast, wird es dir nicht gelingen daraus durch Falten und Zusammnenkleben einen Würfel zu bauen.

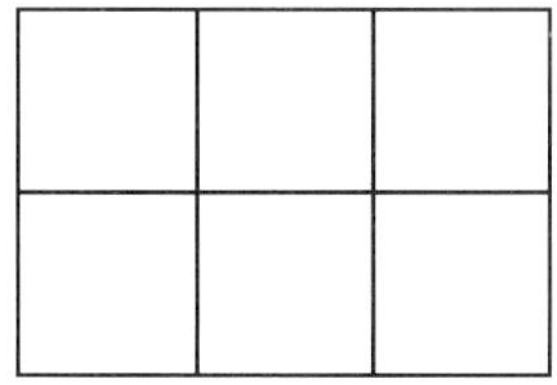

Bild 3.14

Beschäftigen wir uns nun noch mit Zylinder, Kegel und Kugel. Ihre Begrenzungsflächen und Kanten weisen gegenüber den anderen bisher behandelten Körpern Besonderheiten auf.

Betrachten wir zunächst einen Zylinder (Bild 3.14). Er wird von drei Flächen begrenzt. Grund- und Deckfläche sind zwei deckungsgleiche Kreisflächen. Die dritte Begrenzungsfläche, der so genannte **Zylindermantel** (kurz: Mantel), ist nicht eben, sondern **gekrümmt**. Die beiden Kanten des Zylinders, also die Linien, an denen die Kreisflächen und der Mantel zusammenstoßen, sind Kreise und somit auch gekrümmt.

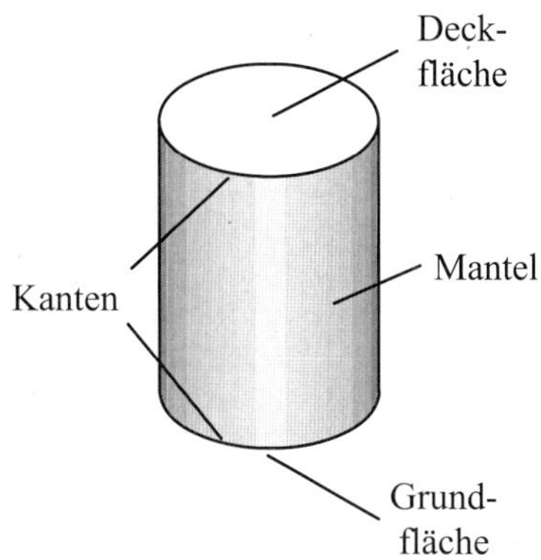

Bild 3.14

Der Zylindermantel lässt sich in die Ebene zu einem Rechteck abrollen (Bild 3.15).

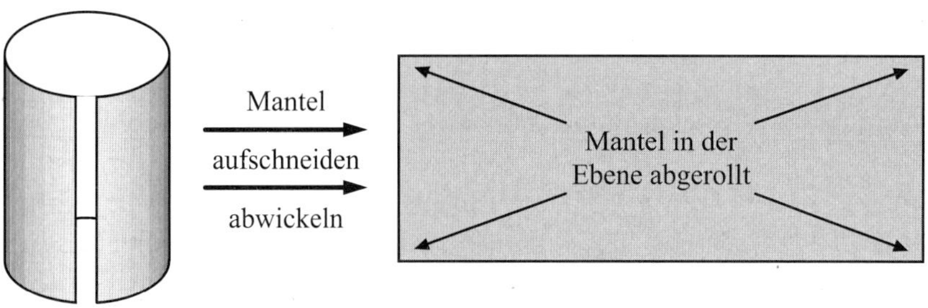

Bild 3.15

Ein Kegel (Bild 3.16) wird nur noch von zwei Flächen begrenzt. Die Grundfläche ist eine Kreisfläche, die zweite Begrenzungsfläche ist gekrümmt und heißt **Kegelmantel**. Die einzige Kante des Kegels ist ein Kreis und zwar die Linie, an der Kreisfläche und Mantel aneinanderstoßen. Gegenüber der Grundfläche liegt die **Spitze** des Kegels.

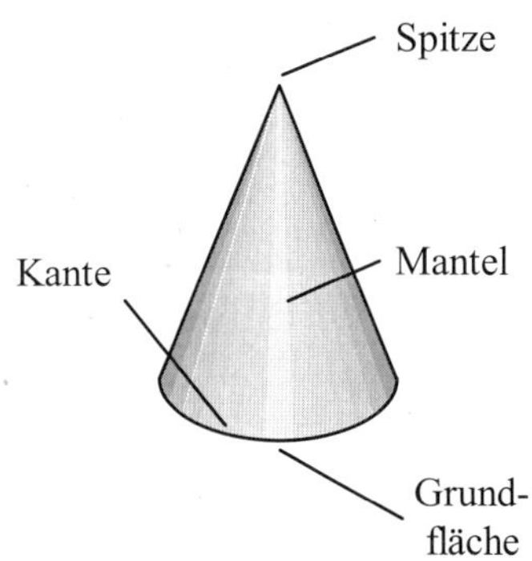

Bild 3.16

Wird der Mantel des Kegels in die Ebene abgerollt, so ergibt sich ein Kreisausschnitt (Bild 3.17).

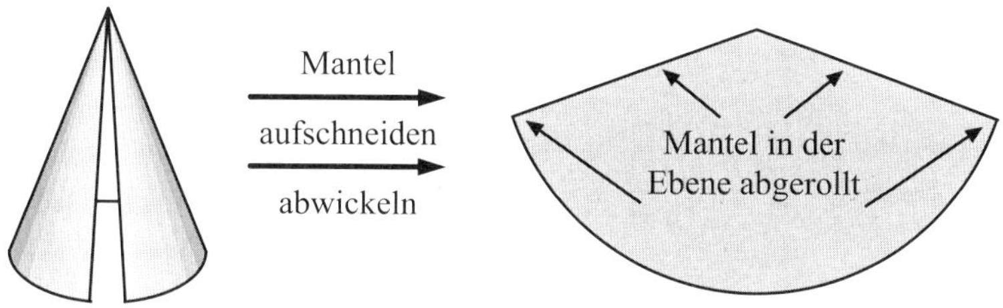

Bild 3.17

Die Kugel besteht aus einer einzigen Begrenzungsfläche, die in alle Richtungen gleichmäßig gekrümmt ist (Bild 3.18).

Die Kugel hat keine Kanten und keine Ecken.

Zu einer Kugel gibt es auch kein Netz.

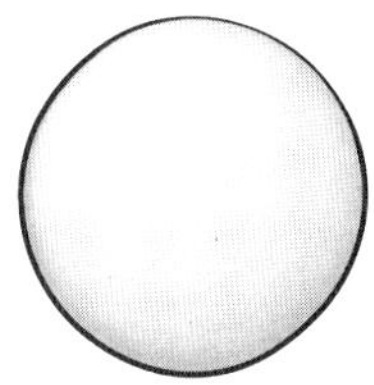

Bild 3.18

3.3 Schrägbilder

Wir wollen uns nun damit beschäftigen, wie man Körper zeichnerisch darstellen kann. Sieh dir dazu die Bilder von Quadern und Würfeln in den vorherigen Abschnitten an und vergleiche sie mit ihrer wirklichen Form.

Du stellst fest, dass in allen Darstellungen die Form der Seitenflächen, die im Vordergrund liegen, erhalten bleibt. Die Kanten von Flächen, die – vom Beobachter aus gesehen – „nach hinten“ verlaufen, wirken verkürzt und verlaufen im Bild auch nicht mehr zu den übrigen Kanten senkrecht. Parallele Kanten einer Fläche bleiben jedoch auch im Bild parallel.

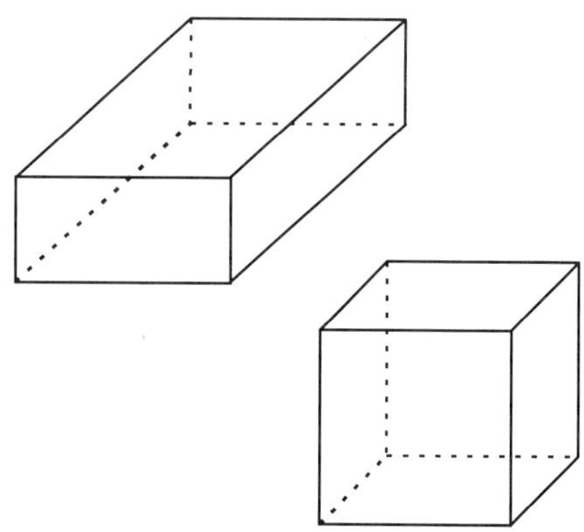

Bild 3.19

Schrägbilder von Körpern sind zeichnerische Darstellungen, die die Eindrücke, die beim Betrachten des wirklichen Körpers auftreten, berücksichtigen (Bild 3.19).

Beispiel

Wir zeichnen ein Schrägbild eines Quaders mit der Breite $a = 3{,}5\,\text{cm}$, der Länge $b = 8\,\text{cm}$ und der Höhe $c = 2\,\text{cm}$.

1. Zunächst zeichnen wir die vordere Fläche des Quaders in Originalgröße. Am besten ist dazu Kästchenpapier geeignet. Die Kanten werden auf die Gitterlinien oder parallel dazu gezeichnet.
2. Dann werden die nach hinten verlaufenden Kanten des Quaders dargestellt. Wir zeichnen sie in Richtung der Diagonalen der Rechenkästchen, alle gleich lang und parallel, aber um die Hälfte verkürzt; die unsichtbare Kante wird gestrichelt gezeichnet.
3. Zum Schluss verbinden wir die benachbarten Endpunkte der nach hinten verlaufenden Kanten miteinander zur hinteren Quaderfläche, wobei die unsichtbaren Kanten wieder gestrichelt gezeichnet werden (Bild 3.20).

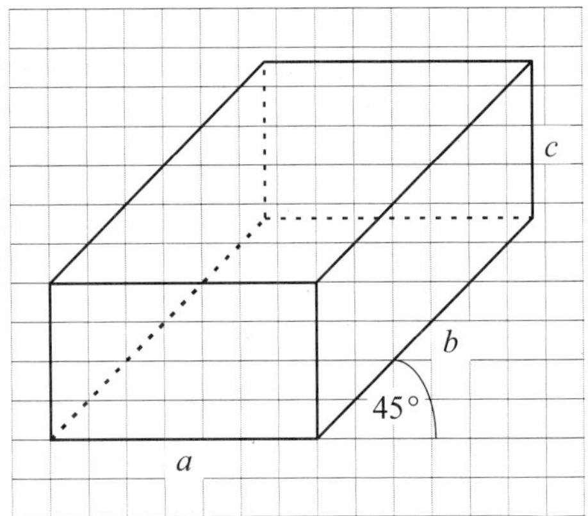

Bild 3.20

Darstellung eines Quaders als Schrägbild

- Zeichne die Quaderfläche, die sich bei deiner Darstellung im Vordergrund befinden soll, in Originalgröße oder maßstabsgetreu verkleinert in die Zeichenebene. Zeichne bei Kästchenpapier die Kanten auf die Gitterlinien oder parallel dazu.
- Zeichne alle nach hinten verlaufenden Kanten des Quaders schräg nach oben (i.Allg.[1] im Winkel von 45° gegen die waagerechte Richtung geneigt, bei kariertem Papier in Richtung der Diagonalen der Rechenkästchen) und gleich lang und parallel, aber verkürzt (i.Allg. um die Hälfte).
- Verbinde die benachbarten Endpunkte der nach hinten verlaufenden Kanten miteinander zur hinteren Quaderfläche.
- Beachte, dass du verdeckte Kanten gestrichelt einzeichnest.

[1] i.Allg. ist die Abkürzung von „im Allgemeinen“; das Gegenteil ist „im Besonderen“

3.4 Definition des Rauminhaltes

Du kennst sicherlich den Messbecher aus eurer Küche.

Meist handelt es sich um ein zylinder- oder kegelförmiges Gefäß (Bild 3.21). Mit ihm kann man **Rauminhalte** ausmessen.

Der Rauminhalt des Messbechers kann als Maßeinheit für den Rauminhalt dienen. Statt Rauminhalt sagt man auch **Volumen**.

Bild 3.21

Was für das Messen von Flächeninhalten gilt, gilt auch für das Messen von Rauminhalten:

> **Merke**
> Man misst das Volumen eines Körpers, indem man zählt, wie oft die Maßeinheit in dem zu messenden Volumen enthalten ist.

Der Inhalt des Messbechers ist als Maßeinheit für das Volumen von Körpern zwar möglich, aber ungebräuchlich. Man hat die Maßeinheit für das Volumen wie folgt festgelegt:

> **Definition 3.1**
> Die Einheit des Volumens heißt **1 Kubikmeter**[1] (Abkürzung: $\mathbf{m^3}$).
> $1\ m^3$ ist das Volumen eines Würfels mit der Kantenlänge 1 m.

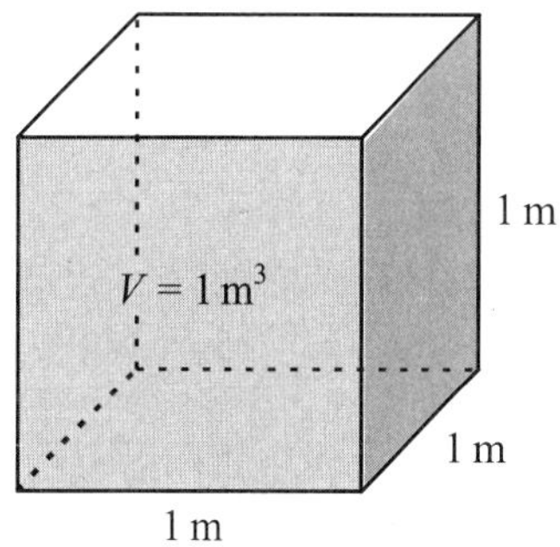

Bild 3.22

Der Würfel in Bild 3.22 hat die Kantenlänge 1 m und somit gemäß Definition 3.1 das Volumen $1\ m^3$. Da allgemein als Formelbuchstabe für das Volumen das „*V*" festgelegt ist, gilt: $V = 1\ m^3$.

Weiterhin ist festgelegt:

> **Definition 3.2**
> Der Würfel mit der Kantenlänge 1 cm heißt **Einheitswürfel** (Bild 3.23).
> Das Volumen des Einheitswürfels heißt **1 Kubikzentimeter** (Abkürzung: $\mathbf{cm^3}$).

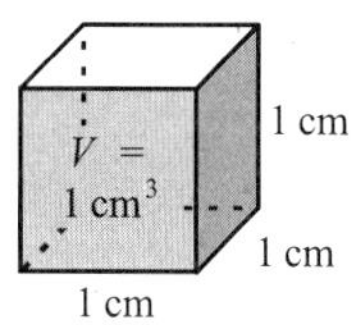

Bild 3.23

[1] cubus (lat.), der Würfel

Nun wollen wir das Volumen eines Quaders mit den Kantenlängen 4 m, 2 m und 3 m berechnen.

Wir müssen abzählen, wie oft die Einheit 1 m^3 in diesem Quader enthalten ist.

Dazu zerlegen wir den Quader in drei Platten (Bild 3.24a). In jede Platte passen 2 Stangen. In jede Stange passen 4 Volumeneinheiten (Bild 3.24b).

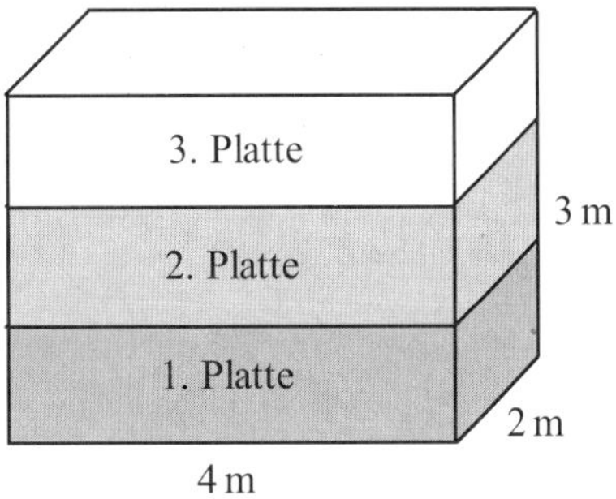

Bild 3.24a

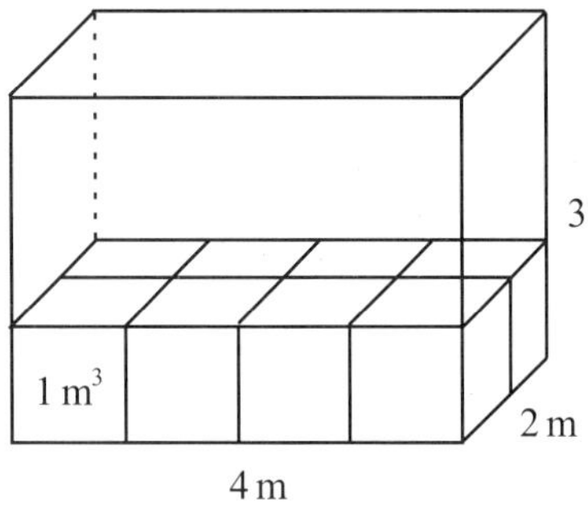

Bild 3.24b

Daher passen in jede Platte $4 \cdot 2$ Volumeneinheiten. In die 3 Platten passen demnach $(4 \cdot 2) \cdot 3$ Volumeneinheiten.

Der Quader hat also das Volumen $V = (4 \cdot 2 \cdot 3) \cdot 1\ \text{m}^3 = 24\ \text{m}^3$.

Wir berechnen jetzt das Volumen eines Quaders mit den Kantenlängen a, b und c allgemein.

Dazu zerlegen wir den Quader in c Platten (Bild 3.25a). In jede Platte passen b Stangen. In jede Stange passen a Volumeneinheiten (Bild 3.25b).

Insgesamt sind dann $a \cdot b \cdot c$ Volumeneinheiten in dem Quader enthalten. Das Volumen ist demnach $V = a \cdot b \cdot c$.

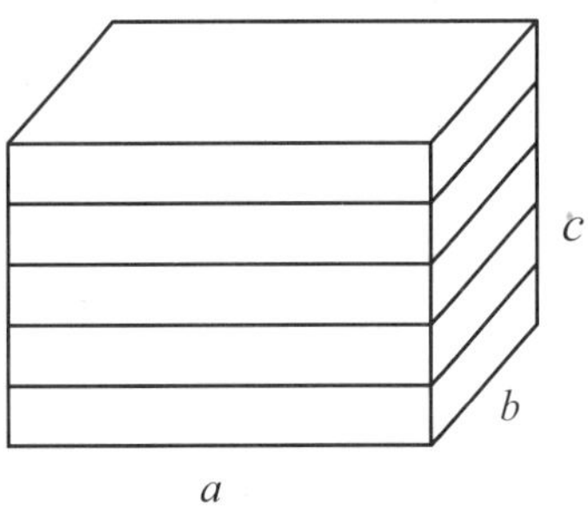

Bild 3.25a

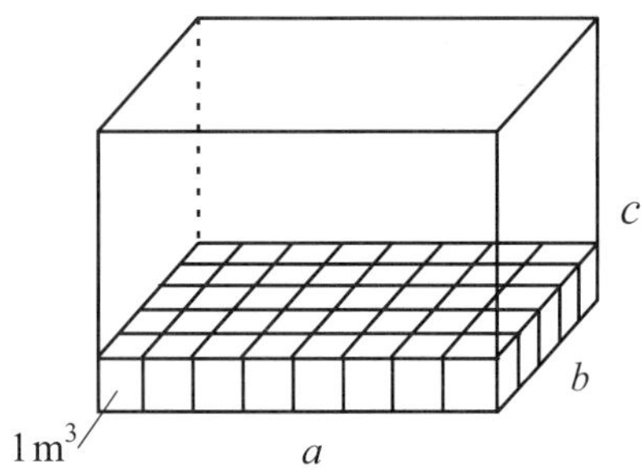

Bild 3.25b

Also gilt:

Merke

Ein Quader mit den Kantenlängen a, b und c hat das Volumen $V = a \cdot b \cdot c$.

Wir können jetzt mithilfe dieser Formel das Volumen eines beliebigen Quaders **berechnen** und brauchen nicht mehr abzuzählen, wie oft eine entsprechende Volumeneinheit in dem Quader enthalten ist.

Da jeder Würfel ein Quader mit gleich langen Kanten ist, folgt aus der Volumenformel des Quaders unmittelbar für das Volumen eines Würfels:

Merke
Ein Würfel mit der Kantenlänge a hat das Volumen $V = a \cdot a \cdot a = a^3$.

Beispiel 1
Ein Quader hat die Kantenlängen $a = 12\,\text{cm}$, $b = 8\,\text{cm}$ und $c = 5\,\text{cm}$. Wir berechnen sein Volumen V.
Es gilt: $V = a \cdot b \cdot c$.
Wir setzen ein und erhalten:
$V = a \cdot b \cdot c = 12\,\text{cm} \cdot 8\,\text{cm} \cdot 5\,\text{cm} = 480\,\text{cm}^3$.
Das gesuchte Volumen ist also $V = 480\,\text{cm}^3$.

Beispiel 2
Ein Würfel hat die Kantenlänge $a = 3\,\text{m}$. Wir berechnen sein Volumen V.
Es gilt: $V = a \cdot a \cdot a = a^3$.
Wir setzen ein und erhalten:
$V = a \cdot a \cdot a = 3\,\text{m} \cdot 3\,\text{m} \cdot 3\,\text{m} = 27\,\text{m}^3$.
Das gesuchte Volumen ist also $V = 27\,\text{m}^3$.

3.5 Volumeneinheiten

Willst du z.B. das Volumen eines Aquariums berechnen, so stellst du fest, dass die Einheit $1\,m^3$ unpraktisch ist. Daher gibt es, wie schon bei der Flächeneinheit $1\,m^2$, Ober- und Untereinheiten der Volumeneinheit $1\,m^3$.

Wir betrachten einen Würfel mit der Kantenlänge 1 m, also dem Volumen $1\,m^3$ (Bild 3.26a).

Wir teilen ihn in 10 gleiche Platten der Höhe 1dm und jede dieser Platten in 10 gleiche Stangen der Breite 1 dm. Jede Stange teilen wir in 10 gleiche Würfel.

Jede Platte enthält somit 100 Würfel mit dem Volumen $1\,dm^3$; da es 10 Platten sind, ergeben sich insgesamt 1000 Würfel mit dem Volumen $1\,dm^3$.

Es gilt also: $1\,m^3 = 1000\,dm^3$.

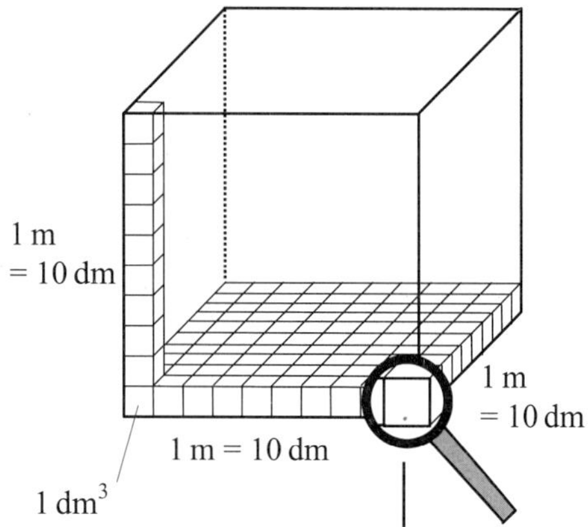

Bild 3.26a

Ein Würfel mit der Kantenlänge 1 dm kann in 10 gleiche Platten der Höhe 1 cm und jede dieser Platten in 10 gleiche Stangen der Breite 1 cm unterteilt werden. Jede Stange enthält 10 gleiche Würfel. (Bild 3.26b).

Jede Platte enthält somit 100 Würfel mit dem Volumen $1\,cm^3$; da es 10 Platten sind, ergeben sich insgesamt 1000 Würfel mit dem Volumen $1\,cm^3$.

Es gilt also: $1\,dm^3 = 1000\,cm^3$.

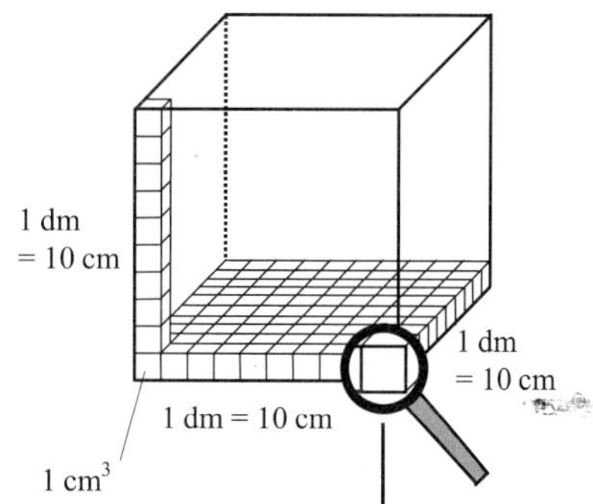

Bild 3.26b

Ein Würfel mit der Kantenlänge 1 cm kann in 10 gleiche Platten der Höhe 1 mm und jede dieser Platten in 10 gleiche Stangen der Breite 1 mm unterteilt werden. Jede Stange enthält 10 gleiche Würfel. (Bild 3.26c).

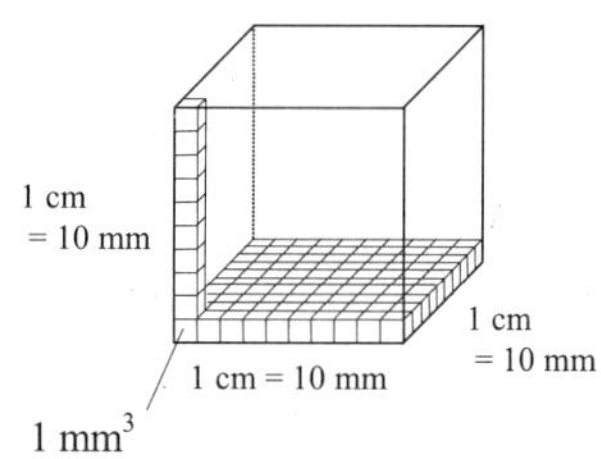

Bild 3.26c

Jede Platte enthält somit 100 Würfel mit dem Volumen $1\,mm^3$; da es 10 Platten sind, ergeben sich insgesamt 1000 Würfel mit dem Volumen $1\,mm^3$.

Es gilt also: $1\,cm^3 = 1000\,mm^3$.

Somit gilt:

$$\mathbf{1\ m^3} = \mathbf{1000\ dm^3}$$
$$= 1000 \cdot \underbrace{1\ dm^3}_{=1000\ cm^3} = 1000 \cdot 1000\ cm^3 = \mathbf{1\,000\,000\ cm^3}$$
$$= 1\,000\,000 \cdot \underbrace{1\ cm^3}_{=1000\ mm^3} = 1\,000\,000 \cdot 1000\ mm^3 = \mathbf{1\,000\,000\,000\ mm^3}$$

> **Merke**
> Unterteilt man die Grundeinheit Kubikmeter in 1000, 1 000 000 beziehungsweise 1 000 000 000 volumengleiche Teile, so erhält man die Untereinheiten **Kubikdezimeter (dm^3)**, **Kubikzentimeter (cm^3)** und **Kubikmillimeter (mm^3)**.
>
> Es gilt: $1\ m^3 = 1000\ dm^3 = 1\,000\,000\ cm^3 = 1\,000\,000\,000\ mm^3$.
>
> Daraus ergibt sich: $1\ m^3 = 1000\ dm^3$; $1\ dm^3 = 1000\ cm^3$; $1\ cm^3 = 1000\ mm^3$.
>
> Das 1000fache einer Einheit ergibt jeweils die nächstgrößere Einheit.
>
> Der 1000te Teil einer Einheit ergibt jeweils die nächstkleinere Einheit.

Einen Überblick zeigt folgende Tabelle:

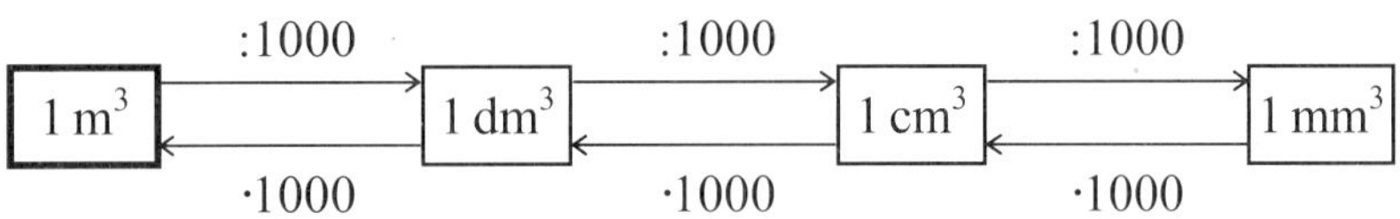

Bemerkung
Was bedeuten in dieser Tabelle die Zeichen $\overleftarrow{\cdot 1000}$ und $\underrightarrow{:1000}$?
Sie bedeuten z.B. „Das 1000fache von $1\ cm^3$ ist $1\ dm^3$" bzw. „Der 1000te Teil (ein Tausendstel) von $1\ m^3$ ist $1\ dm^3$".

Es gilt allgemein folgende Umwandlungsregel:

> **Umwandlungsregel für Volumenangaben**
> Eine Volumenangabe wird **in die nächste Untereinheit** umgewandelt, indem man **die Maßzahl mit 1000 multipliziert**.
>
> Eine Volumenangabe wird **in die nächste Obereinheit** umgewandelt, indem man **die Maßzahl durch 1000 dividiert**.

Beispiel 1

a) $5\text{ cm}^3 = 5000\text{ mm}^3$ b) $32\,000\text{ dm}^3 = 32\text{ m}^3$ c) $7000\text{ cm}^3 = 7\text{ dm}^3$

d) $26\text{ dm}^3 = 26\,000\text{ cm}^3 = 26\,000\,000\text{ mm}^3$

e) $470\,000\,000\text{ mm}^3 = 470\,000\text{ cm}^3 = 470\text{ dm}^3$

Bei Volumen von Gefäßen werden häufig **Literangaben** verwendet.

Merke

Für 1 dm^3 schreibt man auch **1 Liter (1 ℓ)**.
Unterteilt man die Grundeinheit Liter in 10, 100 bzw. 1000 volumengleiche Teile, erhält man die Untereinheiten **Deziliter (dℓ)**, **Zentiliter (cℓ)** und **Milliliter (mℓ)**.
Es gilt: $1\,\ell = 1\text{ dm}^3$; $1\,\ell = 10\text{ d}\ell$; $1\,\ell = 100\text{ c}\ell$; $1\,\ell = 1000\text{ m}\ell$.
Daraus ergibt sich: $1\,\ell = 10\text{ d}\ell$; $1\text{ d}\ell = 10\text{ c}\ell$; $1\text{ c}\ell = 10\text{ m}\ell$; $1\text{ m}\ell = 1\text{ cm}^3$.
Durch Vervielfachung der Grundeinheit Liter mit dem Faktor 100 erhält man die Obereinheit **Hektoliter (hℓ)**.
Es gilt: $100\,\ell = 1\text{ h}\ell$.

Einen Überblick über die Zusammenhänge gibt folgende Tabelle:

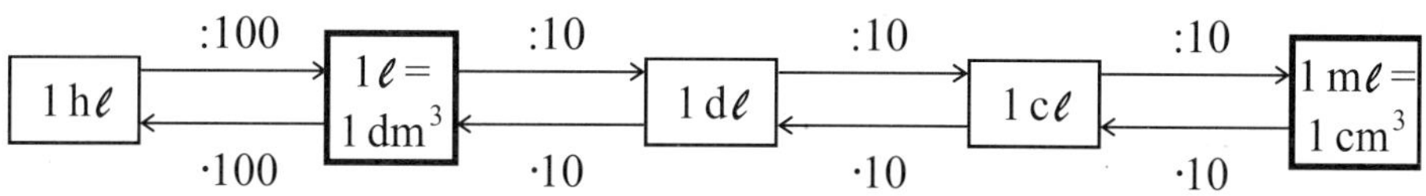

Volumen werden auch durch mehrere Einheiten angegeben. Du kannst dann die Angaben in der jeweils kleinsten Einheit ausdrücken.

Beispiel 2

a) $4\text{ dm}^3\ 100\text{ cm}^3 = 4\text{ dm}^3 + 100\text{ cm}^3 = 4000\text{ cm}^3 + 100\text{ cm}^3 = 4100\text{ cm}^3$

b) $9\text{ dm}^3\ 40\text{ cm}^3 = 9\text{ dm}^3 + 40\text{ cm}^3 = 9000\text{ cm}^3 + 40\text{ cm}^3 = 9040\text{ cm}^3$

c) $2130\text{ m}\ell = 2\,\ell + 30\text{ m}\ell = 2000\text{ m}\ell + 30\text{ m}\ell = 2030\text{ m}\ell$

d) $62\text{ h}\ell\ 14\,\ell = 62\text{ h}\ell + 14\,\ell = 6200\,\ell + 14\,\ell = 6214\,\ell$

Nachstehendes Diagramm zeigt noch einmal die Zusammenhänge zwischen Literangaben und metrischen Volumeneinheiten:

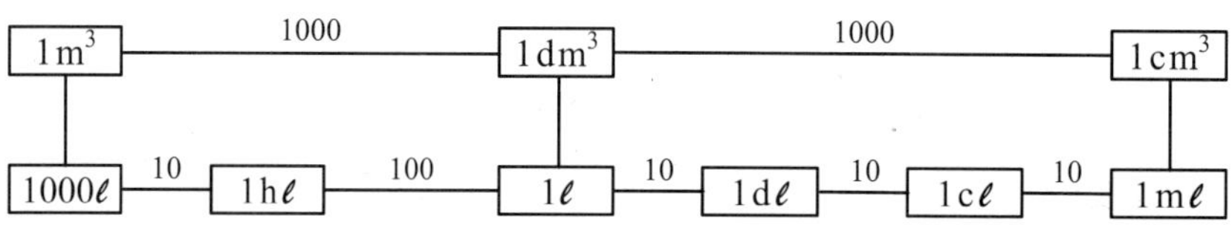

3.6 Dezimale Schreibweise

Jede Volumenangabe ist auch mit der dezimalen Schreibweise (Kommaschreibweise) darstellbar. Mithilfe der folgenden Tabelle kann die dezimale Schreibweise eingeübt werden.

Einheit	m^3				dm^3			cm^3			mm^3		
	…	H	Z	E	H	Z	E	H	Z	E	H	Z	E
Beispiel a)	…					3	0	0	7	0	0	2	0
Beispiel b)	…			6	1	0	9	5	0	0	0	0	0
Beispiel c)								8	4	0	7	0	0

Beispiel 1

a) $30\,dm^3\ 70\,cm^3\ 20\,mm^3 = 30{,}07002\,dm^3 = 30070{,}02\,cm^3 = 30070020\,mm^3$
oder
$30\,dm^3\ 70\,cm^3\ 20\,mm^3 = 30{,}07002\,dm^3 = 0{,}03007002\,m^3$

b) $6\,m^3\ 109\,dm^3\ 500\,cm^3 = 6{,}1095\,m^3 = 6109{,}5\,dm^3 = 6109500\,cm^3$

c) $840\,cm^3\ 700\,mm^3 = 840{,}7\,cm^3 = 840700\,mm^3$ oder
$840\,cm^3\ 700\,mm^3 = 840{,}7\,cm^3 = 0{,}8407\,dm^3 = 0{,}0008407\,m^3$

Für Einheitsumwandlungen mit der Kommaschreibweise gilt allgemein folgende Regel:

Kommaverschiebungsregel für Volumenangaben

Volumenangaben in dezimaler Schreibweise werden **in die nächste Untereinheit** umgewandelt, indem das Komma **um drei Stellen nach rechts** verschoben wird.

Volumenangaben in dezimaler Schreibweise werden **in die nächste Obereinheit** umgewandelt, indem das Komma **um drei Stellen nach links** verschoben wird.

Fehlende Stellen werden dabei jeweils durch Nullen ergänzt.

Beispiel 2

a) Wir verwandeln in die nächsten Untereinheiten:

$1{,}8562\,m^3 = 1856{,}2\,dm^3 = 1856200\,cm^3 = 1856200000\,mm^3$

b) Wir verwandeln in die nächsten Obereinheiten:

$35712\,cm^3 = 35{,}712\,dm^3 = 0{,}035712\,m^3$

Andere Maße

Da das Mahlen des Getreides früher überwiegend in Naturalien bezahlt wurde, waren die der Mühle zustehenden Mahlgutanteile durch den Müller einzubehalten. Die Mahlgebühr (*Matte*, *Metze* oder *Toll*) betrug 1/28 der angelieferten Menge. Die richtige Entnahme dieses Anteils war eine verantwortungsvolle Aufgabe des Müllers.

Gewogen wurden die Mahlgutmengen in *Himten*, gerechnet zu rund 48 Pfund (heute 24 kg). Ein Himten entspricht einem Volumen von ca. 31 Liter.

Das Holz wird im Wald zu Stößen von 1 m Länge, 1 m Breite und 1 m Höhe geschichtet. Man nennt einen solchen Stoß Holz ein *Raummeter* (rm) Holz oder auch ein *Ster* Holz.

Ein Raummeter oder ein Ster Holz ist also ein mit Holzstücken ausgelegter Raum von 1 m^3 einschließlich der Zwischenräume.

Ein *Festmeter* (fm) dagegen entspricht 1 m^3 fester Holzmasse, also ohne Zwischenräume in der Schichtung gedacht.

1 Raummeter Rundholz entspricht etwa 0,75 Festmeter.

Ein weiteres Maß ist das *Klafter*. Es entspricht 4 Raummeter Holz.

Der Rauminhalt von Schiffen wurde früher in *Bruttoregistertonnen* (BRT) angegeben. Es ist das Maß für den Gesamtraum eines Schiffes. Mit der BRT wird die Größe des Schiffes ausschließlich der Schiffswände gekennzeichnet.

Es gilt $1\,BRT = 2{,}8316\ m^3$.

Die *Bruttoraumzahl* (BRZ) wurde erstmals 1982 eingeführt und ersetzt BRT. Im Gegensatz zur BRT umfasst sie die Größe eines Schiffes in m^3 ab Außenhaut einschließlich der Schiffswände.

So hat das bekannte Kreuzfahrtschiff MS Deutschland eine Bruttoraumzahl von etwa 22 400 bei einer Länge von 175 m und einer Breite von 23 m.

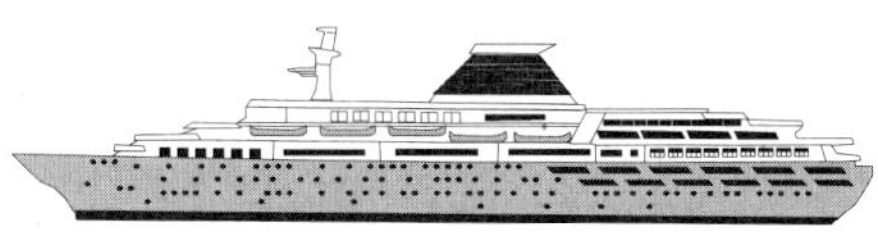

3.7 Berechnungen am Quader

Für Maßberechnungen im Zusammenhang mit Quadern und Würfeln stehen uns aus dem Abschnitt 3.4 folgende Formeln zur Verfügung:

Merke

(1) Ein Quader mit den Kantenlängen a, b und c hat das Volumen

$$V = a \cdot b \cdot c\,.$$

(2) Ein Würfel mit der Kantenlängen a hat das Volumen

$$V = a \cdot a \cdot a = a^3\,.$$

Wie du schon in Abschnitt 3.1 gelernt hast, besteht die Oberfläche von Quader und Würfel aus Rechtecken bzw. Quadraten. Deshalb lässt sich der **Oberflächeninhalt** dieser Körper leicht berechnen.

Die Oberfläche eines Quaders besteht aus 6 Rechtecken, von denen jeweils gegenüberliegende deckungsgleich und damit auch inhaltsgleich sind.

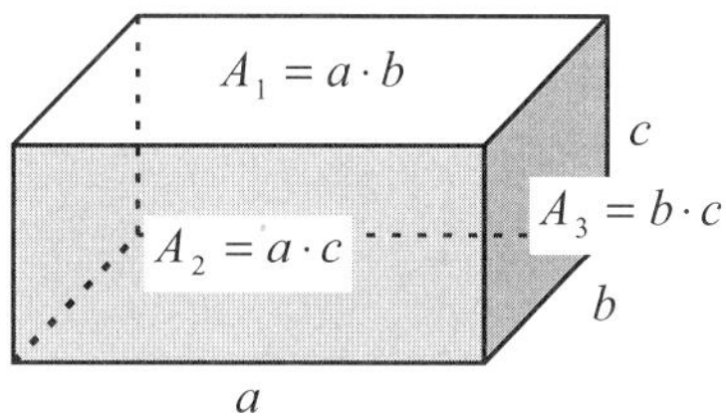

Bild 3.27

Es gibt zwei Rechtecke mit den Seitenlängen a und b, zwei mit den Seitenlängen a und c und zwei mit den Seitenlängen b und c (Bild 3.27).

Die Flächeninhalte dieser Rechtecke sind: $A_1 = a \cdot b$, $A_2 = a \cdot c$ und $A_3 = b \cdot c$.

Da jedes Rechteck zweimal vorkommt, hat die Quaderoberfläche den Inhalt:

$$O = 2 \cdot A_1 + 2 \cdot A_2 + 2 \cdot A_3 = 2ab + 2ac + 2bc = 2 \cdot (ab + ac + bc)\,.$$

Merke

Der Oberflächeninhalt eines Quaders mit den Kantenlängen a, b und c ist

$$O = 2ab + 2ac + 2bc = 2 \cdot (ab + ac + bc)\,.$$

Die Oberfläche des Würfels besteht aus 6 deckungsgleichen und damit auch inhaltsgleichen Quadraten, die alle die Seitenlänge a haben (Bild 3.28).

Jedes dieser Quadrate hat den Flächeninhalt $A = a^2$.

Also gilt für den Oberflächeninhalt des Würfels:

$O = 6A = 6a^2$.

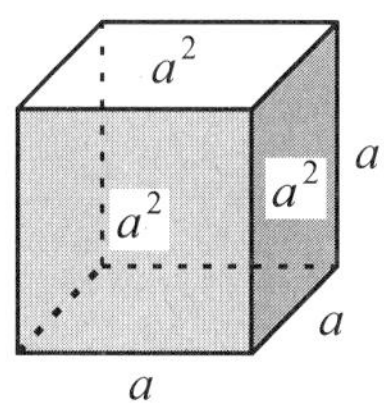

Bild 3.28

Merke

Der Oberflächeninhalt eines Würfels mit der Kantenlänge a ist $O = 6a^2$.

Beispiel 1

Ein Quader hat die Kantenlängen $a = 8\text{ cm}$, $b = 5\text{ cm}$ und $c = 3\text{ cm}$.

Wir berechnen zunächst sein Volumen.

Es gilt: $V = a \cdot b \cdot c \underset{\substack{\text{Kantenlängen}\\\text{einsetzen}}}{=} 8\text{ cm} \cdot 5\text{ cm} \cdot 3\text{ cm} = 120\text{ cm}^3$.

Nun berechnen wir noch seinen Oberflächeninhalt.

Es gilt: $O = 2 \cdot (ab + ac + bc) \underset{\substack{\text{Kanten-}\\\text{längen}\\\text{einset-}\\\text{zen}}}{=} 2 \cdot (8\text{ cm} \cdot 5\text{ cm} + 8\text{ cm} \cdot 3\text{ cm} + 5\text{ cm} \cdot 3\text{ cm})$

$$= 2 \cdot (40\text{ cm}^2 + 24\text{ cm}^2 + 15\text{ cm}^2) = 2 \cdot 79\text{ cm}^2 = 158\text{ cm}^2.$$

Der Quader hat also das Volumen 120 cm^3 und sein Oberflächeninhalt beträgt 158 cm^2.

Beispiel 2

Ein Würfel hat die Kantenlänge $a = 7\text{ cm}$.

Für sein Volumen gilt: $V = a^3 \underset{\substack{\text{Kantenlänge}\\\text{einsetzen}}}{=} (7\text{ cm})^3 = 343\text{ cm}^3$.

Für seinen Oberflächeninhalt ergibt sich:

$$O = 6a^2 \underset{\substack{\text{Kantenlänge}\\\text{einsetzen}}}{=} 6 \cdot (7\text{ cm})^2 = 6 \cdot 49\text{ cm}^2 = 294\text{ cm}^2.$$

Der Würfel hat also das Volumen 343 cm^3 und sein Oberflächeninhalt beträgt 294 cm^2.

Beispiel 3

Von einem Quader sind zwei Kantenlängen und das Volumen bekannt. Wir berechnen mithilfe dieser Angaben die dritte Kantenlänge.

Gegeben: Quader mit $a = 2\text{ dm}$, $b = 6\text{ dm}$, $V = 96\text{ dm}^3$

Gesucht: Kantenlänge c

Lösung:

$$\begin{aligned} V &= a \cdot b \cdot c && \text{(Maße einsetzen)} \\ 96\text{ dm}^3 &= 2\text{ dm} \cdot 6\text{ dm} \cdot c && \text{(zusammenfassen)} \\ 96\text{ dm}^3 &= 12\text{ dm}^2 \cdot c && \Big|\, :12\text{ dm}^2 \\ 96\text{ dm}^3 : 12\text{ dm}^2 &= c && \text{(Quotient berechnen)} \\ 8\text{ dm} &= c \end{aligned}$$

Die dritte Kantenlänge beträgt also $c = 8$ dm.

Wir können auch das Volumen von bestimmten, aus Quadern oder Würfeln zusammengesetzten Körpern berechnen.

Beispiel 4

Wir berechnen das Volumen des Körpers, der in Bild 3.29 dargestellt ist.

Wie du dem Bild entnimmst, setzt sich der Körper aus zwei Quadern zusammen. Sein Volumen V berechnen wir in zwei Schritten. Wir berechnen zunächst das Volumen jedes einzelnen Quaders. Das Volumen des Körpers ergibt sich dann als die Summe der Volumen der beiden Quader.

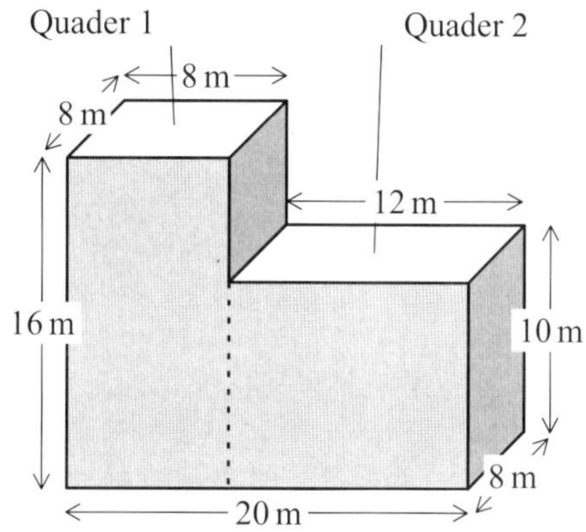

Bild 3.29

Volumen von Quader 1: $V_1 = 16\text{ m} \cdot 8\text{ m} \cdot 8\text{ m} = 1024\text{ m}^3$

Volumen von Quader 2: $V_2 = 12\text{ m} \cdot 8\text{ m} \cdot 10\text{ m} = 960\text{ m}^3$

Volumen des Körpers: $V = V_1 + V_2 = 1024\text{ m}^3 + 960\text{ m}^3 = 1984\text{ m}^3$

Der Körper hat also das Volumen 1984 m^3.

Das englische Maßsystem

Das englische Maßsystem wurde über einen Zeitraum von mehr als tausend Jahren entwickelt und ist ein wesentlicher Bestandteil der britischen Kultur. Es basiert auf dem römischen Maßsystem. Nach dem Zusammenbruch des römischen Reiches veränderte es sich im Laufe der Zeit, sodass es bis ins 18 Jh. verschiedene Systeme gab.

Die **Grundeinheit der Länge** ist das *yard*. Es wird unterteilt in 3 *feet* (Singular: *foot*), 36 *inches* und 432 *lines*. Vielfache des yard sind das *rod* mit 25,5 yards, das *furlong* mit 220 yards und die *mile* mit 1760 yards, also 5280 feet.

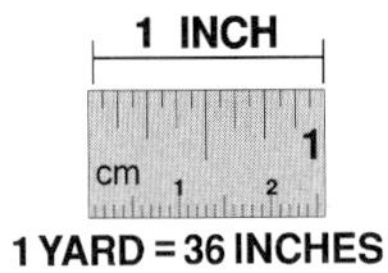

Das yard als Längeneinheit kann auf die Sachsenkönige zurückgeführt werden. Sie trugen einen Gürtel um die Taille, dessen Länge als Längenmaß vereinbart wurde. Das Wort yard ist aus dem sächsischen Wort *gyrd* oder *gyard* abgeleitet, was so viel wie Taille bedeutet.

Das yard wurde nach der normannischen Eroberung 1066 fest eingeführt. König *Henry I.* verfügte, dass ein yard dem Abstand zwischen seiner Nasenspitze und der Spitze seines ausgestreckten Daumens entspricht.

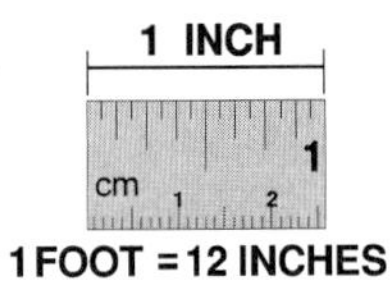

Der älteste bekannte Yardstock wurde 1445 hergestellt.

Heute ist ein yard offiziell festgelegt als 0,9144 Meter. Diese Definition wurde 1959 in den USA und 1963 in Großbritannien vereinbart.

Folgende Tabelle gibt einen Überblick über die englischen Längenmaße:

Längenmaße	yard	foot	inch	line	m
1 mile	1760	5280	63360	760320	1609
1 yard		3	36	432	0,914
1 foot			12	144	0,305
1 inch				12	0,025
1 line					0,0021

Geschichte der englischen Meile

Das Wort *Meile* (mile) ist aus dem lateinischen Wort *mille* (tausend) entstanden, weil ursprünglich eine Meile eine Entfernung war, die eine römische Legion mit 1000 Doppelschritten (oder 2000 Schritten) zurücklegen konnte. Die Länge der römischen Meile kann deshalb nur ungenau angegeben werden. Basierend auf dem römischen Fuß (29,6 cm) und – angenommen ein Doppelschritt hat 5 Fuß – hätte die römische Meile 1480 m (5000 Fuß). Misst man aber den Abstand zwischen zwei römischen Meilensteinen, so ergeben sich 1520 m (5135 Fuß). Durch einen Übersetzungsfehler wurden aus den 5000 Fuß dann 5280 Fuß pro Meile. Das englische Maß furlong (660 Fuß) wurde in Übersetzungen von lateinischen Dokumenten mit dem römischen *stade* (625 Fuß) verwechselt. Das führte natürlich zu großer Verwirrung, der Königin Elizabeth I. 1592 ein Ende bereitete, indem sie in einem Statut (daher der Name statute mile) die Meile endgültig auf 8 furlong oder 5280 Fuß festlegte und damit die 5000 Fuß-Meile abschaffte.

Die **Grundeinheit der Masse** ist das *pound* (*lb*). Grundlage des englischen Pfundes war das Gewicht von Getreidekörnern. Ursprünglich wurde ein *grain* (Getreidekorn) in England durch die Masse eines Gerstenkornes (*barley*, Gerste) festgelegt.

Diese grains waren die Ausgangsbasis für das gesamte englische Gewichtssystem. Bis 1300 war das *libra mercatoria* üblich. Es bestand aus 7000 grains und wurde in 15 *Unzen* unterteilt. Um 1300 übernahmen englische Wollhändler, die ihre Wolle in Florenz verkauften, das florentinische Pfund, das ebenfalls aus 7000 grains bestand. Es wurde schnell zum Standardgewicht für den Handel. Ein grain entspricht heute 64,79891 mg.

Während aber das englische Pfund dem Gewicht von 7000 Gerstenkörnern entsprach, benutzte man in Frankreich und dem restlichen Europa das leichtere Weizenkorn. Das englische Pfund war demnach schwerer.

Ein pound wird also in 7000 *grains* unterteilt oder in 16 *ounces* (*oz*), wobei 1 ounce in 16 *drams* (*dr*) unterteilt wird. Durch ein internationales Abkommen wurde das pound zu 0,45359273 kg festgelegt.

Obereinheiten des pounds sind das *hundredweight* (*cwt*) (entspricht in etwa unserem Zentner = 50 kg) und die *ton* (*t*). Dabei sind 112 pounds ein hundredweight und 20 hundredweight sind 1 ton (long ton).

Folgende Tabelle gibt einen Überblick über die englischen Massenmaße:

Massenmaße	Cwt	quarter	pound	ounce	dram	kg
1 ton	20	80	2240	35840	573440	1016,050
1 cwt		4	112	1792	28672	50,802
1 quarter			28	448	7168	12,707
1 pound				16	256	453,60 g
1 ounce					16	28,35 g
1 dram						1,77g

Die **Grundeinheit für das Volumen** von Flüssigkeiten ist *gallon* (*gal*). Das Wort gallon kommt von dem lateinischen Wort *gillus*, was soviel wie Wasserbehälter oder Wassertopf bedeutet.

Eine gallon wird in 4 *quarts* (*qt*), 8 *pints* (*pt*) und 32 *gills* unterteilt.

Die englische Gallone entspricht seit 1824 dem Volumen von 10 Pfund (lb) Wasser bei einer Temperatur von 62 °F (62 °Fahrenheit ≈ 16,7 °C), was einem Volumen von 277,4194 Kubikinch (cu in) bzw. 4,54609 Liter entspricht.

Folgende Tabelle gibt einen Überblick über die englischen Volumenmaße:

Volumen	gallon	quart	pint	gill	Liter
1 gallon		4	8	32	4,546
1 quart			2	8	1,1365
1 pint				4	0,568
1 gill					0,1419

Für Trockenmassen sind die Einheiten *quarter*, *bushel*, *peck* und *gallon* gebräuchlich.

1 quarter = 4 bushels = 290,94 Liter

1 bushel = 4 pecks = 36,36 Liter

1 peck = 2 gallons = 9,087 Liter

Das amerikanische Maßsystem

Viele amerikanische Maßeinheiten basierten vor 1824 auf den englischen Einheiten. Seit der *Mendenhall Order* von 1893 wurden das amerikanische yard und pound auf die metrischen Maße Meter und Kilogramm zurückgeführt. Es bestand daher kein direkter Zusammenhang mehr zwischen den englischen und amerikanischen Maßen.

Im Jahre 1959 vereinbarten die englischsprechenden Nationen, dieselben Beziehungen zwischen yard und Meter bzw. pound und Kilogramm zu benutzen und zwar:

1 yard = 0,9144 m und 1 pound = 0,45359237 kg.

Unterschiede gibt es dennoch. Ein amerikanisches hundredweight hat 100 pound (statt 112 beim englischen System) und die ton hat genau 2000 pound (statt 112 beim englischen System). Man nennt daher die englische ton auch *long ton* und die amerikanische *short ton.* Ebenso ist die US-gallon anders festgelegt.

1 US -gallon wird exakt zu 231 cubic inches festgelegt. 1 US-gallon entspricht dann 3,785411784 Liter. Die Einheit gallon wird in den USA – im Gegensatz zu Großbritannien – auch nicht als Volumeneinheit für feste Stoffe verwendet.

Ein weiteres gebräuchliches Hohlmaß (Volumenmaß) ist das *barrel.* Es wird international für Rohöl benutzt. Der Ausschnitt aus einer Pressemitteilung zeigt dies.

Montag 11. August 2014, 12:44 Uhr

Benzin im Juli billiger

Hamburg (AP) Benzin ist im Juli erneut billiger geworden. Ein Liter E10 kostete im Durchschnitt 149,5 Eurocent, wie der Mineralölwirtschaftsverband am Montag in Hamburg mitteilte. Im Juni lag der Durchschnittspreis noch bei 153 Eurocent. Dagegen stieg der Durchschnittspreis für Öl der OPEC in der vergangenen Woche auf 104,40 Dollar pro Barrel (159 Liter) nach 102,51 in der Woche davor. Das teilte die OPEC in Wien mit.

Ein Barrel hat 42 US-gallons, was etwa 158,987 Liter entspricht. In der Ölindustrie wird als Abkürzung *bo* (barrel of oil) benutzt. Das Öl-Barrel hat seinen Ursprung in den Ölfeldern von Pennsylvania (den ersten wirtschaftlich genutzten Ölfeldern) im späten 19. Jh. Wahrscheinlich wurden dort 40-gallon Fässer auf 42-gallon Fässer vergrößert, um Verschüttungen oder Unterfüllungen zu vermeiden.

Auch bei uns begegnen dir amerikanische Maße.

So bedeutet z.B. die Größenangabe 32/30 bei Jeans eine Bundweite (waist) von 32 inches (etwa 80 cm) und eine Schrittlänge (length) von 30 inches (etwa 75 cm).

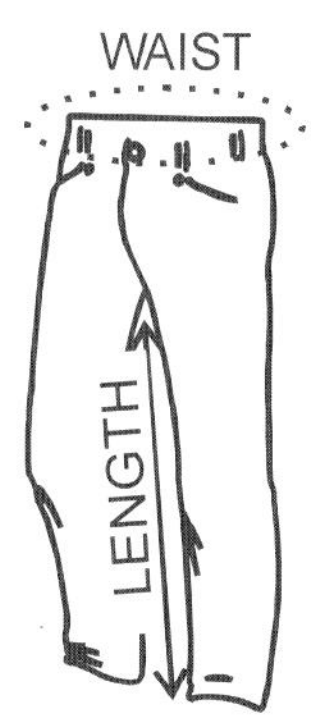

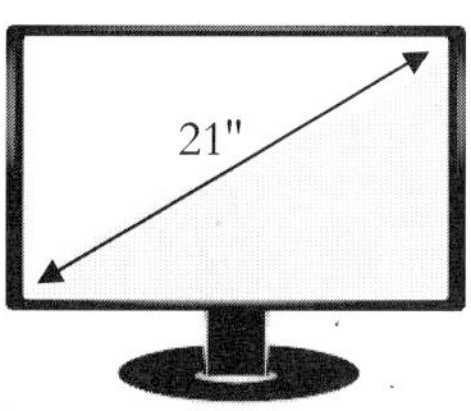

Auch die Diagonale von Computerbildschirmen wird in Zoll (= inches) angegeben, z.B. 21 Zoll (21").

Ebenso wird der Durchmesser von Festplatten in Zoll angegeben, wie z.B. 3,5 Zoll (3,5") oder 2,5 Zoll (2,5").

4

Abbildungen und Symmetrien

Der Begriff der ***Abbildung*** *wird in vielen Bereichen der Mathematik als Grundbegriff verwendet. In dem folgenden Kapitel werden dir einige grundlegende geometrische Abbildungen mit ihren Eigenschaften vorgestellt. Mithilfe dieser Abbildungen gelingt es dann den Begriff der* ***Symmetrie***[1] *geometrisch als eine Eigenschaft von Figuren zu beschreiben.*

4.1 Grundlagen

4.1.1 Bezeichnungen und Begriffe

In der Klassenstufe 5 hast du wichtige Grundbegriffe der Geometrie kennen gelernt und bist mit der Handhabung der Zeichengeräte vertraut gemacht worden. Dort hast du auch gelernt, wie man Geraden, Strecken, Strahlen und Winkel zeichnet und wie man Parallelen, Senkrechte und Lote zeichnet. Ebenfalls hast du dort gelernt, wie man Streckenlängen und Winkelmaße misst und wie man den Abstand zwischen zwei Punkten sowie den Abstand zwischen einem Punkt und einer Geraden misst (siehe Skript Klasse 5, Kapitel 5). Darauf soll jetzt aufgebaut werden.
An die wichtigsten Begriffe und Bezeichnungen aus Klasse 5 sei zunächst noch einmal erinnert.

Bezeichnungen für Punkte und Punktmengen	
e	Zeichenebene
$A, B, C, \ldots$	Punkte
$\overline{a}, \overline{b}, \overline{c}, \ldots$	Strecken
$\overline{AB}$	die Strecke mit den Endpunkten A und B
$g, h, k, \ldots$	Geraden
AB	die Gerade durch die Punkte A und B
$\overset{\vdash}{g}, \overset{\vdash}{h}, \overset{\vdash}{k}, \ldots$	Strahlen oder Halbgeraden
$\overset{\longmapsto}{AB}$	der Strahl durch den Punkt B mit dem Anfangspunkt A
$\sphericalangle\, \alpha$	Winkel mit dem Maß α.
$k(M;r)$	Kreis k mit dem Mittelpunkt M und dem Radius r

[1] symmetria (griech.), Gleich-, Ebenmaß

Bezeichnungen für Lagebeziehungen

$P \in g$	der Punkt P liegt auf der Geraden g (bzw. die Gerade g verläuft durch den Punkt P)
$Q \notin h$	der Punkt Q liegt nicht auf der Geraden h (bzw. die Gerade h verläuft nicht durch den Punkt Q)
$\overline{AB} \subset k$	die Strecke $\overline{AB}$ liegt auf der Geraden k
$g \perp h$	die Geraden g und h sind zueinander senkrecht (In Figuren sind zueinander senkrechte Geraden meistens mit den Zeichen ⦝ oder ∟ gekennzeichnet.)
$\bar{a} \not\perp \bar{b}$	die Strecken $\bar{a}$ und $\bar{b}$ sind nicht zueinander senkrecht
$g \parallel h$	die Geraden g und h sind zueinander parallel
$h \nparallel k$	die Geraden h und k sind nicht zueinander parallel

Bezeichnungen für Maßangaben

$a, b, c, \ldots$	Streckenlängen
$\lvert\overline{AB}\rvert$	Länge der Strecke $\overline{AB}$
$d(A;B)$	Abstand oder Entfernung der Punkte A und B (= Länge der Verbindungsstrecke $\overline{AB}$)
$d(P;g)$	Abstand des Punktes P von der Geraden g (= Länge des Lotes von P auf g)
$d(g;h)$	Abstand der Parallelen g und h (= Länge des Lotes von einem beliebigen Punkt von h auf g)

Bezeichnungen für Winkelmaße

α	β	γ	δ	ε	ζ	η	ϑ	φ
alpha	beta	gamma	delta	epsilon	zeta	eta	theta	phi

Bezeichnungen am Dreieck

Eckpunkte: A, B, C
Seitenlängen: a, b, c
Winkelmaße: α, β, γ

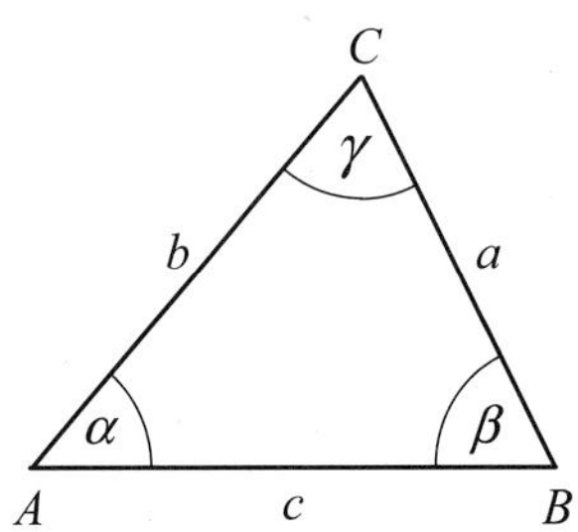

Die Anfänge der Geometrie

Vor etwa 5000 Jahren vollzog sich in der Geschichte der Menschheit eine entscheidende Wende. Um diese Zeit entstanden an den großen Strömen – am Nil, an Euphrat und Tigris, am Indus und am Hwangho – die ersten Hochkulturen. Sie entwickelten sich dort, wo zwei wichtige Voraussetzungen aufeinander trafen: ein günstiges Klima und das Vorhandensein von Wasser in ausreichenden Mengen. Ein Blick auf eine Karte mit den ersten Hochkulturen der Menschheit zeigt, dass diese Bedingungen in allen Fällen erfüllt waren (helle Flächen). In diesen Gegenden schlossen sich die Menschen zu großen Gemeinschaften zusammen, um durch die Trockenlegung von Sümpfen und durch das Errichten von Bewässerungssystemen aus der Wildnis eine Kulturlandschaft zu machen.

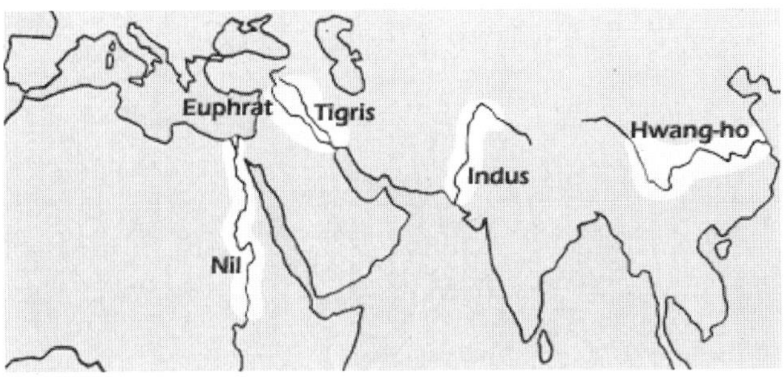

Die ersten Hochkulturen um 3000 v. Chr.

Die günstigen natürlichen Voraussetzungen ermöglichten es den Menschen, in diesen Gebieten sesshaft zu werden und durch ihre Arbeit dem Boden so viel abzugewinnen, dass ihr Dasein nicht allein von der Nahrungssuche bestimmt war. Vor allem die Gebiete zwischen Euphrat und Tigris und am Nil wurden vor 5000 Jahren zur Wiege unserer Kultur und dadurch auch zur Wiege der Wissenschaft, die man später Mathematik nannte.

Die Geometrie entstand aus ganz praktischen Bedürfnissen. Landvermessung, astronomische Beobachtungen und der Bau von Tempeln und Pyramiden gaben erste Anstöße zu geometrischen Überlegungen: Winkel mussten gemessen und konstruiert, Flächen- und Rauminhalte ermittelt oder im Voraus berechnet werden.

Während wir von der altindischen und altchinesischen Mathematik nur sehr bruchstückhafte Kenntnisse haben, wissen wir über die mathematischen Fähigkeiten der Ägypter und der Bewohner des Gebietes um den Euphrat und den Tigris sehr gut Bescheid. Näheres erfährst du in den folgenden Infos.

4.1.2 Mittelsenkrechte

Gegeben ist eine Strecke $\overline{AB}$.

Wir zeichnen die Gerade m, die die Strecke $\overline{AB}$ in ihrem Mittelpunkt M senkrecht schneidet (Bild 4.1).

Die Gerade m heißt die **Mittelsenkrechte der Strecke $\overline{AB}$**.

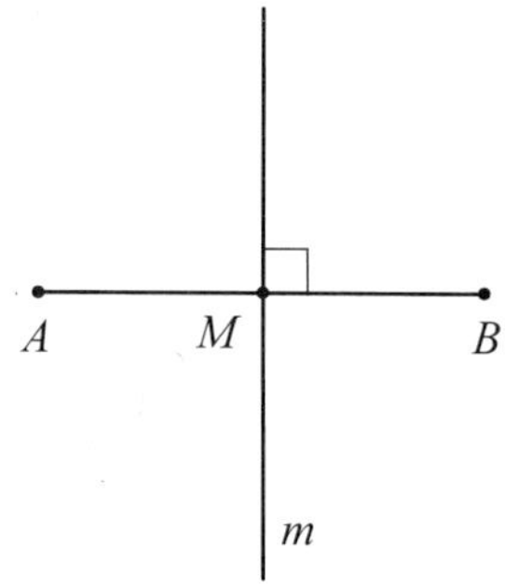

Bild 4.1

> **Definition 4.1**
> Die Gerade, die eine Strecke $\overline{AB}$ in ihrem Mittelpunkt senkrecht schneidet, heißt **Mittelsenkrechte der Strecke $\overline{AB}$**, in Zeichen $m_{\overline{AB}}$.

Wir kennzeichnen nun auf der Mittelsenkrechten der Strecke $\overline{AB}$ einen beliebigen Punkt P und vergleichen die Entfernungen von P zu den Endpunkten A und B der Strecke (Bild 4.2).

Es gilt: $|\overline{PA}| = |\overline{PB}|$

Der Punkt P ist also von den Endpunkten der Strecke $\overline{AB}$ gleich weit entfernt.

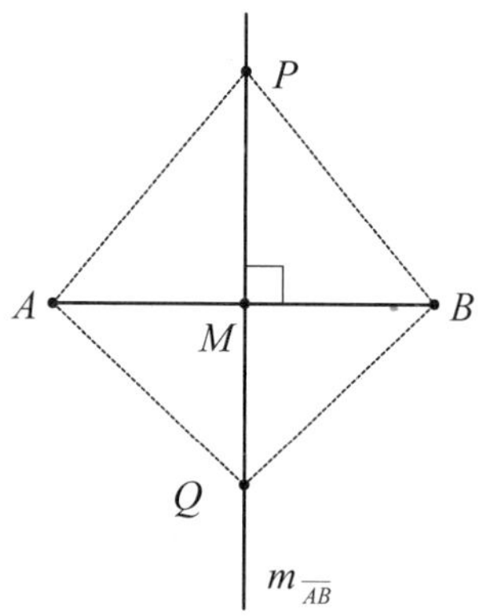

Bild 4.2

Führen wir für weitere Punkte auf $m_{\overline{AB}}$ den Entfernungsvergleich zu den Endpunkten der Strecke $\overline{AB}$ durch, so sind auch sie von A und B jeweils gleich weit entfernt.

> **Merke**
> Wenn ein Punkt auf der Mittelsenkrechten einer Strecke liegt, dann ist er von den Endpunkten der Strecke gleich weit entfernt.

Wir wählen nun Punkte, die nicht auf der Mittelsenkrechten der Strecke $\overline{AB}$ liegen, und vergleichen ihre Abstände von den Streckenendpunkten A und B (Bild 4.3 a).

Wir erkennen:

> **Merke**
> Wenn ein Punkt nicht auf der Mittelsenkrechten einer Strecke liegt, dann ist er von den Endpunkten der Strecke verschieden weit entfernt.

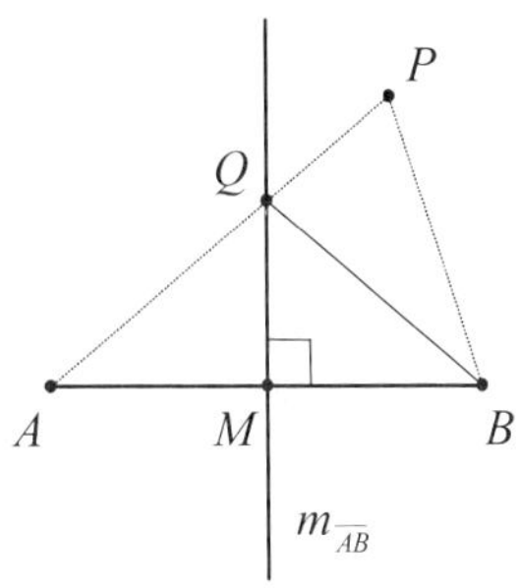

Bild 4.3 a

Die letzten beiden Merkregeln kann man auf zwei verschiedene, aber gleichwertige Arten zusammenfassen (siehe Skript Klasse 5, Abschnitt 8.7).

> **Merke**
> - Die Mittelsenkrechte einer Strecke ist die Menge aller Punkte, die von den Endpunkten der Strecke gleich weit entfernt sind.
> - Ein Punkt liegt genau dann auf der Mittelsenkrechten einer Strecke, wenn er von den Endpunkten der Strecke gleich weit entfernt ist.

Betrachten wir Bild 4.3 b.

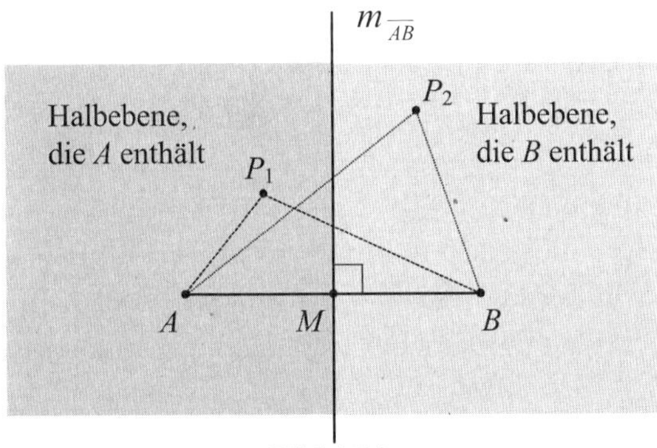

Bild 4.3 b

Wir erkennen, dass die Mittelsenkrechte der Strecke $\overline{AB}$ die Zeichenebene in zwei **Halbebenen** zerlegt: die Halbebene, die den Punkt A enthält, und die Halbebene, die den Punkt B enthält.

> **Merke**
> Die Halbebene (ohne die Mittelsenkrechte $m_{\overline{AB}}$), die A enthält, ist die Menge aller Punkte, die näher bei A als bei B liegen. (Dazu gehört z.B. P_1.)
> Die Halbebene (ohne die Mittelsenkrechte $m_{\overline{AB}}$), die B enthält, ist die Menge aller Punkte, die näher bei B als bei A liegen. (Dazu gehört z.B. P_2.)

4.1.3 Abstände

In Bild 4.4 ist ein Punkt P mit verschiedenen Punkten einer Geraden g verbunden.

Du siehst, dass die Verbindungsstrecken unterschiedlich lang sind. Welche ist die kürzeste Verbindungsstrecke zwischen dem Punkt P und der Geraden g?

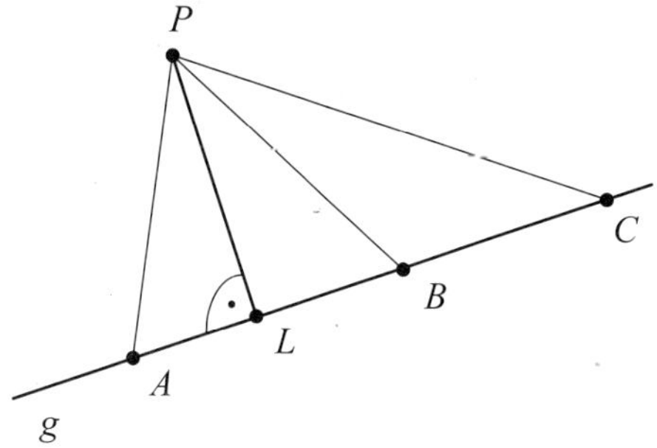

Bild 4.4

Durch Nachmessen stellst du fest, dass die Strecke $\overline{PL}$, die senkrecht auf g steht, die kürzeste Verbindungsstrecke ist. Diese Strecke heißt das **Lot vom Punkt *P* auf die Gerade *g***.

Die Länge des Lotes $\overline{PL}$ ist der **Abstand zwischen dem Punkt *P* und der Geraden *g***.

Allgemein gilt:

Merke

Die Verbindungsstrecke zwischen einem Punkt P und einer Geraden g, die senkrecht auf g steht, ist die kürzeste.

Diese Strecke heißt das **Lot von *P* auf *g*** (Bild 4.4).

Die Länge dieses Lotes heißt der **Abstand zwischen *P* und *g***.

Beispiel

Der Abstand eines Punktes P von einer Geraden g soll bestimmt werden.

Wir zeichnen zu g zunächst die Senkrechte s durch P. Die Senkrechte s schneidet die Gerade g im Punkt L. Die Strecke $\overline{PL}$ ist das Lot von P auf g (Bild 4.5). Dann messen wir die Länge der Strecke $\overline{PL}$ und geben den Abstand an.

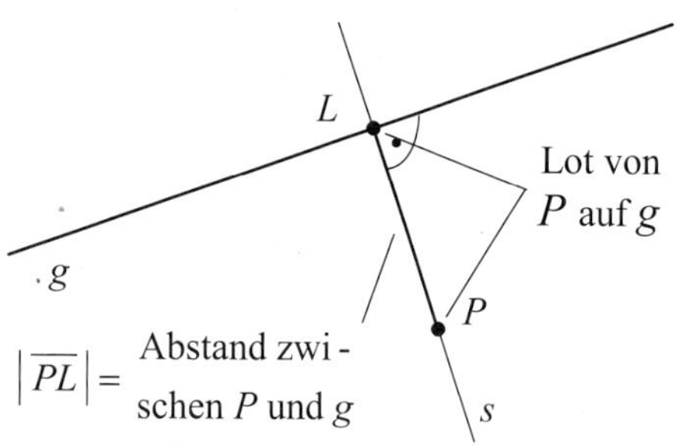

Bild 4.5

Bild 4.6 zeigt, wie du mit dem Geodreieck das Lot von einem Punkt P auf eine Gerade g zeichnest und gleichzeitig den Abstand zwischen P und g misst.

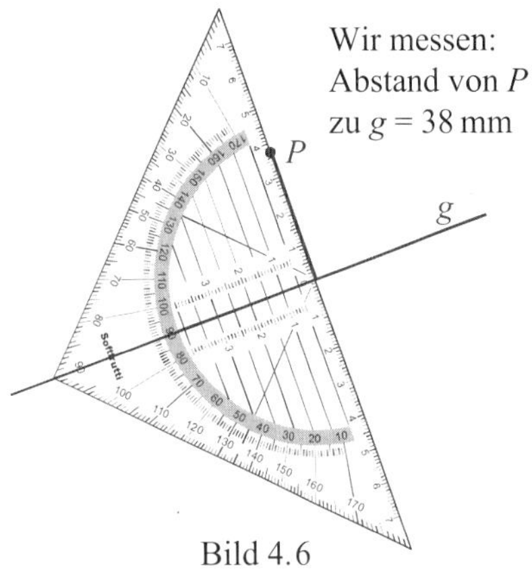

Bild 4.6

Wir wollen jetzt noch definieren, was man unter dem **Abstand zweier paralleler Geraden** versteht.
Dazu zeichnen wir zwei parallele Geraden g und h (Bild 4.7).
Vergleichst du die jeweiligen Abstände zwischen verschiedenen Punkten auf der Geraden h und der Geraden g, so stellst du fest:

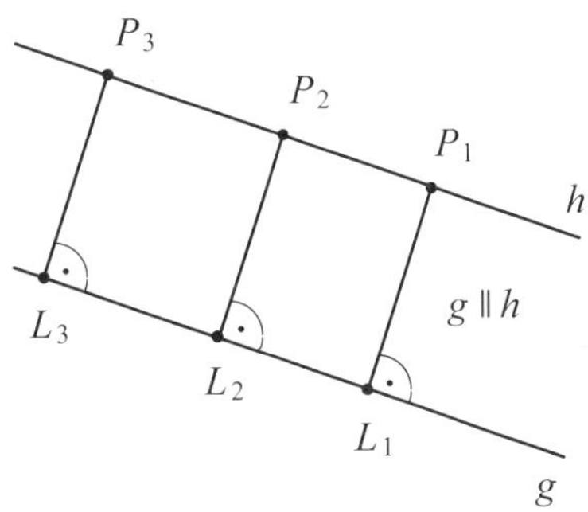

Bild 4.7

Merke
Alle Punkte auf der Geraden h haben von einer parallelen Geraden g gleichen Abstand.

Damit definiert man:

Definition 4.2
Für zwei parallele Geraden g und h heißt der Abstand zwischen einem beliebigen Punkt auf der Geraden h und der Geraden g **Abstand von g und h**, in Zeichen $\boldsymbol{d(g;h)}$.

In Bild 4.7 gilt für den Abstand zwischen g und h:

$$d(g;h) = d(P_1;g) = \left|\overline{P_1L_1}\right| \approx 1{,}9\text{ cm}$$

Aus drucktechnischen Gründen stimmen die Längenmaße in diesem Buch nicht mit den angegebenen Maßen überein.

Wenn wir nun alle Punkte zeichnen wollen, die von einer gegebenen Geraden g den Abstand d haben, so müssen wir bedenken, dass es auf jeder Seite der Geraden g solche Punkte gibt. Wir zeichnen daher die beiden Parallelen h und h' im Abstand d zu g.

Begründung: Jeder Punkt, der von der Geraden g den Abstand d hat, liegt auf einer der beiden Parallelen h oder h' und jeder Punkt auf h oder h' hat von g den Abstand d (Bild 4.8).

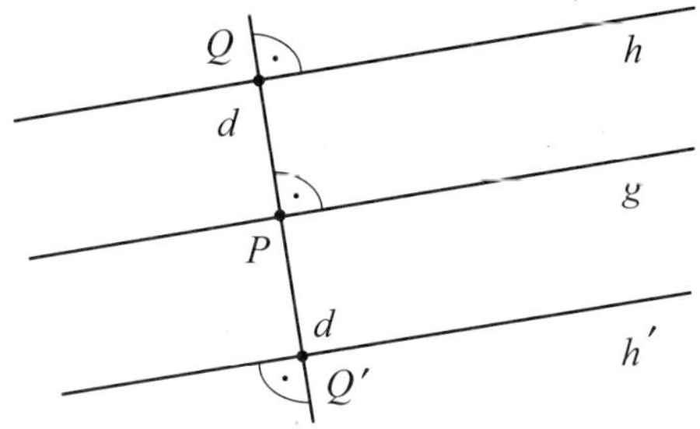

Bild 4.8

Allgemein gilt:

> **Merke**
> Die Menge aller Punkte, die von einer Geraden g den Abstand d haben, ist das **Parallelenpaar** zu g im Abstand d.

Zum Abschluss betrachten wir noch Bild 4.9.

Zu zwei parallelen Geraden g und h sind die Punkte P_1, P_2 und P_3 gekennzeichnet, die von den beiden Parallelen denselben Abstand haben.

Offensichtlich liegen alle Punkte mit dieser Eigenschaft auf einer Geraden m, die mitten zwischen den beiden Parallelen g und h liegt und zu diesen parallel ist. Diese Gerade m heißt die **Mittelparallele von *g* und *h***.

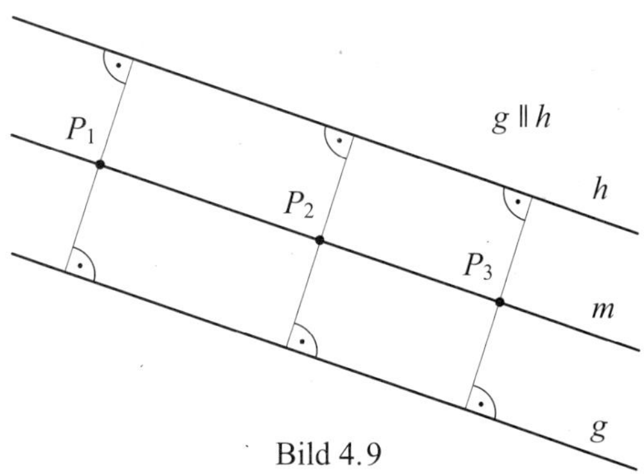

Bild 4.9

4.1.4 Winkelhalbierende

Bild 4.10 zeigt einen Winkel mit dem Maß α und dem Scheitel S. Der vom Scheitel ausgehende Strahl $\overset{\longmapsto}{w_\alpha}$ zerlegt den Winkel $\sphericalangle\,\alpha$ in zwei maßgleiche Teilwinkel.

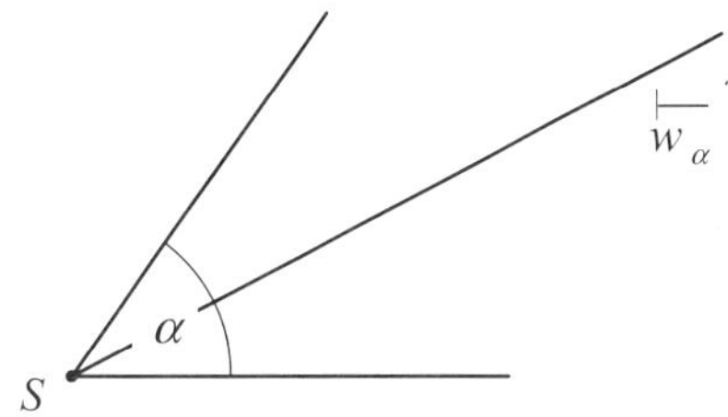

Bild 4.10

Der Strahl $\overset{\longmapsto}{w_\alpha}$ heißt **Winkelhalbierende**.

> **Definition 4.3**
> Der vom Scheitel eines Winkels $\sphericalangle\,\alpha$ ausgehende Strahl, der den Winkel in zwei maßgleiche Teilwinkel zerlegt, heißt **Winkelhalbierende des Winkels $\sphericalangle\,\alpha$**, in Zeichen $\overset{\longmapsto}{\boldsymbol{w}_{\alpha}}$.

Sei P ein beliebiger Punkt auf der Winkelhalbierenden. Wir vergleichen die Abstände von P zu den beiden Schenkeln $\overset{\longmapsto}{g}$ und $\overset{\longmapsto}{h}$ des Winkels (Bild 4.11).
Es gilt:

$$d(P;\overset{\longmapsto}{g}) = \left|\overline{PL_g}\right| = \left|\overline{PL_h}\right| = d(P;\overset{\longmapsto}{h}).$$

Der Punkt P hat also von den beiden Schenkeln des Winkels $\sphericalangle\,\alpha$ gleichen Abstand.

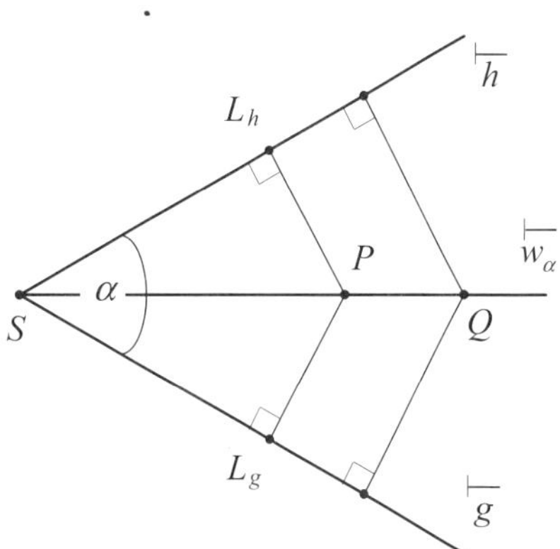

Bild 4.11

Führen wir für weitere Punkte auf $\overset{\longmapsto}{w_\alpha}$ den Abstandsvergleich zu den Schenkeln des Winkels $\sphericalangle\,\alpha$ durch, so haben auch sie von $\overset{\longmapsto}{g}$ und $\overset{\longmapsto}{h}$ jeweils gleichen Abstand.

> **Merke**
> Wenn ein Punkt auf der Winkelhalbierenden eines Winkels liegt, dann hat er von den Schenkeln des Winkels gleichen Abstand.

Die Ägypter

Die alten Ägypter haben der Nachwelt unzählige schriftliche Dokumente hinterlassen, die den hohen Stand dieser einzigartigen Kultur belegen. Noch eindrucksvollere Dokumente der geistigen Entwicklung der Menschen im Nilgebiet sind die über die Jahrtausende hinweg hinterlassenen Kunstwerke, die Baudenkmäler und die großartigen Grabmäler der Pharaonen, die Pyramiden. Um diese kolossalen Monumente zu schaffen, war nicht nur hohes technisches Können, sondern auch großes organisatorisches Geschick erforderlich. Man schätzt heute, dass 50 000 Menschen am Bau der Cheopspyramide beteiligt waren, um jenes gewaltige Bauwerk von fast 150 m Höhe in 20 bis 30 Jahren zu errichten. Es ist anzunehmen, dass bereits zu dieser Zeit die altägyptische Mathematik, wie sie uns aus Papyrusrollen aus der Zeit um 1600 v. Chr. bekannt ist, voll entwickelt war. Die ägyptischen Mathematiker hatten einen Kenntnisstand, der in etwa dem Wissen eines Schülers am Ende der 6. Klasse entspricht. Gemeint sind damit Kenntnisse der Arithmetik[1] und der Geometrie.

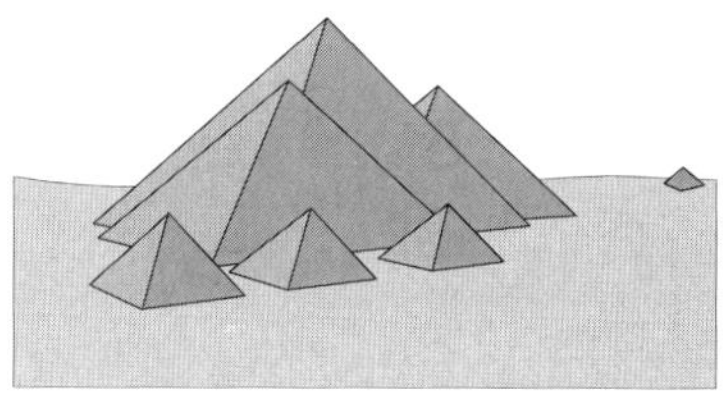

Die ägyptische Geometrie diente in erster Linie der praktischen Anwendung, während die Arithmetik schon mehr wissenschaftlich ausgerichtet war. So berichtete bereits der griechische Historiker Herodot, dass die Ägypter die Geometrie erfunden hätten, um die Grenzen ihrer Grundstücke immer wieder neu zu vermessen, wenn der Nil bei Überschwemmungen die alten Grenzmarkierungen weggeschwemmt hatte.

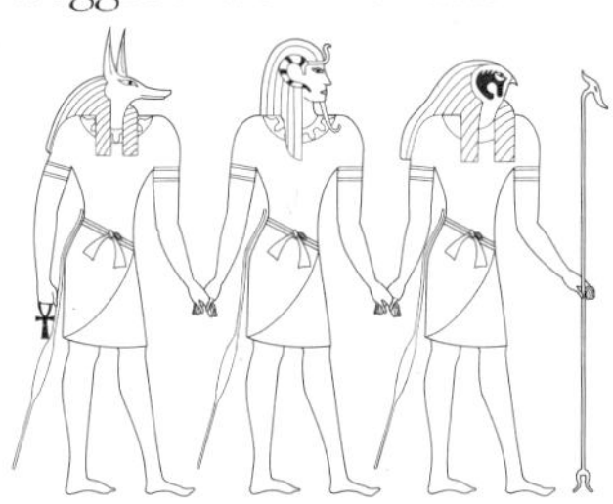

Die geometrischen Künste der Ägypter erstreckten sich aber nicht nur auf Messungen und einfache Konstruktionen. Berechnet wurden auch die Flächeninhalte von Rechtecken, Trapezen und Dreiecken. Für den Flächeninhalt des Kreises gab es eine Näherungsformel, bei deren Anwendung der Fehler kleiner als 1 % war.

Doch die Ägypter blieben keineswegs bei der Flächenberechnung stehen, sie wagten sich auch an die Berechnung von Rauminhalten. So besaßen sie Methoden zur Bestimmung des Volumens von Quadern und Zylindern.

Erstaunlicherweise findet man in keinem der ägyptischen Texte die Berechnung des Pyramidenvolumens. Wahrscheinlich deshalb, weil so eine Aufgabe in der Praxis nicht verlangt wurde.

[1] Arithmetik, die; (griech.), Zahlenlehre, Rechnen mit Zahlen

4.2 Achsenspiegelung

4.2.1 Abbildungsvorschrift

Betrachten wir im Bild 4.12 die beiden Vierecke $ABCD$ und $A'B'C'D'$.

Welcher Zusammenhang besteht zwischen den beiden Vierecken?

Stellen wir dazu einen rechteckigen Taschenspiegel mit einer Kante senkrecht zur Zeichenebene in die Nähe des Vierecks $ABCD$, so sehen wir im Spiegel ein Bild des Vierecks $ABCD$.

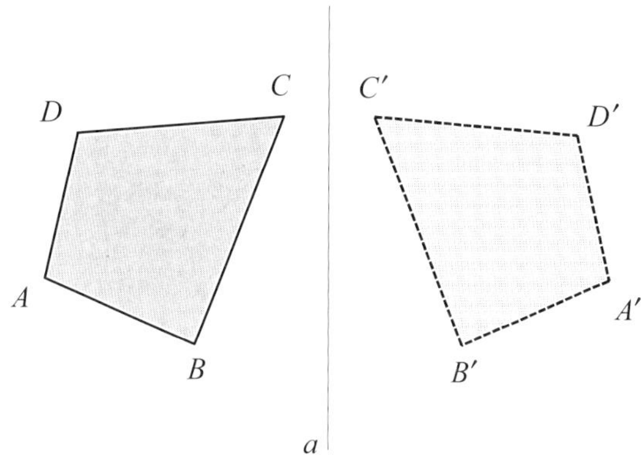

Bild 4.12

Stellen wir den Spiegel senkrecht auf die Gerade a, so sehen wir im Spiegel das Bild des Vierecks $ABCD$ genau an der Stelle, an der sich das Viereck $A'B'C'D'$ in der Zeichenebene befindet.

Das Viereck $A'B'C'D'$ ist also in der Zeichenebene das **Bild** des Vierecks $ABCD$ bezüglich einer **Spiegelung an der Geraden *a***. Die Gerade a heißt **Spiegelachse (Achse) der Spiegelung**.

Wie können wir Spiegelbilder mithilfe des Geodreiecks konstruieren?

Betrachten wir dazu Bild 4.13.

Wie wir mit dem Taschenspiegel leicht kontrollieren können, ist der Punkt A' der Bildpunkt des Punktes A und B' der Bildpunkt von B bezüglich einer Spiegelung an der Geraden g. Der Punkt C' ist der Bildpunkt von C bezüglich einer Spiegelung an h. Der Punkt D und sein Bildpunkt D' bezüglich einer Spiegelung an h sind identisch.

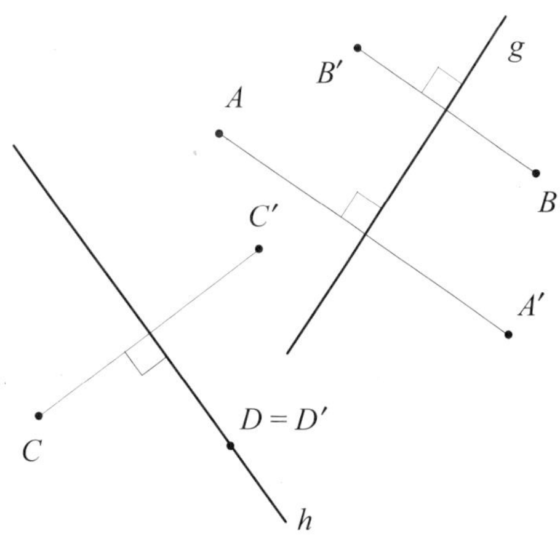

Bild 4.13

Vergleichen wir mit dem Geodreieck die Abstände von A und A' zu g und von B und B' zu g, so stellen wir fest: $d(A;g)=d(A';g)$ und $d(B;g)=d(B';g)$. Auch ein Vergleich der Abstände von C und C' zu h ergibt $d(C;h)=d(C';h)$.

Außerdem erkennen wir, dass sowohl A und A' als auch B und B' auf einer Senkrechten zur Geraden g liegen. C und C' sind Punkte auf einer Senkrechten zur Geraden h.

Daraus ergibt sich:

Abbildungsvorschrift für die Achsenspiegelung

Die **Achsenspiegelung an einer Achse *a*** ordnet jedem Punkt P nach folgender Vorschrift einen Bildpunkt P' zu:

1) Liegt der Punkt P auf der Achse a, dann ist $P' = P$.
2) Liegt der Punkt P nicht auf der Achse a, dann liegt der Punkt P' auf der Senkrechten zu a durch P und P' hat von a denselben Abstand wie P (d.h. die Achse a halbiert die Strecke $\overline{PP'}$).

Aus dieser Abbildungsvorschrift ergibt sich die nachfolgende Konstruktionsvorschrift für Achsenspiegelungen.

Spiegelung eines Punktes an einer Geraden

Gegeben ist eine Gerade a und ein Punkt P. Der Punkt P ist an a zu spiegeln.

Konstruktionsbeschreibung (Bild 4.14):

Wenn der Punkt P nicht auf der Geraden a liegt, legen wir das Geodreieck so, dass die Mittellinie auf a liegt und die Grundlinie durch P verläuft. Dann zeichnen wir den Spiegelpunkt P' so an der Grundlinie ein, dass die Gerade a die Strecke $\overline{PP'}$ halbiert. Liegt der Punkt P auf der Geraden a, so fällt sein Spiegelpunkt mit ihm zusammen.

Begründung:

Die Punkte P und P' liegen auf derselben Senkrechten zur Geraden a und haben denselben Abstand von a.

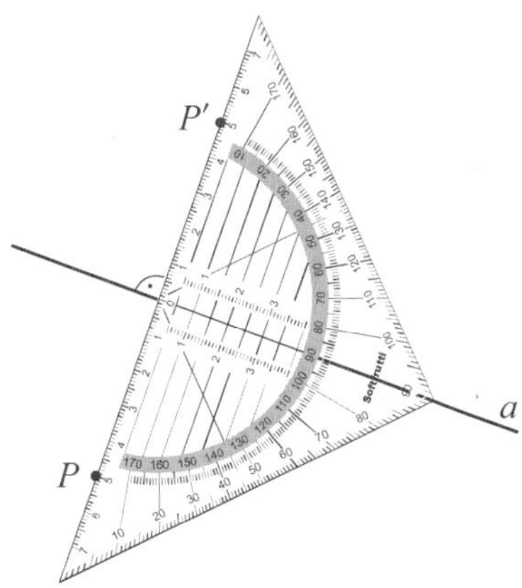

Bild 4.14

4.2.2 Eigenschaften der Achsenspiegelung

Aus der Abbildungsvorschrift ergeben sich folgende Eigenschaften der Achsenspiegelung, die Bild 4.15 veranschaulicht:

Merke

(1) Bei jeder Achsenspiegelung werden nur die Punkte der Spiegelachse auf sich selbst abgebildet. Sie sind die Fixpunkte der Achsenspiegelung.

(2) Ist bei einer Achsenspiegelung P' der Bildpunkt von P, so ist auch stets der Originalpunkt P der Bildpunkt von P'. Die Punkte P und P' werden wechselweise aufeinander abgebildet.

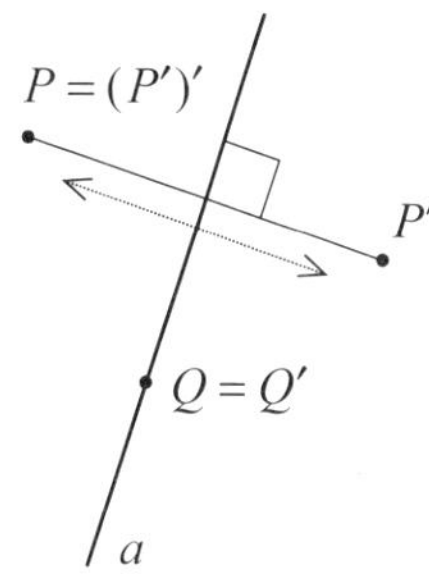

Bild 4.15

Um eine beliebige Punktmenge zu spiegeln, genügt es bei einer Achsenspiegelung stellvertretend für alle Punkte einer solchen Menge eine kleine Anzahl von Punkten zu spiegeln, um weitere Grundeigenschaften einer Achsenspiegelung zu erkennen.

Wir betrachten dazu die Bilder 4.16 a, b, c.

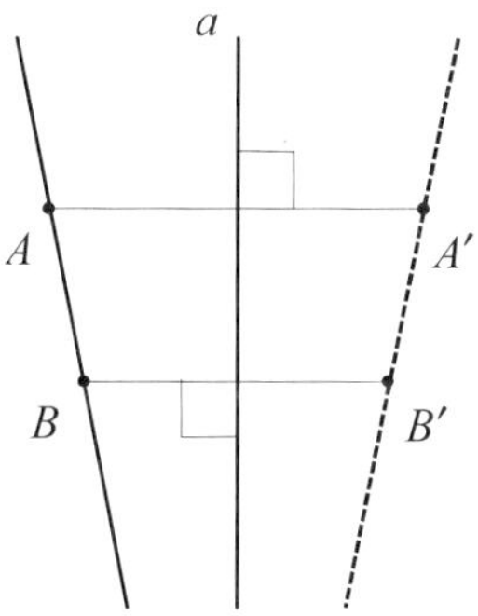

Bild 4.16 a

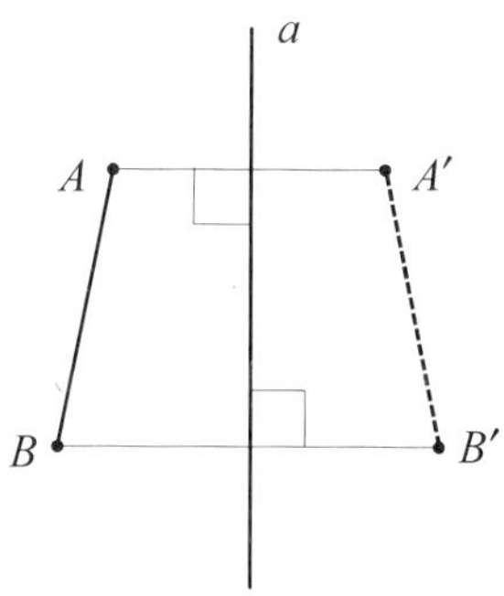

Bild 4.16 b

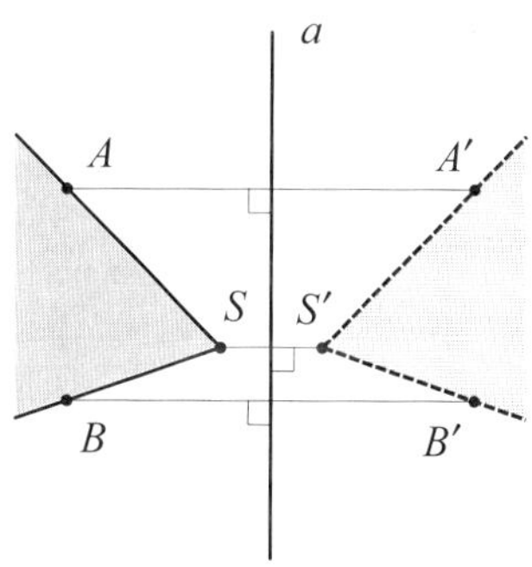

Bild 4.16 c

Es gelten die folgenden Aussagen:

Merke

(1) Jede Achsenspiegelung ist geradentreu (Bild 4.16 a).

(2) Jede Achsenspiegelung ist längentreu (Bild 4.16 b).

(3) Jede Achsenspiegelung ist winkeltreu (Bild 4.16 c).

Wegen dieser Eigenschaften genügt nun für die Achsenspiegelung von Geraden, Strahlen, Strecken, Winkeln und Kreisen die Abbildung weniger charakteristischer Punkte um die Spiegelbilder zu bestimmen.

Merke

(1) Eine Gerade wird gespiegelt, indem man zwei beliebige verschiedene Punkte der Geraden spiegelt und durch die Bildpunkte die Bildgerade zeichnet.

(2) Ein Strahl wird gespiegelt, indem man den Anfangspunkt und einen weiteren beliebigen Punkt des Strahls spiegelt und vom Bild des Anfangspunktes ausgehend durch den zweiten Bildpunkt den Bildstrahl zeichnet.

(3) Eine Strecke wird gespiegelt, indem man die beiden Endpunkte der Strecke spiegelt und die beiden Bildpunkte durch die Bildstrecke verbindet.

(4) Ein Winkel wird gespiegelt, indem man beide Schenkel spiegelt und den maßgleichen Bildwinkel kennzeichnet.

(5) Ein Kreis wird gespiegelt, indem man seinen Mittelpunkt spiegelt und um den Bildpunkt den Bildkreis mit dem Radius des Originalkreises zeichnet (Bild 4.17).

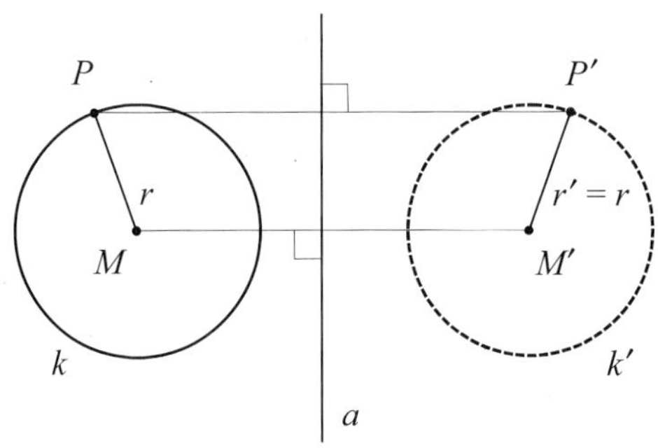

Bild 4.17

Beispiel

Die Geraden g, h und l sind an einer Achse a gespiegelt (Bild 4.18).

Vergleiche die Geraden mit ihren Bildgeraden.

Du stellst fest, dass das Bild der Geraden h, die parallel zur Achse a ist, die zu h und a parallele Gerade h' ist.

Die Gerade l, die senkrecht zu a ist, wird auf sich selbst abgebildet. Dies gilt natürlich auch für die Achse a selbst.

Die Gerade g, die weder parallel noch senkrecht zur Spiegelachse a ist, schneidet ihre Bildgerade g' im Punkt S, der auf der Spiegelachse liegt.

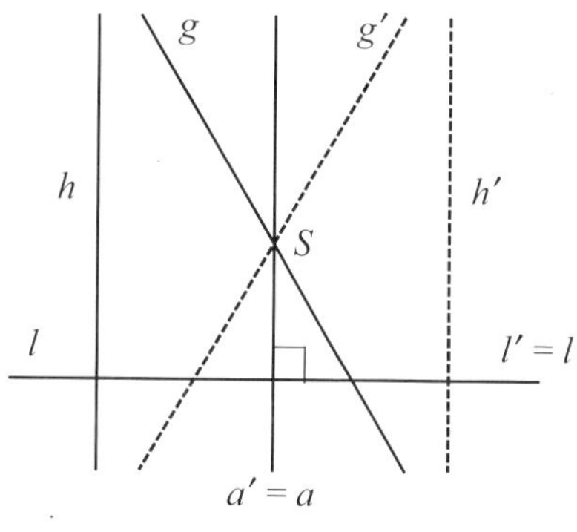

Bild 4.18

Allgemein gilt:

Merke

Bei jeder Achsenspiegelung werden nur die Spiegelachse und alle Geraden, die senkrecht zur Spiegelachse sind, auf sich selbst abgebildet. Sie sind die Fixgeraden der Achsenspiegelung.

Wir wollen nun das Dreieck ABC an der Achse a spiegeln (Bild 4.19). Wir brauchen dazu nur die Eckpunkte A, B und C zu spiegeln und danach die Bildpunkte A', B' und C' zu verbinden.

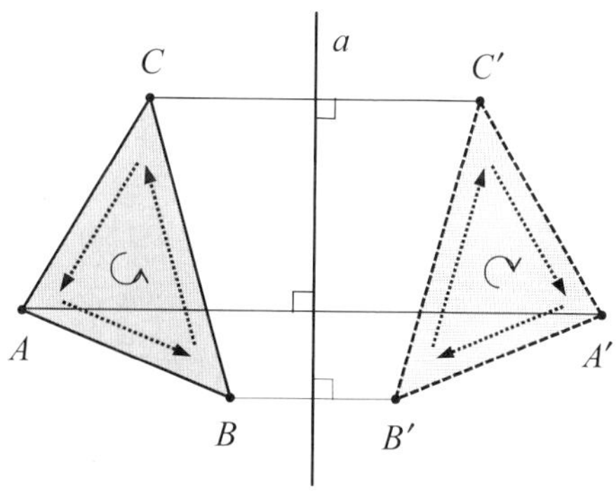

Bild 4.19

Durchlaufen wir das Originaldreieck ABC vom Eckpunkt A ausgehend entlang der Seiten über die Ecken B und C zurück zum Ausgangspunkt A (gestrichelte Pfeile), so haben wir das Dreieck gegen den Uhrzeigersinn durchlaufen. Man nennt dann das Dreieck ABC **linksorientiert**.

Folgen wir dagegen im Bilddreieck $A'B'C'$ vom Bildpunkt A' ausgehend den Seiten über die Ecken B' und C' zurück zum Ausgangspunkt A', so haben wir dieses Dreieck im Uhrzeigersinn durchlaufen. Man nennt dann das Dreieck $A'B'C'$ **rechtsorientiert**.

Wir erkennen, dass sich durch die Achsenspiegelung die Orientierung im Bilddreieck gegenüber dem Originaldreieck geändert hat.

Spiegeln wir weitere Figuren, so erkennen wir, dass stets Original und Bild entgegengesetzte Orientierung haben.

Allgemein gilt:

> **Merke**
> Bei jeder Achsenspiegelung sind Original und Bild entgegengesetzt orientiert.

Wenn eine beliebige Gerade gegeben ist, können wir jeden Punkt der Zeichenebene an dieser Geraden spiegeln. Durch die Gerade ist damit eine Achsenspiegelung vollständig festgelegt.

Betrachten wir nun zwei beliebige Punkte P und Q (Bild 4.20).

Wird umgekehrt auch durch die beiden Punkte eine Achsenspiegelung festgelegt, sodass Q das Bild von P und P das Bild von Q ist?

Wenn es eine solche Achsenspiegelung gibt, dann muss die Achse der Spiegelung senkrecht zu der Geraden PQ sein und durch den Mittelpunkt M der Verbindungsstrecke $\overline{PQ}$ verlaufen.

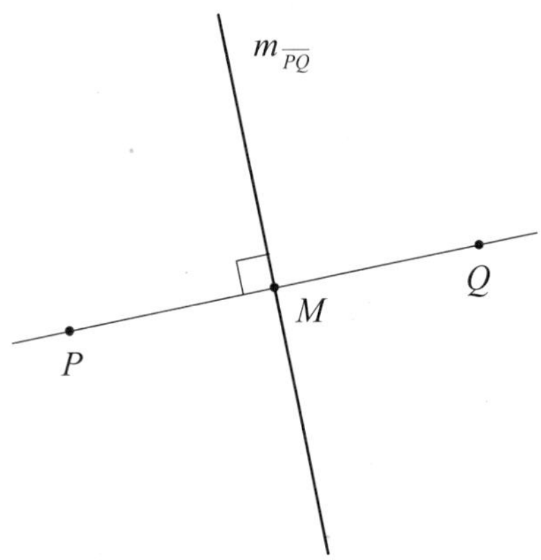

Bild 4.20

Die Mittelsenkrechte $m_{\overline{PQ}}$ der Strecke $\overline{PQ}$ hat die geforderten Eigenschaften. Sie ist deshalb Achse der Spiegelung, die die Punkte P und Q aufeinander abbildet.

Wir fassen zusammen:

> **Merke**
> Eine Achsenspiegelung ist durch eine Gerade als Achse oder auch durch zwei verschiedene Punkte P und Q, die aufeinander abgebildet werden, vollständig festgelegt.

Bemerkung

Dies bedeutet, dass es zu zwei verschiedenen Punkten, die aufeinander abgebildet werden sollen, stets eine Spiegelachse gibt.

Die Babylonier

Die Babylonier stammen aus einer Verschmelzung der sumerischen und der akkadischen Kultur. Ihre Hochkultur, die äußerst bedeutende Leistungen hervorbrachte, entwickelte sich im fruchtbaren Schwemmland zwischen den Flüssen Euphrat und Tigris, das heute zu den Ländern Iran, Irak und Syrien gehört.

Es entstand das **Babylonische Reich**. Die Griechen nannten es später **Mesopotamien**, was soviel wie „zwischen den Flüssen" bedeutet.

Wie die ägyptische Geometrie diente auch die babylonische Geometrie in erster Linie der praktischen Anwendung. In keinem der gefundenen Keilschrifttexte kann man den Versuch erkennen, einen geometrischen Zusammenhang zu beweisen. Es war offenbar gar kein Bedürfnis vorhanden, sich mit solchen theoretischen „Spielereien" zu beschäftigen.

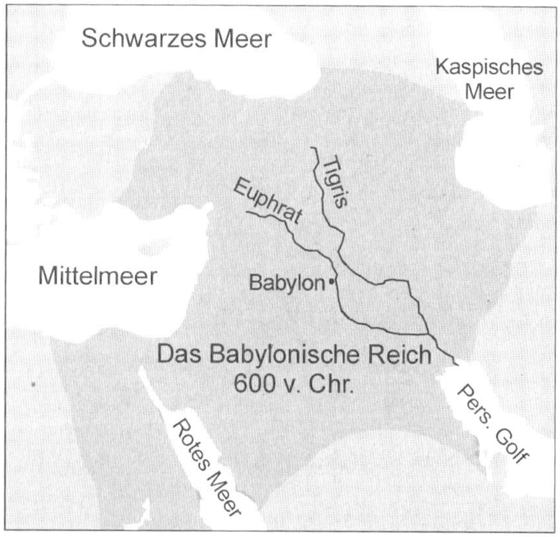

In der Praxis aber leistete die babylonische Geometrie Erstaunliches. So wurden die Flächeninhalte von regelmäßigen Figuren berechnet, die einem Kreis einbeschrieben sind und Näherungsverfahren für die Berechnung von Kreisen und Kreisteilen entwickelt. Auch die Rauminhalte komplizierter Körper wurden bestimmt. Die Einteilung des Vollwinkels in 360 Grad geht ebenfalls auf die Babylonier zurück.

Das größte Staunen unter den Mathematikern unserer Zeit aber rief die Entdeckung hervor, dass die Babylonier den wohl populärsten Satz der Geometrie, der später den Namen „pythagoreischer Lehrsatz" erhielt, bereits gekannt und angewendet haben.

Zusammenfassend kann gesagt werden, dass die typischen Fragestellungen der vorgriechischen Mathematik aus Problemen des täglichen Lebens kamen. Es wurde nur mit konkreten Zahlen gerechnet. Definitionen, Sätze und Beweise kannte man nicht.

4.2.3 Achsensymmetrie

Betrachte die Figuren in Bild 4.21.

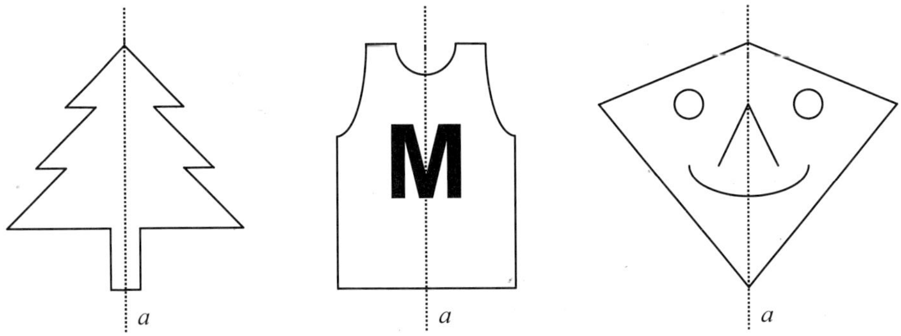

Bild 4.21

Bei ihnen fällt eine besondere geometrische Regelmäßigkeit auf.

Durch jede Figur lässt sich eine Gerade *a* zeichnen, die die Figur auf eine besondere Weise in zwei Hälften zerlegt. Spiegelt man nämlich eine Hälfte der Figur an *a*, erhält man als Bild die andere Hälfte der Figur und umgekehrt. Bei einer Achsenspiegelung an dieser Geraden wird also die Figur auf sich selbst abgebildet.

Solche Figuren heißen **achsensymmetrisch**[1]. Die Gerade *a* ist jeweils eine **Symmetrieachse**.

> **Definition 4.4**
>
> Eine Figur heißt **achsensymmetrisch**, wenn es eine Achsenspiegelung gibt, die die Figur auf sich selbst abgebildet wird.
>
> Die Achse der Spiegelung heißt **Symmetrieachse** der Figur.

Beispiel

a) Das Sechseck in Bild 4.22 a ist achsensymmetrisch. Es hat sogar zwei Symmetrieachsen.

b) Das **Trapez**[2] in Bild 4.22 b ist nicht achsensymmetrisch, denn es hat keine Symmetrieachse.

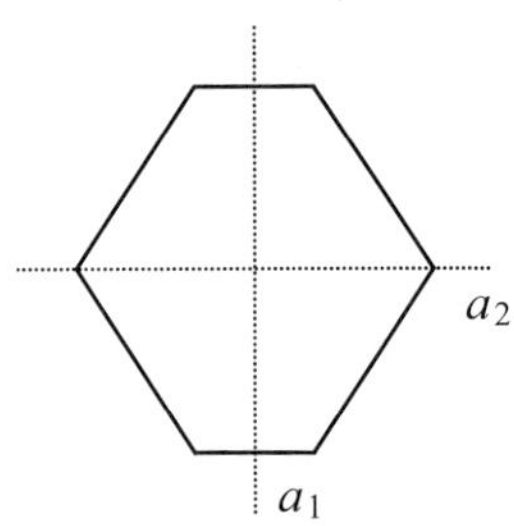

Bild 4.22 a

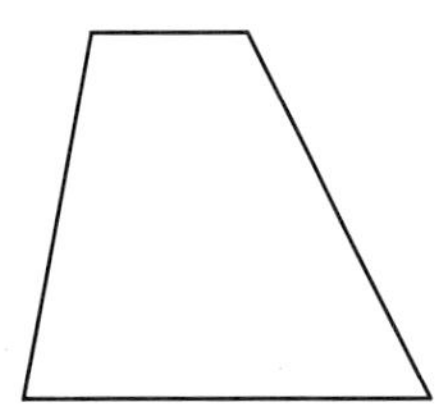

Bild 4.22 b

[1] symmetria (griech.), Ebenmaß

[2] Ein Trapez ist ein Viereck mit zwei parallelen Seiten

Wichtige achsensymmetrische Punktmengen mit ihren Symmetrieachsen findest du in Bild 4.23.

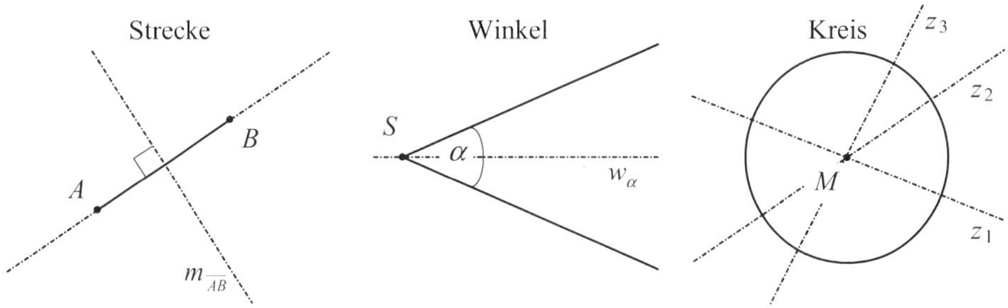

Zwei Symmetrieachsen: AB und $m_{\overline{AB}}$

Eine Symmetrieachse: w_α

Symmetrieachsen: alle Zentralen

Bild 4.23

Wir betrachten jetzt das Dreieck in Bild 4.24. Es hat zwei gleich lange Seiten.

Definition 4.5

Ein Dreieck heißt **gleichschenklig**, wenn zwei Seiten gleich lang sind.

Die beiden gleich langen Seiten heißen **Schenkel**, die dritte Seite heißt **Grundseite** oder **Basis**[1]. Der Eckpunkt, der der Basis gegenüber liegt, heißt die **Spitze** des Dreiecks. Die Winkel an der Basis heißen **Basiswinkel**, der dritte Winkel heißt der **Winkel an der Spitze** (Bild 4.24).

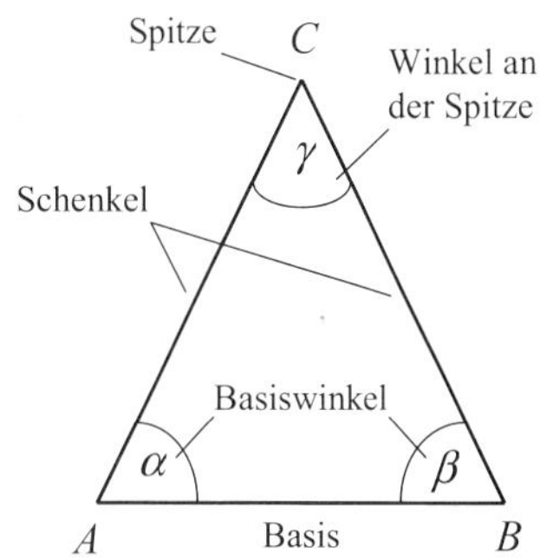

Bild 4.24

Vergleichen wir die Maße der Basiswinkel in verschiedenen gleichschenkligen Dreiecken, so finden wir folgende wichtige Eigenschaft:

Merke (Basiswinkelsatz)

In jedem gleichschenkligen Dreieck sind die Basiswinkel maßgleich.

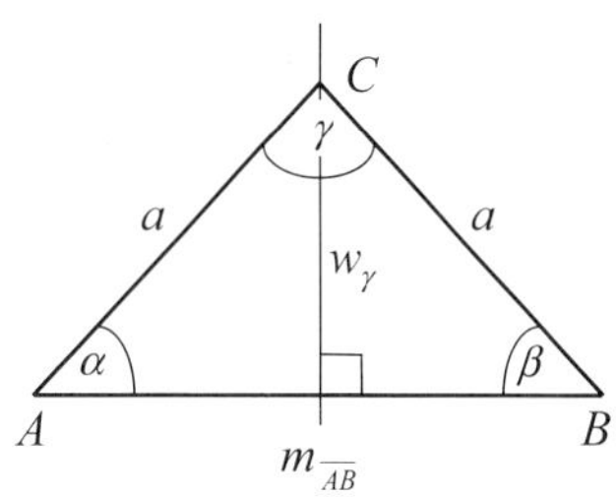

Bild 4.25

Ein gleichschenkliges Dreieck ist achsensymmetrisch. Die Winkelhalbierende w_γ des Winkels an der Spitze liegt auf der Mittelsenkrechten $m_{\overline{AB}}$ der Basis. Sie ist auch die Symmetrieachse des Dreiecks.

[1] Basis (griech.), Grundlage

Die Griechen

Die Grundlagen für die griechische Mathematik legte der berühmte Philosoph und Mathematiker **Thales von Milet** (624–547 v.Chr.). Thales und andere griechische Mathematiker seiner Zeit reisten nach Ägypten und Babylonien, um dort das bisherige Wissen über die Geometrie in Erfahrung zu bringen. Das Wort „Geometrie“ geht übriges auch auf die Griechen zurück, es bedeutet nichts anderes als „Erdmessung“. Die Griechen des 6. und 7. Jahrhunderts v.Chr. waren die Ersten, die Gesetzmäßigkeiten zu beweisen versuchten. Für sie stand die geometrische Anschauung so im Vordergrund des Denkens, dass sie auch die Zahlengesetze geometrisch bewiesen. Sie stellten dadurch eine erste Verbindung zwischen Zahlen und geometrischen Figuren her, ein Prinzip, das sich im Laufe der Mathematikgeschichte immer wieder als nützlich erwies. Beispielsweise verwandelten sie gewisse Figuren durch geschicktes „Anlegen“ in andere flächengleiche Figuren. Dabei wurden sowohl Strecken als auch die Flächen als Zahlen interpretiert, so dass mit dieser Methode auch arithmetische Probleme gelöst werden konnten.

Im 4. und 5. Jahrhundert v.Chr. entstanden in Griechenland die Denkweisen, die wir heute noch als Grundzüge wissenschaftlichen Arbeitens ansehen. Die Griechen leisteten grundlegende Beiträge u.a. zur Physik und zur Astronomie.

Besonders ihre mathematischen Gedankengänge sind für die spätere Entwicklung der Mathematik von großer Bedeutung.

Die Griechen kannten neben Zirkel und Lineal viele andere geometrische Instrumente, darunter ein Gerät, das Winkel dreiteilt. Sie waren allerdings der Auffassung, dass Konstruktionen mit Zirkel und Lineal eleganter wären als mithilfe anderer Instrumente.

4.3 Konstruktionen mit Zirkel und Lineal

Bei einer Konstruktion mit Zirkel und Lineal benutzen wir das Geodreieck als Lineal nur zum Zeichnen gerader Linien. Wir verwenden weder die Längenskala noch den Winkelmesser.

Grundkonstruktion 1: Mittelsenkrechte der Strecke $\overline{AB}$

Gegeben ist eine Strecke $\overline{AB}$. Die Mittelsenkrechte der Strecke $\overline{AB}$ ist **nur mit Zirkel und Lineal** (d.h. ohne Geodreieck) zu konstruieren.

Konstruktionsbeschreibung (Bild 4.26):

Wir zeichnen um die Punkte A und B je einen Kreis mit gleichem und genügend großem Radius. Die Kreise schneiden sich in den Punkten P und Q. Die Gerade PQ ist die gesuchte Mittelsenkrechte $m_{\overline{AB}}$.

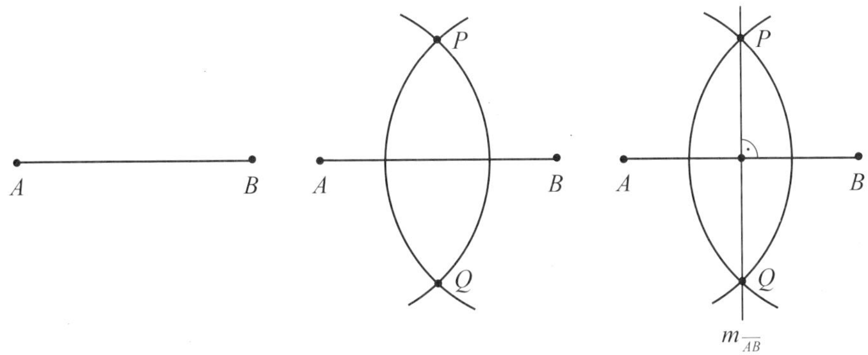

Bild 4.26

Begründung: Der Punkt P liegt auf beiden Kreisen, ist also von den Punkten A und B gleich weit entfernt. Für den Punkt Q gilt dies ebenfalls. Demnach liegen P und Q auf der Mittelsenkrechten der Strecke $\overline{AB}$. Da es durch zwei verschiedene Punkte genau eine Gerade gibt, ist die Gerade PQ die gesuchte Mittelsenkrechte von $\overline{AB}$.

Bemerkungen

- Die Mittelsenkrechte der Strecke $\overline{AB}$ ist auch die Achse der Spiegelung, die die Punkte A und B aufeinander abbildet. Die Grundkonstruktion 1 liefert somit auch die Vorschrift für eine exakte Konstruktion der Spiegelachse zu den Punkten A und B.
- Da die Mittelsenkrechte einer Strecke diese in zwei gleich lange Teilstrecken teilt, ist mit der Grundkonstruktion 1 auch die Konstruktionsaufgabe „Halbiere eine Strecke“ gelöst.

Grundkonstruktion 2: Senkrechte zu *g* durch $P \in g$

Die Senkrechte *s* zu einer gegebenen Geraden *g* im Geradenpunkt *P* ist zu errichten.

Konstruktionsbeschreibung (Bild 4.27):

Wir zeichnen um *P* einen Kreis *k*, der die Gerade *g* in den Punkten *A* und *B* schneidet. Wir konstruieren die Mittelsenkrechte der Strecke $\overline{AB}$. Sie ist die Senkrechte *s* zu der Geraden *g* im Geradenpunkt *P*.

Begründung: Die Punkte *A* und *B* liegen auf der Geraden *g* und sind vom Punkt *P* gleich weit entfernt. Die Mittelsenkrechte der Strecke $\overline{AB}$ verläuft somit durch *P* und ist Senkrechte zu der Strecke $\overline{AB}$ und damit auch zu *g*.

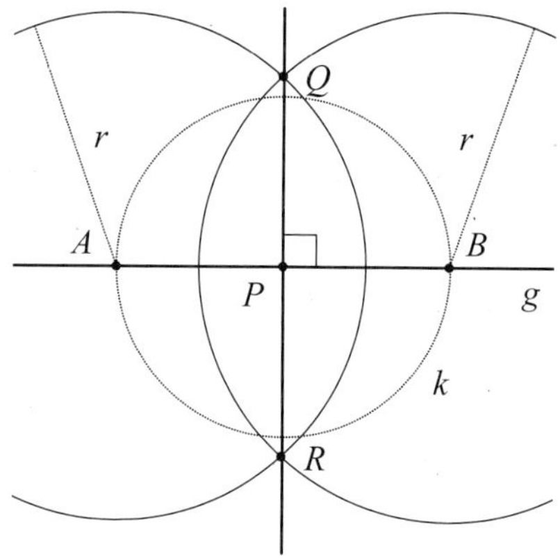

$m_{\overline{AB}} = s$

Bild 4.27

Grundkonstruktion 3: Lot von *P* auf *g*

Gegeben ist eine Gerade *g* und ein Punkt *P*. Das Lot von *P* auf *g* ist zu fällen.

Konstruktionsbeschreibung (Bild 4.28):

Wir zeichnen einen Kreis *k* um den Punkt *P* mit genügend großem Radius, der die Gerade *g* in den Punkten *A* und *B* schneidet. Wir konstruieren die Mittelsenkrechte der Strecke $\overline{AB}$. Sie verläuft durch *P* und schneidet die Gerade *g* im Punkt *L*. Die Strecke $\overline{PL}$ ist das Lot von *P* auf *g*. Der Punkt *L* ist der Lotfußpunkt.

Begründung: Die Punkte *A* und *B* sind vom Punkt *P* gleich weit entfernt. Die Mittelsenkrechte der Strecke $\overline{AB}$ verläuft somit durch *P* und ist Senkrechte zu der Strecke $\overline{AB}$. Damit ist die Strecke $\overline{PL}$ das Lot von *P* auf *g*.

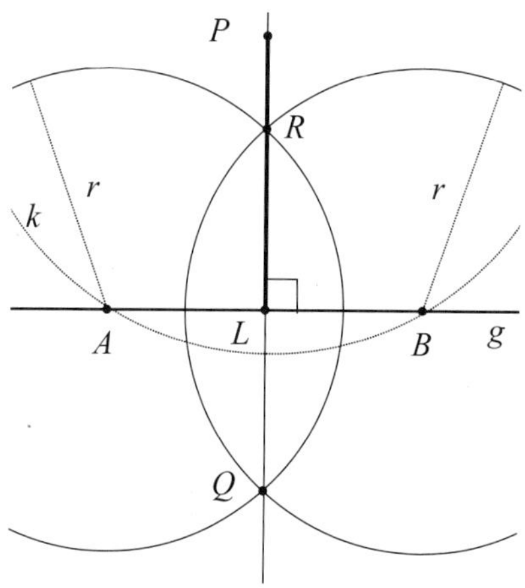

$m_{\overline{AB}}$

Bild 4.28

Grundkonstruktion 4: Winkelhalbierende

Die Halbierende eines gegebenen Winkels $\sphericalangle\, \alpha$ ist zu konstruieren.

Konstruktionsbeschreibung (Bild 4.29):
Wir zeichnen um den Scheitel S des Winkels $\sphericalangle\, \alpha$ einen Kreis, der die Schenkel des Winkels in den Punkten P und Q schneidet. Wir konstruieren die Mittelsenkrechte der Strecke $\overline{PQ}$.

Sie enthält die gesuchte Winkelhalbierende w_α.

Begründung: Die Winkelhalbierende von $\sphericalangle\, \alpha$ liegt auf der Mittelsenkrechten von $\overline{PQ}$.

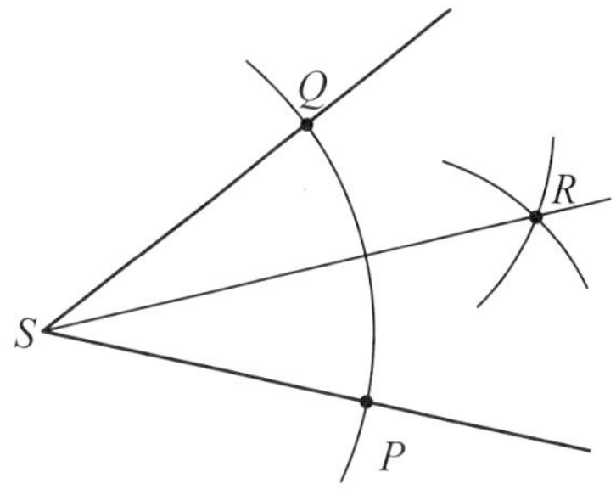

Bild 4.29

Grundkonstruktion 5: Konstruktion des Spiegelpunktes

Gegeben ist eine Achse a und ein Punkt P. Wir spiegeln den Punkt P an der Achse a.

Konstruktionsbeschreibung (Bild 4.30):
Wir zeichnen einen Kreis um P mit genügend großem Radius, der die Achse a in den Punkten S_1 und S_2 schneidet.

Dann zeichnen wir je einen Kreis um S_1 und S_2 durch P. Sie schneiden sich in P'.

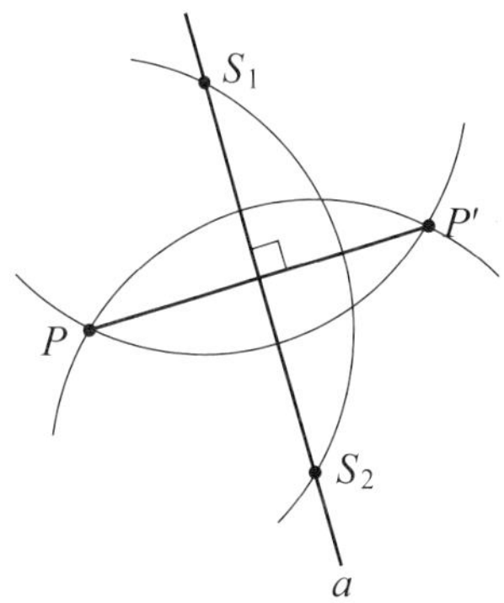

Bild 4.30

Konstruktion mit Zirkel und Lineal

Wenn wir von „Konstruktionen" sprechen, dann meinen wir stets „Konstruktionen mit Zirkel und Lineal". Nach **Platons**[1] Auffassung von Geometrie waren nur Konstruktionen mit Zirkel und Lineal (ohne Maßeinteilung) erlaubt. Das Lineal darf dabei nur zum Zeichnen einer Geraden unbestimmter Länge durch zwei gegebene verschiedene Punkte verwendet werden und der Zirkel nur zum Zeichnen eines Kreises mit gegebenem Mittelpunkt durch einen zweiten gegebenen Punkt. Gemessen werden darf nur mit dem Zirkel. Der Grund für die Bevorzugung von Zirkel und Lineal mag gewesen sein, dass Kreise und Geraden als die geometrischen Gebilde mit der größten Vollkommenheit und Harmonie angesehen wurden. Unter dem Einfluss der Philosophie Platons wurde die Geometrie zu einer vornehmen und ästhetisch vollkommenen Wissenschaft.

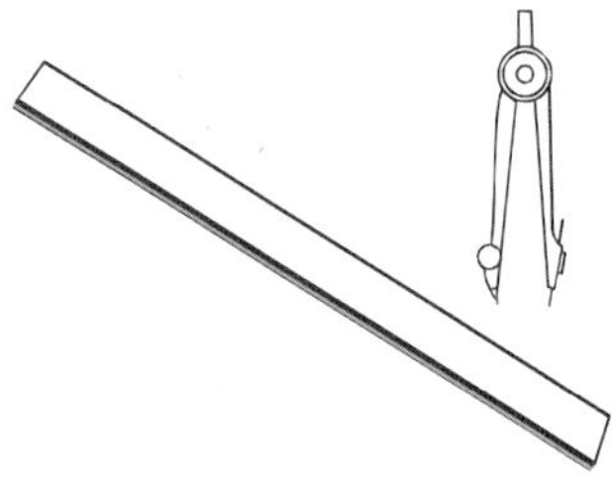

Platon

Die Verwendung eines Lineals mit Maßeinteilung, von Zeichendreiecken oder anderen Hilfsmitteln wäre schon verdächtig nahe bei handwerklicher Tätigkeit gewesen und kam daher nicht in Frage. So verwundert es nicht, dass in späterer Zeit diese Festlegung der Konstruktionsregeln Platon zugeschrieben wurde. Dies behauptet **Pappos von Alexandria**[2], der etwa 600 Jahre nach Platon lebte. Aus Platons Schriften selbst ist allerdings kein Hinweis auf diese Einschränkung der Konstruktionsmittel bekannt.

Die griechischen Mathematiker versuchten daher auch die klassischen drei Probleme der Antike nur mit Zirkel und Lineal zu lösen:

- Verdoppelung des Würfels (d.h. zu einem gegebenen Würfel soll ein Würfel mit doppeltem Volumen konstruiert werden, auch Deli'sches Problem genannt),
- Dreiteilung eines beliebigen gegebenen Winkels,
- Quadratur des Kreises (d.h. zu einem gegebenen Kreis soll ein flächengleiches Quadrat konstruiert werden).

Allerdings hatten sie damit keinen Erfolg.

[1] Platon (auch Plato) (427 v.Chr - 347 v.Chr.), griechischer Philosoph

[2] Pappos von Alexandria (um 300 n.Chr), griechischer Mathematiker

4.4 Drehung

4.4.1 Abbildungsvorschrift

Bisher wurden Winkel, also die Punktmenge zwischen zwei Strahlen mit gemeinsamem Anfangspunkt, durch die Zeichen $\sphericalangle\,\alpha$, $\sphericalangle\,\beta$, $\sphericalangle\,\gamma$ usw. bezeichnet und mit α, β, γ usw. ihre Maße.
Es gibt noch eine weitere Bezeichnung. Winkel können nämlich nicht nur durch zwei Strahlen mit gemeinsamem Anfangspunkt beschrieben werden.

Bild 4.31 veranschaulicht, dass Winkel auch durch drei verschiedene Punkte bezeichnet werden können, wobei der erste Punkt auf einem Schenkel liegt, der zweite der Scheitel ist und der dritte auf dem anderen Schenkel liegt.
Um die beiden Winkel in Bild 4.31 zu unterscheiden, beachtet man bei ihrer Bezeichnung die Reihenfolge der Punkte.

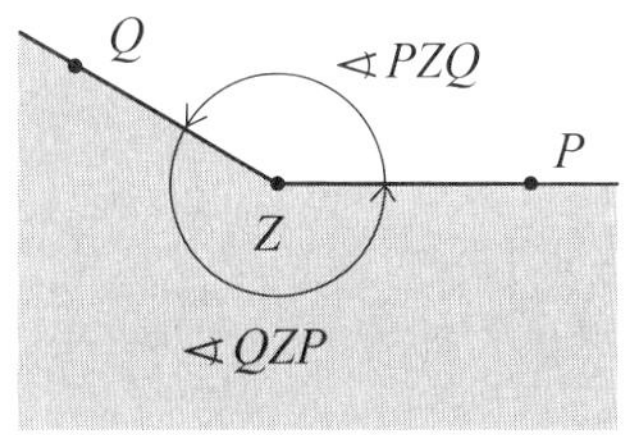

Bild 4.31

> **Bezeichnung von Winkeln mithilfe dreier Punkte** (Bild 4.31)
>
> $\sphericalangle$ ***PZQ*** bezeichnet den Winkel, den der Strahl $\overrightarrow{ZP}$ überstreicht, wenn man ihn gegen den Uhrzeigersinn um Z in die Lage des Strahls $\overrightarrow{ZQ}$ dreht.
>
> $\sphericalangle$ ***QZP*** bezeichnet den Winkel, den der Strahl $\overrightarrow{ZQ}$ überstreicht, wenn man ihn gegen den Uhrzeigersinn um Z in die Lage des Strahls $\overrightarrow{ZP}$ dreht.
>
> Mit $|\sphericalangle\,\boldsymbol{PZQ}|$ bzw. $|\sphericalangle\,\boldsymbol{QZP}|$ werden die Maße der Winkel bezeichnet.
> Hier ist $|\sphericalangle\,PZQ| = 135°$ und $|\sphericalangle\,QZP| = 225°$.

Bild 4.32 zeigt eine weitere geometrische Abbildung.

Das Dreieck $P'Q'R'$ ist Bild des Dreiecks PQR bei einer **Drehung**.

Eine Drehung hat folgende Merkmale:

1. Alle Punkte und ihre zugehörigen Bildpunkte sind von einem Punkt Z gleich weit entfernt.
2. Der Punkt Z, und nur dieser, wird auf sich selbst abgebildet.
3. Alle Winkel mit dem Scheitel Z, deren erster Schenkel durch einen Punkt (von Z verschieden) und deren zweiter Schenkel durch den zugehörigen Bildpunkt verlaufen, haben das gleiche Maß (hier 80°).

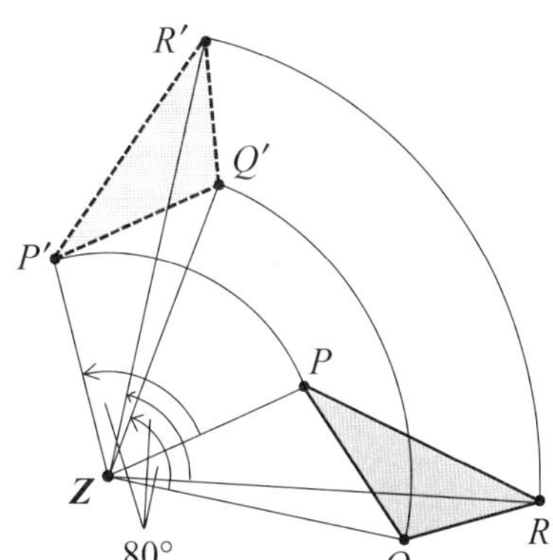

Bild 4.32

Dieses Winkelmaß heißt das **Drehmaß** der Drehung, der Punkt Z heißt das **Drehzentrum**.

Es wird deutlich, dass eine Drehung durch das Drehzentrum und das Drehmaß vollständig festgelegt ist. Dies führt zur so genannten Abbildungsvorschrift für die Drehung.

Abbildungsvorschrift für die Drehung

Gegeben ist ein Punkt Z und ein Winkelmaß φ ($\varphi > 0°$). Die **Drehung um** Z **mit dem Drehmaß** φ ordnet jedem Punkt P nach folgender Vorschrift einen Bildpunkt P' zu:

(1) Der Punkt Z, und nur dieser, wird auf sich selbst abgebildet. Er heißt **Fixpunkt** der Abbildung.

(2) Für jeden anderen Punkt P und den zugehörigen Bildpunkt P' gilt: P' liegt auf dem Kreis um Z durch P und $|\sphericalangle PZP'| = \varphi$.

Durch die Reihenfolge der Punkte bei der Angabe $|\sphericalangle PZP'| = \varphi$ ist festgelegt, dass P um Z **gegen den Uhrzeigersinn** gedreht wird (vgl. vorige Seite).

Der Punkt Z heißt das **Zentrum** der Drehung oder das **Drehzentrum**.

Aus der Abbildungsvorschrift ergibt sich die nachfolgende Konstruktionsvorschrift für Drehungen.

Grundkonstruktion 6: Bildpunkt von *P* bei einer Drehung

Gegeben sind ein Punkt Z, ein Winkelmaß φ und ein weiterer Punkt P. Der Bildpunkt von P bei der Drehung um Z mit dem Drehmaß φ ist zu konstruieren.

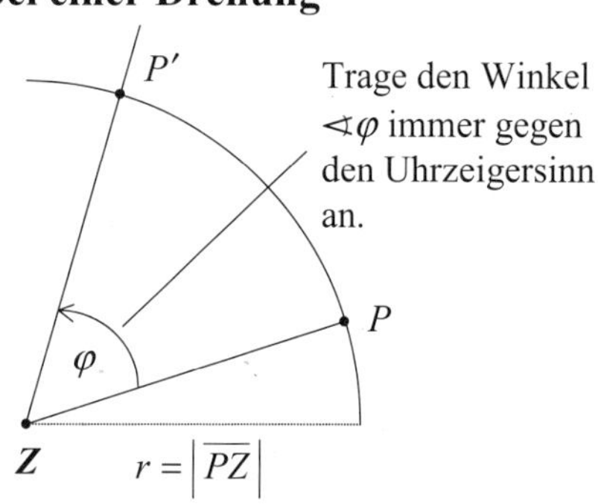

Bild 4.33

Konstruktionsbeschreibung (Bild 4.33):

Wir zeichnen um Z einen Kreis mit dem Radius $r = |\overline{PZ}|$. Dann tragen wir in Z an $\overline{PZ}$ gegen den Uhrzeigersinn den Winkel $\sphericalangle\varphi$ an. Der freie Schenkel des Winkels schneidet den Kreis im Punkt P'. Der Punkt P' ist der Bildpunkt von P bei der Drehung um Z mit dem Drehmaß φ.

Begründung:

Es gilt $|\overline{PZ}| = |\overline{P'Z}|$ und der Winkel $\sphericalangle PZP'$ hat das Maß φ.

Beispiel

Ein gegebenes Dreieck ABC wird um den Eckpunkt A um 120° gedreht (Bild 4.34). Als Bilddreieck bei der Drehung erhalten wir das Dreieck $A'B'C'$.
Der Punkt A ist Fixpunkt, da er das Drehzentrum ist.

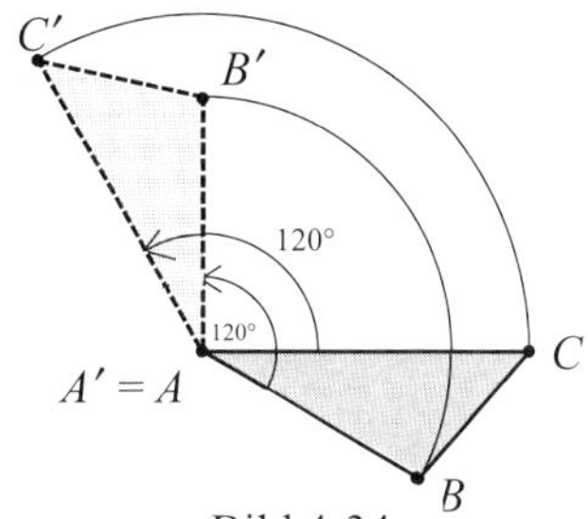

Bild 4.34

4.4.2 Eigenschaften

Folgende grundlegende Eigenschaften von Drehungen werden in den Bildern 4.32 bis 4.34 deutlich:

Merke

(1) Jede Drehung ist geradentreu, längentreu und winkeltreu.
(2) Bei jeder Drehung ist das Drehzentrum einziger Fixpunkt.
(3) Bei jeder Drehung haben Original und Bild die gleiche Orientierung.

Wegen dieser Eigenschaften genügt für das Drehen von Geraden, Strahlen, Strecken und Winkeln die Drehung weniger charakteristischer Punkte um die Bilder zu bestimmen.

Merke

(1) Eine Gerade wird gedreht, indem man zwei beliebige verschiedene Punkte der Geraden dreht und durch die Bildpunkte die Bildgerade zeichnet.
(2) Ein Strahl wird gedreht, indem man den Anfangspunkt und einen weiteren beliebigen Punkt des Strahls dreht und vom Bild des Anfangspunktes ausgehend durch den zweiten Bildpunkt den Bildstrahl zeichnet.
(3) Eine Strecke wird gedreht, indem man die beiden Endpunkte der Strecke dreht und die beiden Bildpunkte durch die Bildstrecke verbindet.
(4) Ein Winkel wird gedreht, indem man beide Schenkel dreht und den maßgleichen Bildwinkel kennzeichnet.

4.5 Punktspiegelung

4.5.1 Abbildungsvorschrift

Wir drehen den Punkt P um Z mit dem Drehmaß 180° (Bild 4.35 a).

Bei einer Drehung um 180° lässt sich die Konstruktion vereinfachen.

Man zeichnet dazu den Strahl $\overrightarrow{PZ}$ und zeichnet auf diesem den Punkt P' so ein, dass Z die Strecke $\overline{PP'}$ halbiert (Bild 4.35 b).

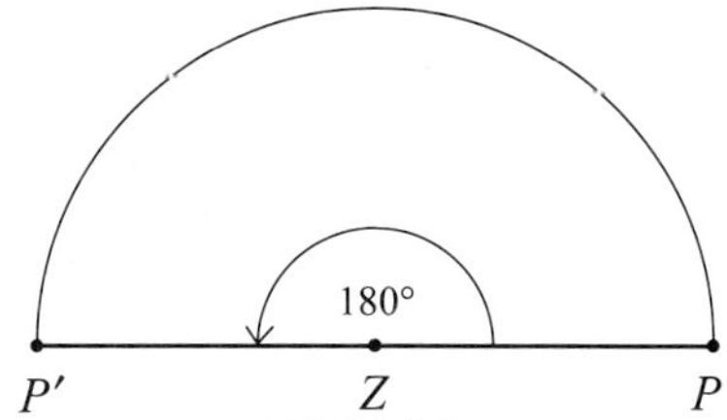

Bild 4.35 a

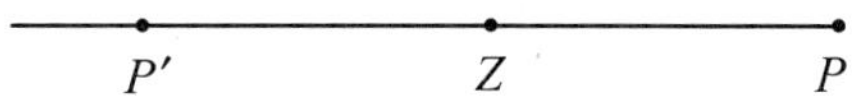

Bild 4.35 b

Man nennt deshalb die Drehung um 180° auch **Punktspiegelung**.

> **Abbildungsvorschrift für die Punktspiegelung**
>
> Die **Punktspiegelung an einem Punkt *Z*** ordnet jedem Punkt P nach folgender Vorschrift einen Bildpunkt P' zu:
>
> 1) Der Punkt Z, und nur dieser, wird auf sich selbst abgebildet.
> 2) Für jeden anderen Punkt P liegt der Bildpunkt P' auf der Geraden PZ und hat von Z dieselbe Entfernung wie P (die Strecke $\overline{PP'}$ wird von Z halbiert).
>
> Der Punkt Z heißt das **Zentrum** der Spiegelung oder das **Spiegelzentrum**.

Aus der Abbildungsvorschrift ergibt sich die nachfolgende Konstruktionsvorschrift für Punktspiegelungen.

Spiegelung eines Punktes an einem Zentrum

Gegeben ist ein Punkt P und ein Spiegelzentrum Z. Der Punkt P ist an Z zu spiegeln.

Konstruktionsbeschreibung (Bild 4.36):

Sind die Punkte P und Z verschieden, legen wir das Geodreieck so, dass seine Grundlinie durch P und Z verläuft und der Nullpunkt der Grundlinie mit Z zusammenfällt.

Dann zeichnen wir den Spiegelpunkt P' so an der Grundlinie ein, dass das Zentrum Z die Strecke $\overline{PP'}$ halbiert. Fällt der Punkt P mit dem Spiegelzentrum Z zusammen, so ist er selbst sein Bildpunkt.

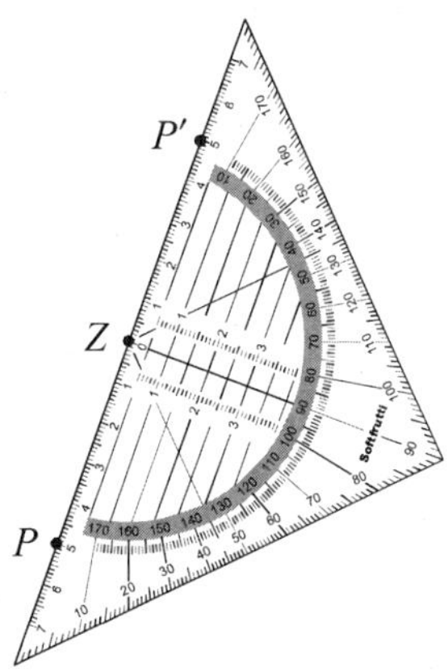

Bild 4.36

Begründung: Sind die Punkte P und Z verschieden, so wird die Strecke $\overline{PP'}$ von Z halbiert.

Eine Punktspiegelung ist einerseits durch ein Spiegelzentrum Z vollständig festgelegt. Andererseits bestimmen auch zwei Punkte P und Q, die durch eine Punktspiegelung aufeinander abgebildet werden, eindeutig das Spiegelzentrum als Mittelpunkt ihrer Verbindungsstrecke $\overline{PQ}$ (Bild 4.37).

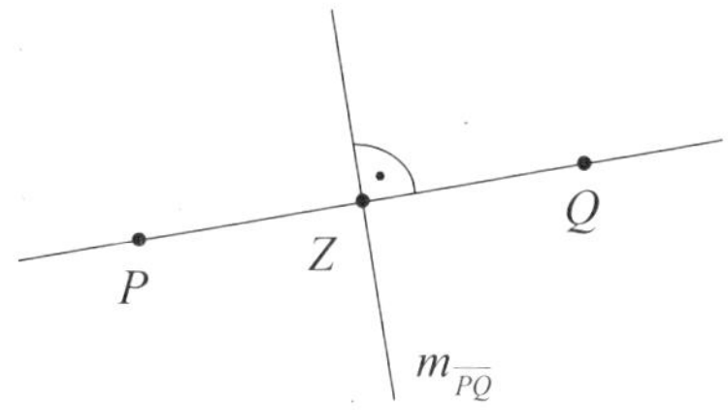

Bild 4.37

Zusammengefasst gilt:

Merke
Eine Punktspiegelung ist durch einen Punkt Z als Spiegelzentrum oder auch durch zwei Punkte P und Q, die aufeinander abgebildet werden, vollständig festgelegt.

4.5.2 Eigenschaften

Da eine Punktspiegelung eine besondere Drehung ist, nämlich die Drehung um 180°, übertragen sich auf Punktspiegelungen folgende Eigenschaften von Drehungen:

Merke
(1) Jede Punktspiegelung ist geradentreu, längentreu und winkeltreu (Bilder 4.38 a, b, c).
(2) Bei jeder Punktspiegelung haben Original und Bild die gleiche Orientierung (Bild 4.38 c).

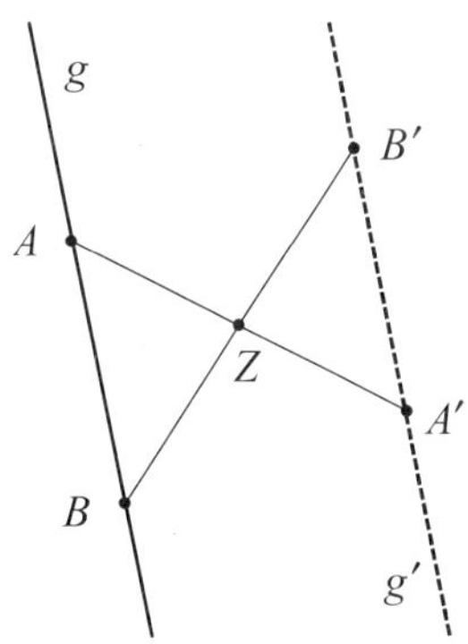

Bild 4.38 a

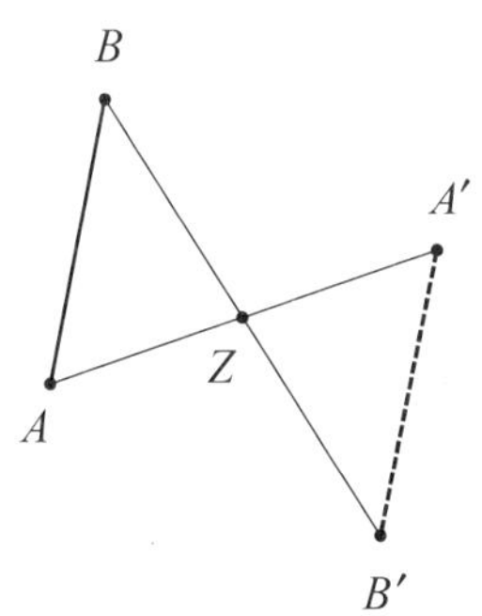

Bild 4.38 b

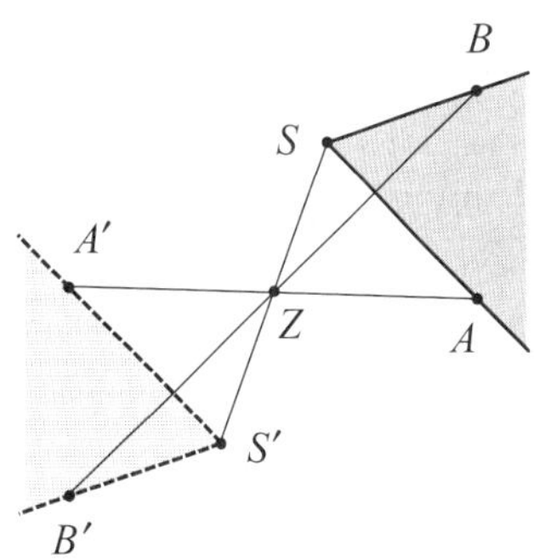

Bild 4.38 c

Wegen dieser Eigenschaften genügt es deshalb für die Punktspiegelung von Geraden, Strahlen, Strecken, Winkeln und Kreisen einige wenige charakteristische Punkte zu spiegeln um das Bild zu bestimmen.

Spiegeln wir einerseits Geraden, die durch ein Spiegelzentrum verlaufen und andererseits Geraden, die nicht durch dieses Spiegelzentrum verlaufen (Bild 4.39), so erkennen wir folgenden Sachverhalt:

Merke
Bei jeder Punktspiegelung ist das Spiegelzentrum einziger Fixpunkt und nur die Geraden, die durch das Spiegelzentrum verlaufen, werden auf sich selbst abgebildet. Sie heißen **Fixgeraden**.

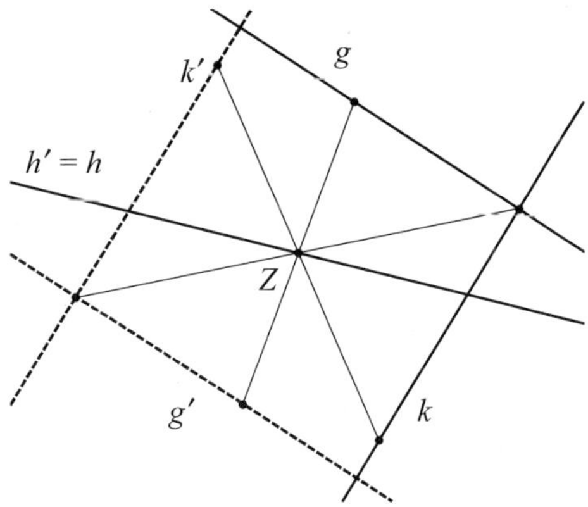

Bild 4.39

Vergleichen wir bei Punktspiegelungen die Lage von Gerade und Bildgerade (Bild 4.38), so erkennen wir:

Merke
Bei jeder Punktspiegelung sind Gerade und Bildgerade stets zueinander parallel.

Begründung (Bild 4.40):

Die Gerade g' ist Bild einer Geraden g bezüglich der Spiegelung an einem Punkt Z.

Wir zeichnen die Senkrechte l zu g durch das Spiegelzentrum Z.

Die Gerade l ist Fixgerade bezüglich der Punktspiegelung an Z und wegen der Winkeltreue der Punktspiegelung auch senkrecht zu der Bildgeraden g'.

Die Geraden g und g' sind also beide zu l senkrecht und damit gilt $g \parallel g'$.

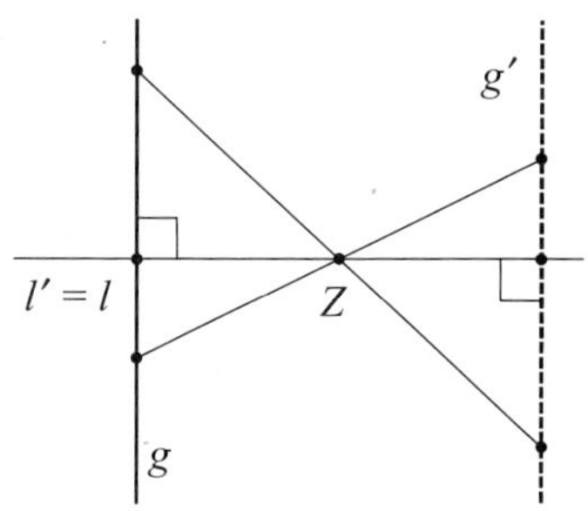

Bild 4.40

4.6 Symmetrien

In Abschnitt 4.2.3 haben wir schon die Achsensymmetrie behandelt. Jetzt lernst du noch zwei weitere Symmetrien kennen.

4.6.1 Punktsymmetrie

Wir wissen, dass bei einer Punktspiegelung nur die Geraden durch das Spiegelzentrum auf sich selbst abgebildet werden, also Fixgeraden sind.

Außer den Fixgeraden gibt es noch andere Figuren, die durch eine Punktspiegelung auf sich selbst abgebildet werden.

Wir betrachten dazu die Figuren in Bild 4.41.

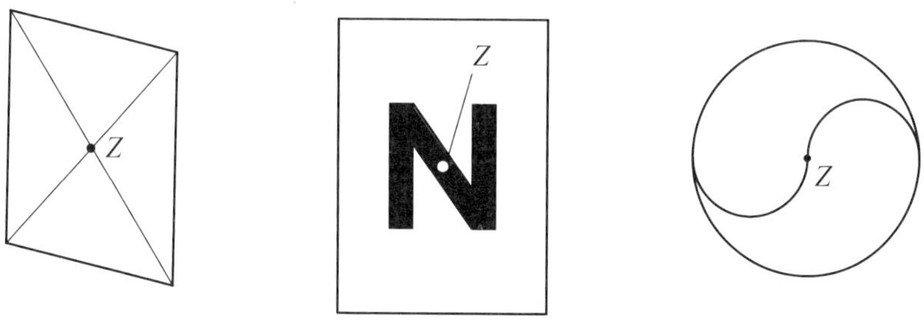

Bild 4.41

Jede Figur in Bild 4.41 wird bei einer Punktspiegelung am jeweiligen Spiegelzentrum Z auf sich selbst abgebildet. Figuren mit dieser Eigenschaft heißen **punktsymmetrisch**. Der Punkt Z ist dabei jeweils **Symmetriezentrum** der Figur.

Definition 4.6

Eine Figur heißt **punktsymmetrisch**, wenn es eine Punktspiegelung gibt, die die Figur auf sich selbst abbildet. Das Spiegelzentrum heißt **Symmetriezentrum** der Figur.

Beispiel

a) Das Sechseck in Bild 4.42 a ist punktsymmetrisch mit dem Symmetriezentrum Z. Es ist auch achsensymmetrisch und hat zwei Symmetrieachsen.

b) Das Viereck in Bild 4.42 b ist nicht punktsymmetrisch, denn es hat kein Symmetriezentrum, es ist aber achsensymmetrisch.

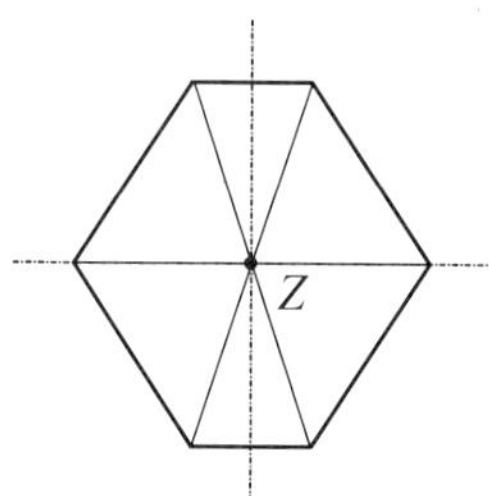

Bild 4.42 a

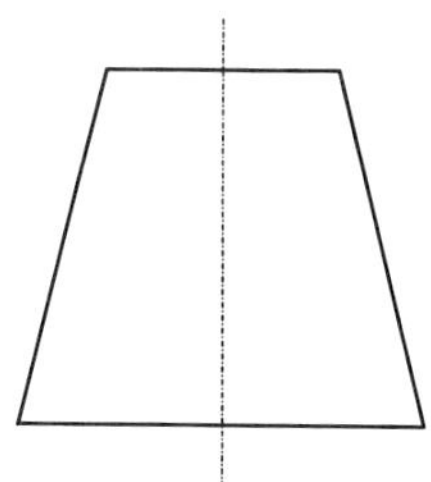

Bild 4.42 b

4.6.2 Drehsymmetrie

Wir wissen, dass bei einer Drehung nur das Drehzentrum Fixpunkt ist, also bei der Drehung auf sich selbst abgebildet wird.

Es gibt aber auch Figuren, die durch eine Drehung auf sich selbst abgebildet werden.

Wir betrachten dazu die Figuren in Bild 4.43.

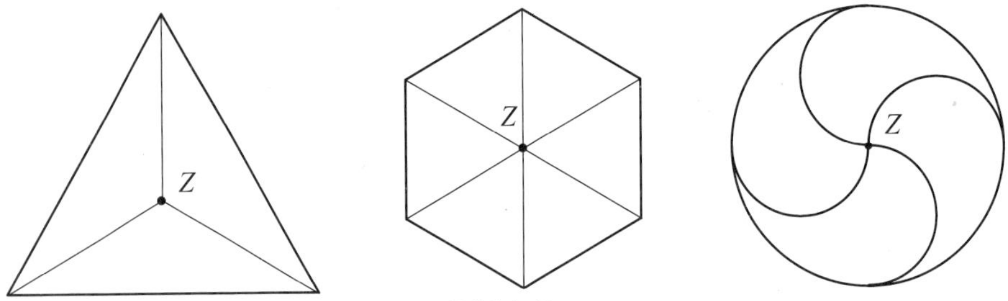

Bild 4.43

Jede Figur in Bild 4.43 wird bei einer Drehung um das jeweilige Drehzentrum Z mit einem geeigneten Drehmaß (120°, 60° bzw. 90°) auf sich selbst abgebildet. Figuren mit dieser Eigenschaft heißen **drehsymmetrisch**. Der Punkt Z ist jeweils **Symmetriezentrum** der Figur.

Definition 4.7

Eine Figur heißt **drehsymmetrisch**, wenn es eine Drehung um einen Punkt Z mit einem Drehmaß größer als 0° und kleiner als 360° gibt, die die Figur auf sich selbst abbildet.

Der Punkt Z heißt **Symmetriezentrum** der Figur.

Beispiel

a) Das regelmäßige Fünfeck in Bild 4.44 a ist drehsymmetrisch mit dem Symmetriezentrum Z und dem Drehmaß 72°. Es ist auch achsensymmetrisch, aber nicht punktsymmetrisch.

b) Die Figur in Bild 4.44 b ist drehsymmetrisch mit dem Symmetriezentrum Z und dem Drehmaß 90°. Sie ist auch punktsymmetrisch, aber nicht achsensymmetrisch.

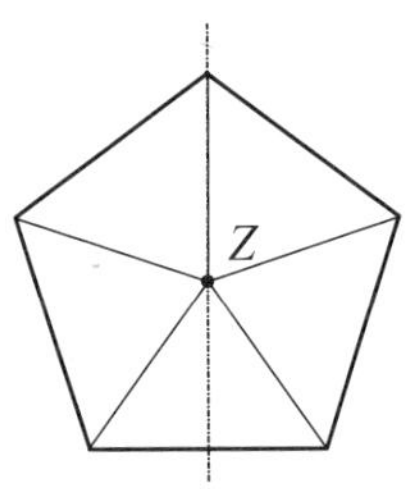

Bild 4.44 a

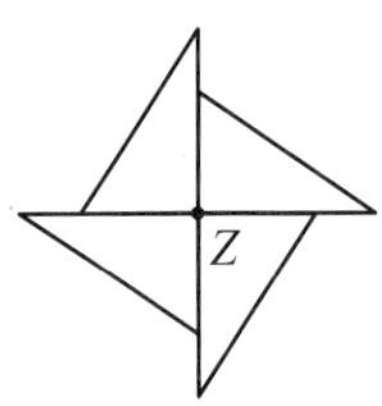

Bild 4.44 b

5

Die rationalen Zahlen

Brüche sind dir in Klasse 5 als neue Zeichen begegnet. Du vermutest, dass Brüche Zahlen darstellen, also Zahlzeichen sind. Allerdings sind uns diese Zahlen bisher noch nicht begegnet.

Um was für Zahlen es sich dabei handelt, erfährst du in diesem Kapitel.

5.1 Erweiterung des Zahlenbereichs

Wir betrachten zunächst zwei **Verteilungsprobleme**:

1. In der Pause wollen 4 Schüler eine 3 dm lange Lakritzschlange gerecht untereinander aufteilen.

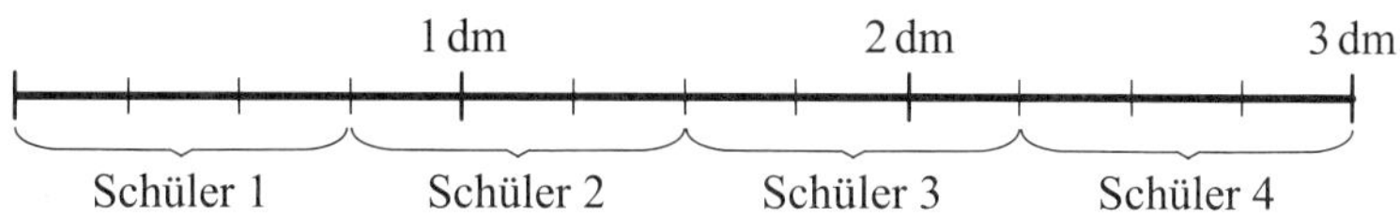

Bild 5.1

Wir müssen dazu die Divisionsaufgabe 3 dm : 4 lösen.

Mithilfe von Bild 5.1 bestimmen wir als Lösung $\frac{3}{4}$ dm.

2. Auf einer Party sollen 2 Liter Limonade gerecht unter 5 Kindern aufgeteilt werden.

Wir müssen dazu die Divisionsaufgabe $2\ell : 5$ lösen.

Mithilfe von Bild 5.2 bestimmen wir dann $\frac{2}{5}\ell$ als Lösung.

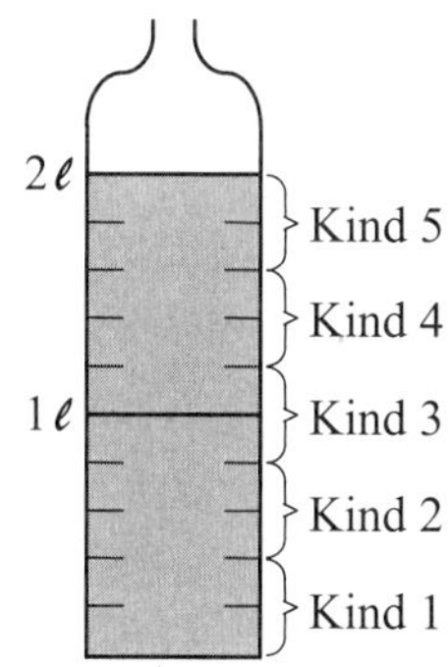

Bild 5.2

Wir wissen schon, dass man in der Menge der ganzen Zahlen nicht jede Divisionsaufgabe lösen kann. Man muss, wie in den beiden Verteilungsproblemen, zu den ganzen Zahlen weitere Zahlen hinzufügen. Diese Zahlen heißen **rationale Zahlen** und werden durch Brüche dargestellt. In Abschnitt 5.4 wirst du sehen, dass man rationale Zahlen auch noch auf eine andere Art darstellen kann.

Dies führt zu folgender Definition:

Definition 5.1

Seien $a \in \mathbb{Z}$ und $b \in \mathbb{Z}^*$.

Der Quotient $a:b$ wird mit $\frac{a}{b}$ bezeichnet (lies: a durch b).

Das Zeichen $\frac{a}{b}$ heißt **Bruch** mit dem **Zähler** a und dem **Nenner** b.

Die durch Brüche dargestellten Zahlen heißen **rationale Zahlen**.

Die **Menge der rationalen Zahlen** wird mit $\mathbb{Q}$ bezeichnet.

Den Wert eines Quotienten ganzer Zahlen können wir nun immer als Bruch darstellen.

Beispiel 1

a) Für den Quotienten $5:8$ schreiben wir $\frac{5}{8}$.

b) Für den Quotienten $-3:4$ schreiben wir $\frac{-3}{4}$.

c) $1:3=\frac{1}{3}$ d) $5:4=\frac{5}{4}$ e) $(-2):7=\frac{-2}{7}$

f) $4:(-3)=\frac{4}{-3}$ g) $(-8):(-15)=\frac{-8}{-15}$ h) $(-2):0$ nicht definiert

---

Welcher Zusammenhang besteht zwischen ganzen und rationalen Zahlen?
Wir vermuten, dass jede ganze Zahl auch eine rationale Zahl ist.

Betrachten wir eine Divisionsaufgabe, bei der der Divisor 1 ist, z.B. $7:1=7$.
Nach Definition 5.1 können wir den Quotienten $7:1$ auch durch den Bruch $\frac{7}{1}$ beschreiben.

Da ein Bruch ein Zeichen für eine rationale Zahl ist, ist jede ganze Zahl demnach auch eine rationale Zahl.

Wir fassen zusammen:

Merke

- Jede ganze Zahl ist auch eine rationale Zahl.
- Für alle $a \in \mathbb{Z}$ gilt: $a = \frac{a}{1}$.
- Die Menge der ganzen Zahlen ist Teilmenge der Menge der rationalen Zahlen, kurz $\mathbb{Z} \subset \mathbb{Q}$.

Wenn wir wissen wollen, ob ein Bruch eine ganze Zahl darstellt, schreiben wir ihn als Quotienten und berechnen ihn.

Beispiel 2

a) $\frac{12}{4} = 12:4 = 3$ b) $\frac{-18}{3} = (-18):3 = -6$ c) $\frac{-20}{-5} = (-20):(-5) = 4$

d) $\frac{5}{8} = 5:8$. Da 8 nicht 5 teilt, stellt der Bruch $\frac{5}{8}$ keine ganze Zahl dar.

e) $\frac{6}{6} = 6:6 = 1$ f) $\frac{9}{-9} = 9:(-9) = -1$ g) $\frac{0}{-7} = 0:(-7) = 0$

Wir wollen nun noch die Frage untersuchen, ob es zwischen den Brüchen $\frac{2}{3}$, $\frac{-2}{3}$, $\frac{2}{-3}$ und $\frac{-2}{-3}$ Zusammenhänge gibt.

Aus Abschnitt 2.6 wissen wir, dass zwei ganze Zahlen mit verschiedenen Vorzeichen dividiert werden, indem man die Beträge dividiert und ein Minuszeichen setzt.

Wir wenden dies auf die Divisionsaufgabe $-2:3$ an: $-2:3 = -(2:3) = -\frac{2}{3}$.

Also $-2:3 = \frac{-2}{3} = -\frac{2}{3} =$ Gegenzahl von $\frac{2}{3}$.

Ebenso gilt $2:(-3) = \frac{2}{-3} = -\frac{2}{3} =$ Gegenzahl von $\frac{2}{3}$.

Allgemein gilt:

Merke

Für alle $a \in \mathbb{Z}$ und $b \in \mathbb{Z}^*$ gilt: $\frac{-a}{b} = \frac{a}{-b} = -\frac{a}{b}$

Ebenso wissen wir, dass zwei ganze Zahlen mit gleichen Vorzeichen dividiert werden, indem man die Beträge dividiert und ein Pluszeichen setzt.
Wir wenden dies auf die Divisionsaufgabe $(-2):(-3)$ an:

$(-2):(-3)=+(2:3)=(2:3)=\frac{2}{3}$. Also $\frac{-2}{-3}=\frac{2}{3}$.

Allgemein gilt:

Merke

Für alle $a \in \mathbb{Z}$ und $b \in \mathbb{Z}^*$ gilt: $\frac{-a}{-b}=\frac{a}{b}$.

Beachte die folgenden besonderen Brüche:

Merke

Für alle $a \in \mathbb{Z}^*$ gilt:

1) $\frac{a}{a}=1$ 2) $\frac{-a}{a}=-1$ 3) $\frac{a}{-a}=-1$ 4) $\frac{0}{a}=0$

Gleichung der Form $b \cdot x = a$ mit $a \in \mathbb{Z}$ und $b \in \mathbb{Z}^*$ können wir nun ohne Probleme lösen:

Beispiel 3

a)
$$4 \cdot x = 12 \quad |:4$$
$$x = 12:4 \quad \text{(berechn.)}$$
$$x = 3$$

Ergebnis: $L=\{3\}$

b)
$$5 \cdot x = 3 \quad |:5$$
$$x = 3:5 \quad \text{(berechn.)}$$
$$x = \frac{3}{5}$$

Ergebnis: $L=\left\{\frac{3}{5}\right\}$

c)
$$(-4) \cdot x = 7 \quad |:(-4)$$
$$x = 7:(-4) \quad \text{(ber.)}$$
$$x = \frac{7}{-4} = -\frac{7}{4}$$

Ergebnis: $L=\left\{-\frac{7}{4}\right\}$

d)
$$(-8) \cdot x = -5 \quad |:(-8)$$
$$x = (-5):(-8) \quad \text{(ber.)}$$
$$x = \frac{-5}{-8} = \frac{5}{8}$$

Ergebnis: $L=\left\{\frac{5}{8}\right\}$

Zu jedem Bruch finden wir umgekehrt leicht eine Gleichung der Form $b \cdot x = a$, deren Lösung er darstellt.

Beispiel 4

a) Der Bruch $\frac{5}{2}$ ist Lösung der Gleichung $2 \cdot x = 5$.

b) Der Bruch $\frac{1}{-3}$ ist Lösung der Gleichung $(-3) \cdot x = 1$.

c) Der Bruch $-\frac{4}{9}$ ist sowohl Lösung der Gleichung $9 \cdot x = -4$, als auch der Gleichung $(-9) \cdot x = 4$.

Abschließend fassen wir zusammen:

1. In $\mathbb{Q}$ hat jeder Quotient der Form $a : b$ mit $a \in \mathbb{Z}$ und $b \in \mathbb{Z}^*$ einen Wert.
2. Jede ganze Zahl ist auch durch einen Bruch darstellbar. Die Menge der ganzen Zahlen ist damit in der Menge der rationalen Zahlen enthalten, es gilt $\mathbb{Z} \subset \mathbb{Q}$.
3. In $\mathbb{Q}$ ist jede Gleichung der Form $b \cdot x = a$ mit $a \in \mathbb{Z}$ und $b \in \mathbb{Z}^*$ lösbar.

Die Menge der rationalen Zahlen ist damit eine **Erweiterung** der Menge der ganzen Zahlen.

5.2 Zahlengerade und Anordnung

Vorbemerkung

In diesem Abschnitt wirst du Bruchteile einer Strecke benötigen. Wie kann man Bruchteile einer Strecke konstruieren? Wir betrachten das Verfahren an einem Beispiel.

Von einer gegebenen Strecke $\overline{AB}$ sollen zwei Drittel markiert werden.

Zunächst muss die Strecke in 3 gleich lange Teile zerlegt werden. Wir zeichnen dazu von A aus einen Strahl und tragen darauf drei gleich lange Strecken ab (hier 2 cm). Wir verbinden C als Endpunkt der dritten Strecke mit B und zeichnen die Parallelen zu $\overline{BC}$ durch die übrigen Teilpunkte. Die **Parallelenschar** zerlegt $\overline{AB}$ in 3 gleich lange Teile. Schließlich markieren wir zwei nebeneinander liegende Teile der Strecke (Bild 5.3).

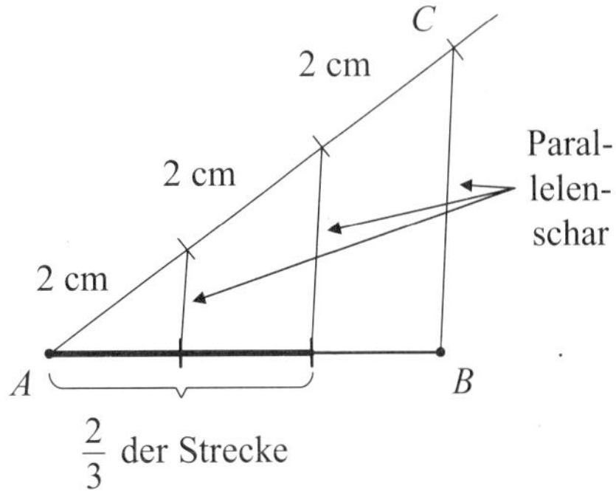

Bild 5.3

Wir halten fest:

> **Streckenteilung**
>
> So kannst du eine Strecke $\overline{AB}$ in n gleich lange Teile zerlegen:
>
> - Zeichne von A aus einen Strahl und trage darauf n gleich lange Teile ab.
> - Verbinde C als Endpunkt der letzten Strecke mit B und zeichne die Parallelen zu $\overline{BC}$ durch die übrigen Teilpunkte.
> - Die Parallelenschar zerlegt die Strecke $\overline{AB}$ in n gleich lange Teile.

Die ganzen Zahlen lassen sich auf der Zahlengeraden veranschaulichen. Zu jeder ganzen Zahl gehört genau ein Zahlpunkt auf der Zahlengeraden (siehe Abschnitt 1.2, Bild 1.3).

Die rationalen Zahlen stellen eine Erweiterung der ganzen Zahlen dar. Daher vermuten wir, dass auch zu jeder rationalen Zahl ein Zahlpunkt auf der Zahlengeraden gehört.

Für rationale Zahlen, die auch ganze Zahlen sind, ist die Lage der Zahlpunkte bekannt (Bild 5.4).

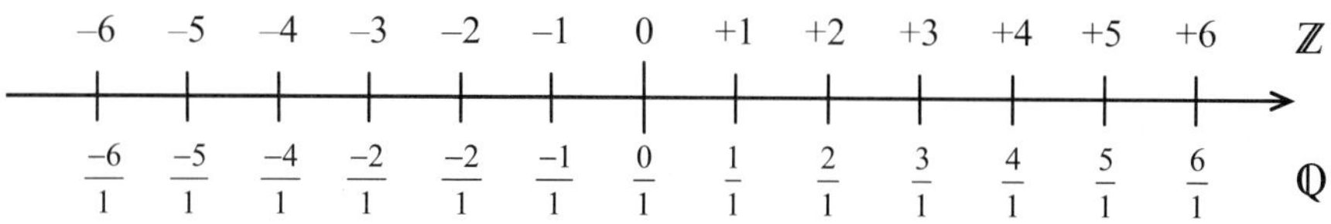

Bild 5.4

Zum Markieren der Zahlpunkte von $\frac{1}{3}, \frac{2}{3}, \frac{3}{3}, \ldots$ teilen wir die Strecke zwischen 0 und 1 in drei gleich lange Teilstrecken (vgl. Vorbemerkung) und tragen dann von 0 aus 1, 2, 3, ... Teilstreckenlängen nach rechts ab. Die jeweiligen Endpunkte sind die Zahlpunkte von $\frac{1}{3}, \frac{2}{3}, \frac{3}{3}, \ldots$ (Bild 5.5).

Zum Markieren der Zahlpunkte von $-\frac{1}{3}, -\frac{2}{3}, -\frac{3}{3}, \ldots$ teilen wir die Strecke zwischen -1 und 0 in drei gleich lange Teilstrecken und tragen anschließend von 0 aus 1, 2, 3, ... Teilstreckenlängen nach links ab. Die jeweiligen Endpunkte sind die Zahlpunkte von $-\frac{1}{3}, -\frac{2}{3}, -\frac{3}{3}, \ldots$ (Bild 5.5).

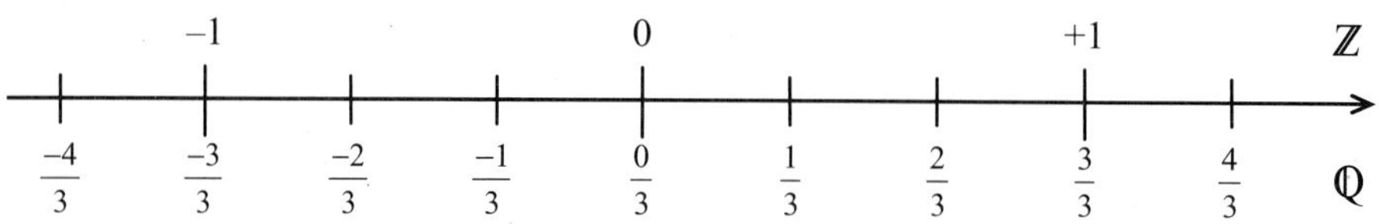

Bild 5.5

Zum Markieren der Zahlpunkte von $\frac{1}{6}, \frac{2}{6}, \frac{3}{6}, \ldots$ gehen wir genauso vor. Wir teilen jetzt die Strecke zwischen 0 und 1 in sechs gleich lange Teilstrecken und tragen dann von 0 aus 1, 2, 3, ... Teilstreckenlängen nach rechts ab. Die jeweiligen Endpunkte sind die Zahlpunkte von $\frac{1}{6}, \frac{2}{6}, \frac{3}{6}, \ldots$ (Bild 5.6).

Zum Markieren der Zahlpunkte von $\frac{-1}{6}, \frac{-2}{6}, \frac{-3}{6}, \ldots$ teilen wir die Strecke zwischen -1 und 0 in sechs gleich lange Teilstrecken und tragen anschließend von 0 aus 1, 2, 3, ... Teilstreckenlängen nach links ab. Die jeweiligen Endpunkte sind die Zahlpunkte von $\frac{-1}{6}, \frac{-2}{6}, \frac{-3}{6}, \ldots$ (Bild 5.6).

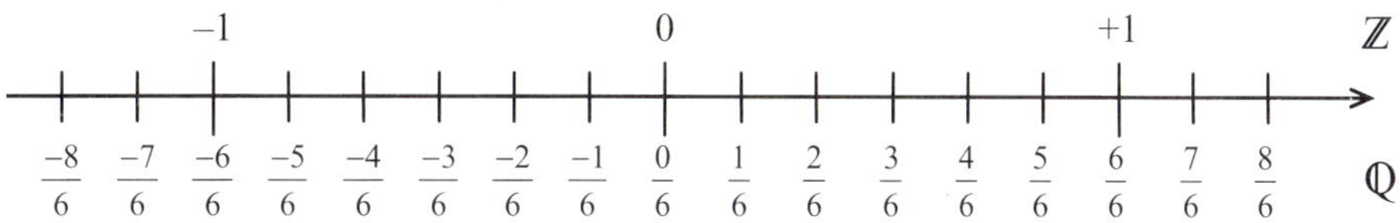

Bild 5.6

Allgemein findest du auf der Zahlengeraden den Zahlpunkt einer rationalen Zahl folgendermaßen:

Darstellung eines Bruchs als Zahlpunkt auf der Zahlengeraden

Zeichne den Zahlpunkt von $\frac{a}{b}$ (mit $a \in \mathbb{Z}^*$ und $b \in \mathbb{Z}^+$) folgendermaßen auf der Zahlengeraden ein:

- Teile auf der Zahlengeraden die Strecken zwischen den Zahlpunkten zweier benachbarter ganzer Zahlen in b gleich lange Teilstrecken.
- Wenn $a > 0$ ist, nimmst du den a-ten Teilpunkt, von 0 aus nach rechts gezählt; wenn $a < 0$ ist, nimmst du den $|a|$-ten Teilpunkt, von 0 aus nach links gezählt.

Bemerkung

Zur Benennung von Zahlpunkten zwischen Zahlpunkten ganzer Zahlen wird auch die **gemischte Schreibweise** (vergleiche Skript Klasse 5, Abschnitt 6.2) verwendet. In Bild 5.7 wird dies veranschaulicht. Mit der gemischten Schreibweise rationaler Zahlen werden wir uns später noch ausführlich beschäftigen.

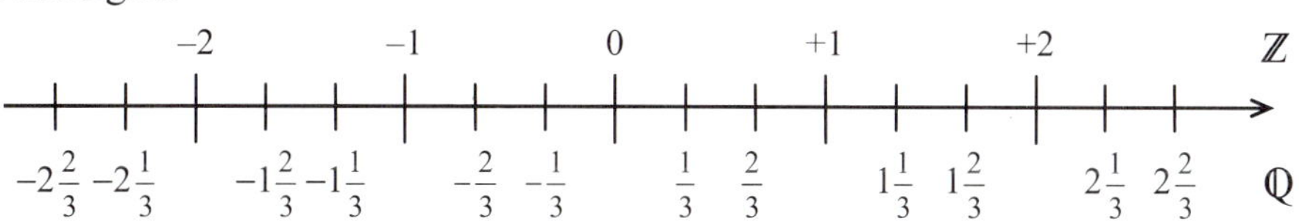

Bild 5.7

Beschäftigen wir uns nun noch mit der Anordnung in $\mathbb{Q}$. Sie ist wie gewohnt anschaulich mithilfe der Zahlengeraden festgelegt und führt so die Anordnung in $\mathbb{Z}$ fort (siehe Abschnitt 1.2).

Definition 5.2

Die rationale Zahl p heißt **kleiner als** die rationale Zahl q, wenn der Zahlpunkt von p auf der Zahlengeraden links vom Zahlpunkt von q liegt (in Zeichen: $\boldsymbol{p < q}$).

Wir wollen nun einige rationale Zahlen, die durch Brüche dargestellt sind, der Größe nach ordnen.

Beispiel

a) Wir vergleichen Brüche mit gleichem positivem Nenner: $\frac{1}{4}, \frac{-1}{4}, \frac{3}{4}, \frac{-4}{4}, \frac{5}{4}$.

Bild 5.8

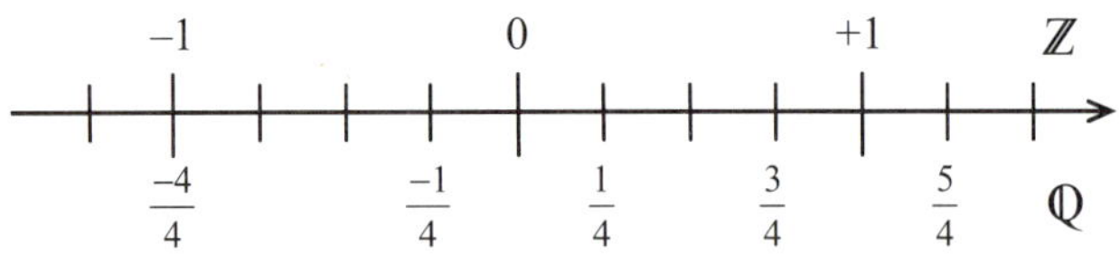

Für die Zähler gilt $-4 < -1 < 1 < 3 < 5$, für die Brüche $\frac{-4}{4} < \frac{-1}{4} < \frac{1}{4} < \frac{3}{4} < \frac{5}{4}$.

b) Wir vergleichen Brüche mit gleichem negativem Nenner: $\frac{1}{-5}, \frac{-2}{-5}, \frac{4}{-5}, \frac{-6}{-5}$.

Bild 5.9

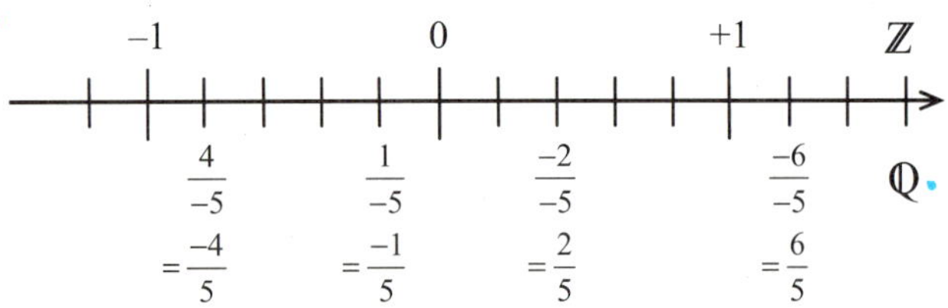

Für die Zähler gilt $-6 < -2 < 1 < 4$, für die Brüche $\frac{4}{-5} < \frac{1}{-5} < \frac{-2}{-5} < \frac{-6}{-5}$.

Wie uns das Beispiel veranschaulicht, entspricht bei Brüchen mit gleichem positivem Nenner die Anordnung ihrer Zähler der Anordnung der Brüche. Bei Brüchen mit gleichem negativem Nenner ist dies nicht der Fall:

Merke

Von zwei Brüchen mit gleichem positivem Nenner bezeichnet derjenige die kleinere Zahl, der den kleineren Zähler hat.

Da ganze Zahlen, die kleiner als null sind, negativ sind und ganze Zahlen, die größer als null sind, positiv sind, gilt für rationale Zahlen entsprechend:

Definition 5.3
Eine rationale Zahl heißt **negativ**, wenn sie kleiner als null, und **positiv**, wenn sie größer als null ist.

Das obige Beispiel bestätigt folgende Aussage:

Merke
Ein Bruch bezeichnet genau dann eine negative Zahl, wenn Zähler und Nenner verschiedene Vorzeichen haben.
Ein Bruch bezeichnet genau dann eine positive Zahl, wenn Zähler und Nenner gleiche Vorzeichen haben.

Bezeichnungen

Die **Menge der negativen rationalen Zahlen** wird mit $\mathbb{Q}^-$ bezeichnet.

Die **Menge der positiven rationalen Zahlen** wird mit $\mathbb{Q}^+$ bezeichnet.

Die **Menge der rationalen Zahlen ohne Null** wird mit $\mathbb{Q}^*$ bezeichnet.

Zum Abschluss dieses Abschnitts lernst du noch einige Bezeichnungen für verschiedene Arten von Brüchen kennen:

- Brüche mit dem Zähler 1 oder -1 heißen **Stammbrüche**, z.B. $\frac{1}{2}, \frac{1}{3}, \frac{-1}{5}, \ldots$
- Brüche, deren Zähler betragskleiner als ihr Nenner ist, heißen **echte Brüche**, z.B. $\frac{3}{7}, \frac{1}{8}, \frac{-6}{10}, \frac{-12}{3}, \ldots$
- Brüche, deren Zähler betragsgleich oder betragsgrößer als ihr Nenner ist, heißen **unechte Brüche**, z.B. $\frac{3}{3}, \frac{-8}{8}, \frac{5}{4}, \frac{-9}{2}, \ldots$
- Brüche, deren Nenner den Zähler teilt, heißen **Scheinbrüche**, z.B. $\frac{2}{2}, \frac{-6}{6}, \frac{8}{4}, \frac{-12}{3}, \ldots$
- Brüche mit einer Zehnerpotenz im Nenner heißen **Zehnerbrüche**, z.B. $\frac{1}{10}, \frac{-19}{100}, \frac{311}{1000}, \frac{2371}{10000}, \ldots$

Bemerkungen

1. Echte Brüche sind stets größer als -1 und kleiner als 1.
2. Unechte Brüche sind kleiner oder gleich -1 oder größer oder gleich 1.
3. Scheinbrüche stellen stets eine ganze Zahl dar (Bild 5.10).

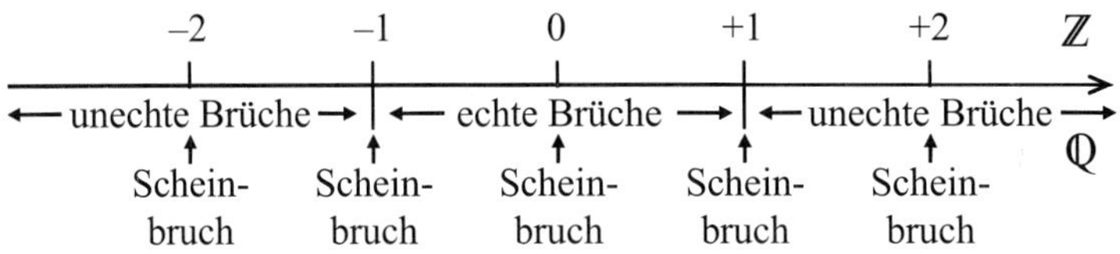

Bild 5.10

5.3 Erweitern und Kürzen

Brüche hast du schon in Klasse 5 erweitert und gekürzt (siehe Skript Klasse 5, Abschnitt 6.3). Es gilt folgende Festlegung:

Definition 5.4

Einen Bruch **erweitern** bedeutet Zähler und Nenner des Bruchs mit derselben Zahl $\neq 0$ multiplizieren.

Einen Bruch **kürzen** bedeutet Zähler und Nenner des Bruchs durch dieselbe Zahl $\neq 0$ dividieren.

Beispiel 1

a) Wir erweitern Brüche.

Bruch	$\frac{2}{3}$	$\frac{-3}{5}$	$\frac{1}{6}$	$\frac{-4}{-3}$	$\frac{1}{2}$	$\frac{6}{-25}$
erweitert mit	2	4	-3	-1	5	-4
neuer Bruch	$\frac{4}{6}$	$\frac{-12}{20}$	$\frac{-3}{-18}$	$\frac{4}{3}$	$\frac{5}{10}$	$\frac{-24}{100}$

b) Wir kürzen Brüche.

Bruch	$\frac{6}{8}$	$\frac{-9}{15}$	$\frac{10}{-15}$	$\frac{-6}{-12}$	$\frac{-24}{4}$	$\frac{-7}{-7}$
gekürzt mit	2	3	-5	-6	4	-7
neuer Bruch	$\frac{3}{4}$	$\frac{-3}{5}$	$\frac{-2}{3}$	$\frac{1}{2}$	$\frac{-6}{1}$	$\frac{1}{1}$

Stellen wir durch Brüche bezeichnete rationale Zahlen auf der Zahlengeraden dar, so wird verschiedenen Brüchen manchmal derselbe Zahlpunkt zugeordnet.

Im Bild 5.11 gilt dies z.B. für die Brüche $\frac{-1}{2}$ und $\frac{-3}{6}$ oder für die Brüche $\frac{2}{3}$ und $\frac{4}{6}$ u.a.m.

Das bedeutet offensichtlich, dass diese Brüche dieselbe rationale Zahl bezeichnen, also gleichwertig sind.

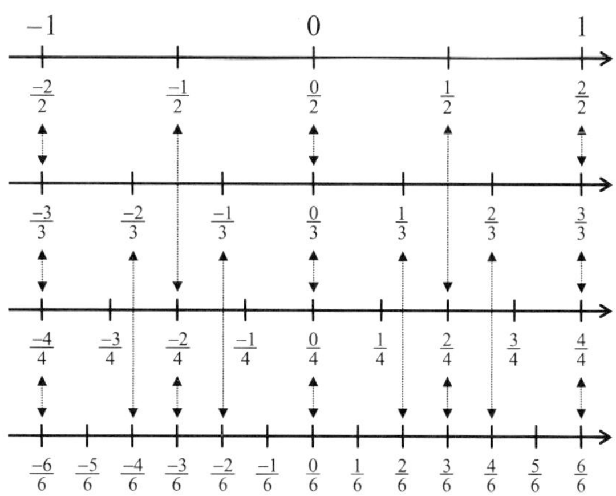

Bild 5.11

Wie hängen diese Brüche miteinander zusammen?

Dazu betrachten wir:

$$\frac{-1}{2}=\frac{(-1)\cdot 3}{2\cdot 3}=\frac{-3}{6} \quad ; \quad \frac{4}{6}=\frac{4:2}{6:2}=\frac{2}{3} \quad ; \quad \frac{-3}{3}=\frac{(-3)\cdot 2}{3\cdot 2}=\frac{-6}{6} \quad ;$$

$$\frac{2}{4}=\frac{2:2}{4:2}=\frac{1}{2}=\frac{1\cdot 3}{2\cdot 3}=\frac{3}{6}$$

Du stellst fest:

> **Merke**
> Brüche, die durch Erweitern oder Kürzen auseinander hervorgehen, sind gleichwertig. Sie bezeichnen somit dieselbe rationale Zahl.

Bemerkungen

1. Die Zahl, mit der du erweiterst, heißt **Erweiterungszahl**. Sie kann oberhalb des Gleichheitszeichens angegeben werden.
   Die Zahl, mit der du kürzt, heißt **Kürzungszahl**. Sie kann unterhalb des Gleichheitszeichens angegeben werden.
2. Ein Bruch kann mit jeder beliebigen Zahl $\neq 0$ erweitert werden.
   Dagegen kann ein Bruch nur mit einem gemeinsamen Teiler von Zähler und Nenner gekürzt werden.
3. Mit der Zahl 0 darf man **nie** erweitern oder kürzen.

Beispiel 2

a) Wir erweitern $\frac{2}{5}$ mit 4 und erhalten: $\frac{2}{5} \overset{4}{=} \frac{2\cdot 4}{5\cdot 4}=\frac{8}{20}$

b) Wir kürzen $\frac{20}{35}$ mit 5 und erhalten: $\frac{20}{35} \underset{5}{=} \frac{20:5}{35:5}=\frac{4}{7}$

c) Wir erweitern $\frac{2}{-3}$ mit -1 und erhalten: $\frac{2}{-3} \overset{-1}{=} \frac{2\cdot(-1)}{(-3)\cdot(-1)}=\frac{-2}{3}$

d) Wir kürzen $\frac{15}{-18}$ mit -3 und erhalten: $\frac{15}{-18} \underset{-3}{=} \frac{15:(-3)}{(-18):(-3)}=\frac{-5}{6}$

Brüche lassen sich durch Kürzen vereinfachen. Dies ist auf verschiedene Arten möglich:

Beispiel 3

a) Wir kürzen in mehreren Schritten so weit wie möglich:

$$\frac{120}{210} \underset{5}{=} \frac{24}{42} \underset{2}{=} \frac{12}{21} \underset{3}{=} \frac{4}{7}$$

b) Wir kürzen nach Bestimmung des ggT von Zähler und Nenner:

$$\text{ggT}(120;210) = 30; \quad \frac{120}{210} \underset{30}{=} \frac{4}{7}$$

c) Wir kürzen nach der Primfaktorzerlegung von Zähler und Nenner:

$$\frac{120}{210} = \frac{10 \cdot 12}{10 \cdot 21} = \frac{2 \cdot 5 \cdot 2 \cdot 2 \cdot 3}{2 \cdot 5 \cdot 3 \cdot 7} = \frac{2^3 \cdot 3 \cdot 5}{2 \cdot 3 \cdot 5 \cdot 7} \underset{2 \cdot 3 \cdot 5}{=} \frac{2^2}{7} = \frac{4}{7}$$

Wie Beispiel 3 zeigt, führen alle Verfahren am Ende zu dem gleichen Bruch, der nicht weiter gekürzt werden kann, da Zähler und Nenner teilerfremd sind.

Definition 5.5

Ein Bruch heißt **vollständig gekürzt**, wenn Zähler und Nenner teilerfremd sind und der Nenner positiv ist.

Beispiel 4

Wir kürzen folgende Brüche vollständig.

a) $\frac{-840}{-1890} \underset{-1}{=} \frac{840}{1890} \underset{10}{=} \frac{84}{189} \underset{3}{=} \frac{28}{63} \underset{7}{=} \frac{4}{9}$

b) $\frac{780}{-1716} \underset{-1}{=} \frac{-780}{1716} \underset{3}{=} \frac{-260}{572} \underset{4}{=} \frac{-65}{143} \underset{13}{=} \frac{-5}{11}$

Merke

Jede rationale Zahl kann durch einen vollständig gekürzten Bruch mit positivem Nenner dargestellt werden.
Diese Darstellung heißt **normierte Bruchdarstellung**.

Brüche bezeichnen dieselbe rationale Zahl, wenn sie die gleiche normierte Bruchdarstellung haben.

Beispiel 5

Wir untersuchen, welche der folgenden Brüche dieselbe rationale Zahl bezeichnen: $\frac{-25}{40}$; $\frac{-14}{-24}$; $\frac{15}{-24}$; $\frac{21}{36}$; $\frac{20}{-32}$ und $\frac{35}{60}$

Normierte Bruchdarstellungen:

$\frac{-25}{40} \underset{5}{=} \frac{-5}{8}$; $\frac{-14}{-24} \underset{-2}{=} \frac{7}{12}$; $\frac{15}{-24} \underset{-3}{=} \frac{-5}{8}$; $\frac{21}{36} \underset{3}{=} \frac{7}{12}$; $\frac{20}{-32} \underset{-4}{=} \frac{-5}{8}$;

$\frac{35}{60} \underset{5}{=} \frac{7}{12}$

Vergleich: $\frac{-25}{40} = \frac{15}{-24} = \frac{20}{-32} = \frac{-5}{8}$ und $\frac{-14}{-24} = \frac{21}{36} = \frac{35}{60} = \frac{7}{12}$

Mehrere Brüche kannst du so erweitern, dass die erweiterten Brüche gleiche Nenner haben.

Beispiel 6

Wir erweitern die folgenden Brüche so, dass die erweiterten Brüche gleiche Nenner haben.

a) $\frac{1}{2}$ und $\frac{2}{3}$: $\frac{1}{2} \overset{3}{=} \frac{3}{6}$; $\frac{2}{3} \overset{2}{=} \frac{4}{6}$

b) $\frac{1}{4}$, $\frac{1}{6}$ und $\frac{3}{8}$: $\frac{1}{4} \overset{6}{=} \frac{6}{24}$; $\frac{1}{6} \overset{4}{=} \frac{4}{24}$; $\frac{3}{8} \overset{3}{=} \frac{9}{24}$

c) $\frac{2}{-5}$ und $\frac{-4}{7}$: $\frac{2}{-5} \overset{-7}{=} \frac{-14}{35}$; $\frac{-4}{7} \overset{5}{=} \frac{-20}{35}$

Merke

Brüche heißen **gleichnamig**, wenn ihre Nenner gleich sind.

Brüche lassen sich durch geeignetes Erweitern stets gleichnamig machen.

Brüche kannst du leicht vergleichen, wenn du sie gleichnamig gemacht hast.

Beispiel 7

a) Wir vergleichen folgende Brüche mit gleichem positiven Zähler und vorzeichengleichen Nennern: $\frac{2}{3}$, $\frac{2}{4}$ und $\frac{2}{5}$.

Gleichnamig machen: $\frac{2}{3} \overset{20}{=} \frac{40}{60}$; $\frac{2}{4} \overset{15}{=} \frac{30}{60}$; $\frac{2}{5} \overset{12}{=} \frac{24}{60}$

Also gilt: $\frac{2}{5} < \frac{2}{4} < \frac{2}{3}$ (und $5 > 4 > 3$).

b) Wir vergleichen folgende Brüche mit gleichem positiven Zähler und vorzeichenverschiedenen Nennern: $\frac{1}{3}$, $\frac{1}{-2}$ und $\frac{1}{4}$.

Gleichnamig machen: $\frac{1}{3} \overset{4}{=} \frac{4}{12}$; $\frac{1}{-2} \overset{-6}{=} \frac{-6}{12}$; $\frac{1}{4} \overset{3}{=} \frac{3}{12}$

Also gilt: $\frac{1}{-2} < \frac{1}{4} < \frac{1}{3}$ (aber $4 > 3 > -2$).

Beispiel 7a zeigt:

Merke

Von zwei Brüchen mit gleichem positiven Zähler und vorzeichengleichen Nennern bezeichnet derjenige die kleinere Zahl, der den größeren Nenner hat.

Beispiel 8

Wir verwandeln die vollständig gekürzten Brüche $\frac{4}{9}$ und $\frac{5}{12}$ in gleichnamige Brüche, deren Nenner möglichst klein ist.

Der kleinstmögliche gemeinsame Nenner ist das $\text{kgV}(9;12) = 36$.

Gleichnamig machen durch Erweitern: $\frac{4}{9} \overset{4}{=} \frac{16}{36}$; $\frac{5}{12} \overset{3}{=} \frac{15}{36}$

Definition 5.6

Das kgV aller Nenner von vollständig gekürzten Brüchen heißt **Hauptnenner (HN)** der Brüche.

Beispiel 9

Wir bringen folgende Brüche auf den Hauptnenner.

a) $\frac{1}{3}\ ;\ \frac{3}{4}\ ;\ \frac{-1}{6}$

Die Brüche sind vollständig gekürzt.

Wir bestimmen ihren Hauptnenner im Kopf: $HN = kgV(3;4;6) = 12$

Wir bringen schließlich alle Brüche auf den Hauptnenner:

$$\frac{1}{3} \overset{4}{=} \frac{4}{12}\ ;\ \frac{3}{4} \overset{3}{=} \frac{9}{12}\ ;\ \frac{-1}{6} \overset{2}{=} \frac{-2}{12}$$

b) $\frac{3}{15}\ ;\ \frac{-4}{16}\ ;\ \frac{3}{-24}$

Wir bestimmen zuerst die vollständig gekürzten Brüche:

$$\frac{3}{15} \underset{3}{=} \frac{1}{5}\ ;\ \frac{-4}{16} \underset{4}{=} \frac{-1}{4}\ ;\ \frac{3}{-24} \underset{-3}{=} \frac{-1}{8}$$

Wir bestimmen dann den Hauptnenner im Kopf:

$HN = kgV(4;5;8) = 40$

Wir bringen schließlich alle Brüche auf den Hauptnenner:

$$\frac{3}{15} = \frac{1}{5} \overset{8}{=} \frac{8}{40}\ ;\ \frac{-4}{16} = \frac{-1}{4} \overset{10}{=} \frac{-10}{40}\ ;\ \frac{3}{-24} = \frac{-1}{8} \overset{5}{=} \frac{-5}{40}$$

c) $\frac{17}{24}\ ;\ \frac{-30}{32}\ ;\ \frac{65}{90}$

Wir bestimmen zuerst die vollständig gekürzten Brüche:

$$\frac{17}{24}\ ;\ \frac{-30}{32} \underset{2}{=} \frac{-15}{16}\ ;\ \frac{65}{90} \underset{5}{=} \frac{13}{18}$$

Wir bestimmen dann den Hauptnenner und die Erweiterungsfaktoren mithilfe der Primfaktorzerlegung der vorkommenden Nenner:

PFZ	EF
$24 = 2\cdot 2\cdot 2 \quad \cdot 3$	$2\cdot 3 = 6$
$16 = 2\cdot 2\cdot 2\cdot 2$	$3\cdot 3 = 9$
$18 = 2 \quad\quad \cdot 3\cdot 3$	$2\cdot 2\cdot 2 = 8$
$HN = kgV(16;18;24) = 2\cdot 2\cdot 2\cdot 2\cdot 3\cdot 3 = 2^4\cdot 3^2 = 16\cdot 9 = 144$	

Wir bringen schließlich alle Brüche auf den Hauptnenner:

$$\frac{17}{24} \overset{6}{=} \frac{102}{144}\ ;\ \frac{-30}{32} = \frac{-15}{16} \overset{9}{=} \frac{-135}{144}\ ;\ \frac{65}{90} = \frac{13}{18} \overset{8}{=} \frac{104}{144}$$

Abschließend wollen wir nochmals auf folgende Zusammenhänge hinweisen:

> **Merke**
> (1) Brüche bezeichnen denselben Zahlpunkt bzw. dieselbe rationale Zahl, wenn sie durch Erweitern oder Kürzen auseinander hervorgehen.
> (2) Zu jeder rationalen Zahl gibt es unendlich viele verschiedene Bruchdarstellungen.
> (3) Zu jeder rationalen Zahl gibt es nur eine normierte Bruchdarstellung.

Geschichte der Brüche

Die Stammbrüche der Ägypter

Die Zahlschrift der Ägypter für natürliche Zahlen ist eine dezimale Zahlschrift mit sieben Bündelungsstufen. Die Bündelungsstufen werden nicht durch ihre Position, sondern durch Hieroglyphen dargestellt: 1 als Stab, 10 als Hufeisen, 100 als Bandmaß, 1000 als Lotosblume, 10 000 als abgewinkelter Finger, 100 000 als Kaulquappe, 1 000 000 als Gott der Ewigkeit (siehe Skript Klasse 5, Info: Zur Geschichte der Zahlzeichen).

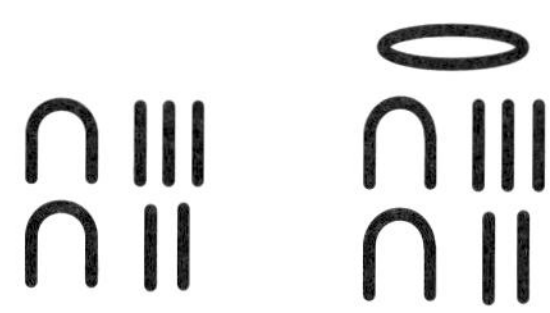

25 $\frac{1}{25}$

Die Vorliebe der Ägypter für bildhafte Darstellung zeigt sich auch bei der Zahl 25, indem sie die Schlinge zweimal und den Stab fünfmal zeichneten. Zur Darstellung des Stammbruchs $^{1}/_{25}$ setzten sie über die Darstellung der 25 ein Oval. Entsprechend verfuhren sie bei den anderen Stammbrüchen.
Nur für $^{1}/_{2}$, $^{1}/_{4}$, $^{1}/_{3}$ und dem abgeleiteten Bruch $^{2}/_{3}$ waren Sonderzeichen gebräuchlich.

$\frac{1}{2}$ $\frac{1}{3}$ $\frac{2}{3}$ $\frac{1}{4}$

Wegen ihrer Vorliebe für die bildhafte Darstellung waren die Ägypter außerstande, abgeleitete Brüche wie $^{14}/_{25}$ zu schreiben. Sie hätten nämlich die Hieroglyphe des Stammbruchs, im Beispiel $^{1}/_{25}$, vierzehnmal darstellen müssen – eine aufwendige Schreibarbeit.

Die Ägypter vermieden einen solchen Aufwand, indem sie auf die Darstellung durch abgeleitete Brüche verzichteten, $^{2}/_{3}$ ausgenommen. Sie verwendeten neben den Stammbrüchen nur Summen von Stammbrüchen. Die Beschränkung auf Stammbrüche und Summen von Stammbrüchen ist keine wesentliche Einschränkung. Denn man kann jeden abgeleiteten Bruch als Summe von Stammbrüchen darstellen. Unsere Kenntnisse über die ägyptischen Stammbrüche verdanken wir vor allem dem *Papyrus Rhind*. Der Papyrus enthält das *Rechenbuch des Ahmes* und ist zwischen 2000 und 1700 v. Chr. verfasst worden.

Die Münz-Brüche der Römer

1 As	12 Unzen
1 Unze	24 Scrupel
$^1/_{12}$ As	1 Unze
$^3/_4$ As	9 Unzen
$^1/_{24}$ As	12 Scrupel
$^1/_{288}$ As	1 Scrupel

Die Brüche der Römer stehen in engem Zusammenhang mit den Beziehungen zwischen den Münzeinheiten *As*, *Unze* und *Scrupel*.

Alle gebräuchlichen Brüche der Römer drücken Beziehungen zwischen Geldbeträgen aus, wie sie in der nebenstehenden Tabelle aufgezeigt sind.

Die Römer entwickelten Grundzeichen für die Stammbrüche $^1/_2$, $^1/_{12}$, $^1/_{24}$, $^1/_{48}$, $^1/_{72}$, $^1/_{144}$, $^1/_{288}$. Die abgeleiteten Brüche wurden aus den Grundzeichen zusammengesetzt. Darüber hinaus gab es Sonderzeichen für ausgewählte Brüche, zum Beispiel für $^1/_4$ und $^1/_3$ Unze auf dem Handabakus.

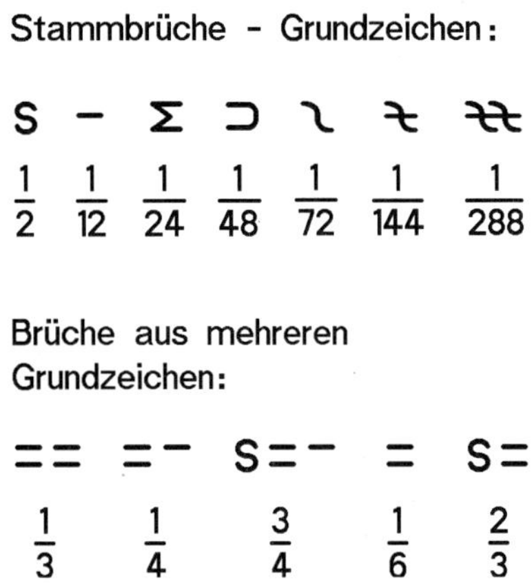

Die Beziehung zwischen den gebräuchlichen Brüchen auf der einen Seite und den Beziehungen der Geldwerte zum As auf der anderen Seite lässt vermuten, dass die Brüche ihre Existenz dem Geldwesen verdanken.

Mit zeitlicher Verzögerung übertrugen die Römer vermutlich die Brüche auf andere Anwendungsbereiche, zum Beispiel auf die Flächenmaße, mit der Folge, dass die Brüche ihre ursprüngliche Bedeutung als Bruchteile des As verloren.

Die mehrdeutigen Brüche der Inder

Unsere Zahlschrift für gewöhnliche Brüche stammt aus Indien. Sie war dort bereits um 600 n. Chr. in Gebrauch. Die Unterschiede der indischen Zahlschrift zur unsrigen sind geringfügig: Die Inder kannten keinen Bruchstrich. Bei gemischten Zahlen schrieben sie die ganze Zahl über den Zähler.

Die Zahlschrift der Inder ist mehrdeutig. Ausdrücke wie $^1/_2$, $^2/_4$, $^3/_6$, $^4/_8$ usw. bezeichnen den gleichen Bruch. Die Mehrdeutigkeit hat den Vorzug, dass sich allgemeingültige Regeln für das Rechnen mit Brüchen formulieren lassen. Diese Rechenregeln sind noch heute in Gebrauch.

5.4 Dezimalbrüche

Aus Klasse 5 weißt du schon, dass Brüche, deren Nenner Zehnerpotenzen sind, sich auch in der Kommaschreibweise angeben lassen (siehe Skript Klasse 5, Abschnitt 6.4). So gilt:

$\frac{1}{10}=0{,}1$	$\frac{3}{10}=0{,}3$	$\frac{17}{10}=1{,}7$
$\frac{1}{100}=0{,}01$	$\frac{37}{100}=0{,}27$	$\frac{345}{100}=3{,}45$
$\frac{1}{1000}=0{,}001$	$\frac{49}{1000}=0{,}049$	$\frac{7451}{1000}=7{,}451$

Brüche, deren Nenner Zehnerpotenzen sind, werden **Zehnerbrüche** genannt. Die Kommaschreibweise eines Zehnerbruchs heißt auch **dezimale Schreibweise** oder **Dezimalbruch**.
Zehnerbrüche, die negative rationale Zahlen darstellen, sind dir in Klasse 5 noch nicht begegnet. Auch diese lassen sich dezimal schreiben. Als Dezimalschreibweise solcher Zehnerbrüche erhalten wir **negative Dezimalbrüche**.

So gilt entsprechend:

$\frac{-1}{10}=-0{,}1$	$\frac{-3}{10}=-0{,}3$	$\frac{-17}{10}=-1{,}7$
$\frac{-1}{100}=-0{,}01$	$\frac{-37}{100}=-0{,}27$	$\frac{-345}{100}=-3{,}45$
$\frac{-1}{1000}=-0{,}001$	$\frac{-49}{1000}=-0{,}049$	$\frac{-7451}{1000}=-7{,}451$

Zusammengefasst können wir festhalten:

Merke
Zehnerbrüche können auch **dezimal** geschrieben werden.
Die Dezimalschreibweise eines Zehnerbruchs heißt **Dezimalbruch**.

Folgende Regel kannst du leicht erkennen:

Regel zur Umwandlung eines Zehnerbruchs in einen Dezimalbruch
Verwandele einen Zehnerbruch mit positivem Nenner in einen Dezimalbruch, indem du den Zähler unter Beibehaltung seines Vorzeichens hinschreibst und das Komma um so viele Stellen nach links verschiebst, wie Nullen im Nenner stehen. Ergänze dabei fehlende Stellen durch Nullen.

Falls der Zehnerbruch einen negativen Nenner hat, musst du ihn zuerst mit –1 erweitern: $\frac{345}{-100} \stackrel{-1}{=} \frac{-345}{100} = -3{,}45$.

Beispiel 1

a) $\frac{371}{1000} = 0{,}371$ (lies: null Komma drei sieben eins)

b) $\frac{-9}{100} = -0{,}09$ (lies: minus null Komma null neun)

c) $\frac{-264}{10} = -26{,}4$ (lies: minus sechsundzwanzig Komma vier)

d) $\frac{3}{10} = 0{,}3$; $\frac{3}{10} \overset{10}{=} \frac{30}{100} = 0{,}30$; $\frac{3}{10} \overset{100}{=} \frac{300}{1000} = 0{,}300$ usw.

Merke

1. Bei einem Dezimalbruch trennt das Komma die Bruchteile (hinter dem Komma) vom Ganzen (vor dem Komma). Die Stellen hinter dem Komma heißen **Dezimalstellen** oder **Nachkommastellen**; die Ziffern hinter dem Komma heißen **Dezimalen**. Negative Dezimalbrüche erhalten zusätzlich ein „ – " als Vorzeichen.
2. Wir lesen Dezimalbrüche, indem wir die Stellen hinter dem Komma Ziffer für Ziffer angeben.
3. Dezimalbrüche, die durch Hinzufügen oder Weglassen von Endnullen im Dezimalteil auseinander hervorgehen, bezeichnen die gleiche rationale Zahl (siehe Beispiel 1 d).
4. Die bisher vorkommenden Brüche werden im Gegensatz zu den Dezimalbrüchen auch als **gewöhnliche Brüche** bezeichnet.

Folgendes Beispiel verdeutlicht die vorkommenden Begriffe.

Beispiel 2

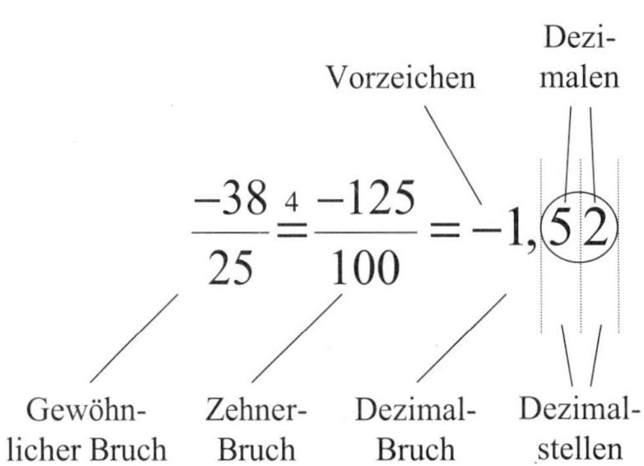

Umwandlung von Dezimalbrüchen in gewöhnliche Brüche

Bisher haben wir Zehnerbrüche in Dezimalbrüche umgewandelt. Nun wollen wir umgekehrt Dezimalbrüche in gewöhnliche Brüche umwandeln.

> **Regel zur Umwandlung eines Dezimalbruchs in einen Zehnerbruch**
> Verwandele einen Dezimalbruch mit einer Dezimalen (zwei, drei, ... Dezimalen) in einen Zehnerbruch, indem du in den Zähler den Dezimalbruch mit Vorzeichen, aber ohne führende Nullen und ohne Komma schreibst und in den Nenner eine 1 mit einer Null (zwei, drei, ... Nullen).

Beispiel 3

a) $0{,}8 = \frac{8}{10} \underset{2}{=} \frac{4}{5}$ (eine Dezimale → eine Null)

b) $-0{,}48 = \frac{-48}{100} \underset{4}{=} \frac{-12}{25}$ (2 Dezimalen → 2 Nullen)

c) $0{,}375 = \frac{375}{1000} \underset{125}{=} \frac{3}{8}$ (3 Dezimalen → 3 Nullen)

d) $0{,}06 = \frac{6}{100} \underset{2}{=} \frac{3}{50}$

e) $-1{,}5 = \frac{-15}{10} \underset{5}{=} \frac{-3}{2}$

f) $1{,}040 = \frac{1040}{1000} \underset{40}{=} \frac{26}{25}$

Du kannst jeden Dezimalbruch in einen gewöhnlichen Bruch umwandeln. Wie die Beispiele zeigen, erhältst du bei der Umwandlung zuerst einen Zehnerbruch, der dann möglicherweise weiter gekürzt werden kann.

> **Merke**
> Jeder Dezimalbruch kann in einen gewöhnlichen Bruch umgeformt werden und stellt somit eine rationale Zahl dar.

Zahlpunkte von Dezimalbrüchen auf der Zahlengeraden

Wir wollen nun Dezimalbrüche auf der Zahlengeraden als Zahlpunkte darstellen. Dazu beschriften wir die Zahlengerade dezimal (Bild 5.12).

Wie du aus der Veranschaulichung leicht erkennst, gibt bei einem Dezimalbruch die erste Dezimale die **Zehntel** an.

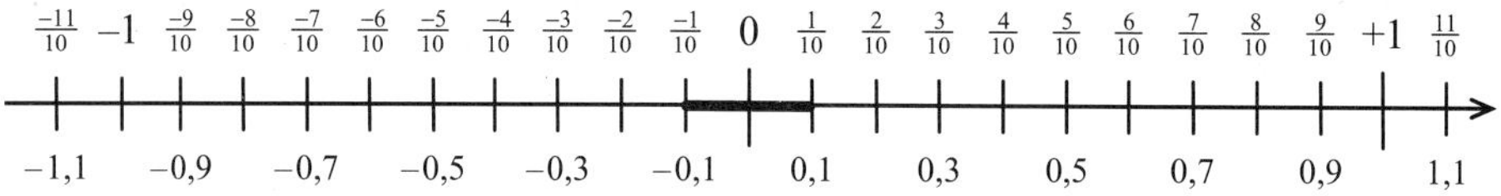

Bild 5.12

Nach einer 10fachen Vergrößerung der Zahlengeraden wird jetzt der Abschnitt zwischen $\frac{-1}{10}$ und $\frac{1}{10}$ dezimal beschriftet (Bild 5.13).

Aus der Veranschaulichung kannst du ablesen, dass bei einem Dezimalbruch die zweite Dezimale die **Hundertstel** angibt.

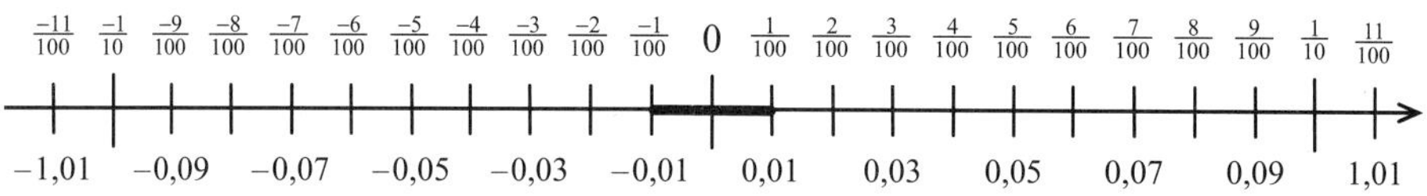

Bild 5.13

Nach einer weiteren 10fachen Vergrößerung der Zahlengeraden wird jetzt der Abschnitt zwischen $\frac{-1}{100}$ und $\frac{1}{100}$ dezimal beschriftet (Bild 5.14).

Aus der Veranschaulichung kannst du ablesen, dass bei einem Dezimalbruch die dritte Dezimale die **Tausendstel** angibt.

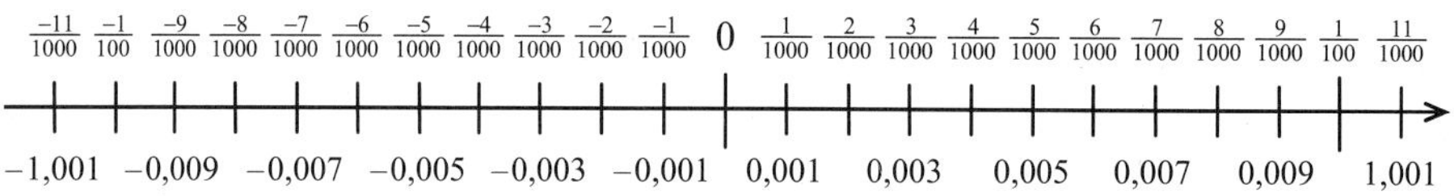

Bild 5.14

Merke

In einem Dezimalbruch gibt die erste Dezimale die Zehntel, die zweite die Hundertstel, die dritte die Tausendstel usw. an.

Aus diesen Kenntnissen heraus gelingt die Darstellung eines Dezimalbruchs als Zahlpunkt auf der Zahlengeraden mithilfe der benachbarten ganzen Zahlen und einer anschließenden, den Dezimalen folgenden, fortgesetzten Unterteilung der Einheit in Zehnerschritte.

Beispiel 4

a) Wir suchen den Zahlpunkt von 2,67 auf der Zahlengeraden.

Wir bestimmen die Zahlpunkte der benachbarten ganzen Zahlen: $2 < 2{,}67 < 3$ (Bild 5.15 oben).

Wir unterteilen die Strecke zwischen den Zahlpunkten für 2 und 3 in zehn gleich lange Teilstrecken und bestimmen die Zahlpunkte der benachbarten Dezimalbrüche mit einer Dezimalen: $2{,}6 < 2{,}67 < 2{,}7$ (Bild 5.15 Mitte).

Wir unterteilen die Strecke zwischen den Zahlpunkten für 2,6 und 2,7 in zehn gleichlange Teilstrecken. Wir markieren den Zahlpunkt von 2,67 (Bild 5.15 unten).

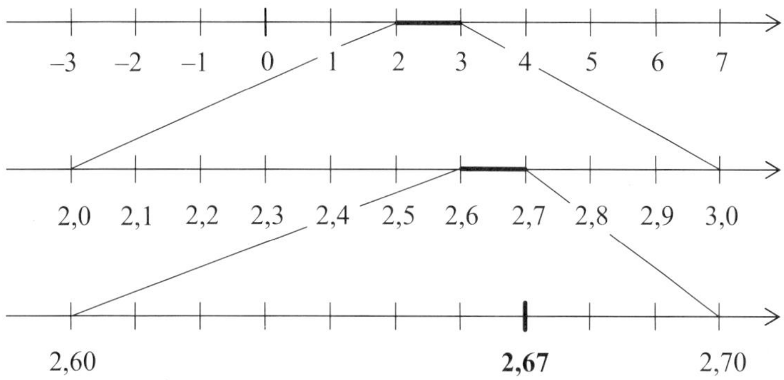

Bild 5.15

b) Wir suchen den Zahlpunkt von $-0{,}34$ auf der Zahlengeraden.

Es gilt: $-1 < -0{,}34 < 0$ (Bild 5.16 oben).

Es gilt: $-0{,}4 < -0{,}34 < -0{,}3$ (Bild 5.16 Mitte).

Wir markieren den Zahlpunkt von $-0{,}34$ (Bild 5.16 unten).

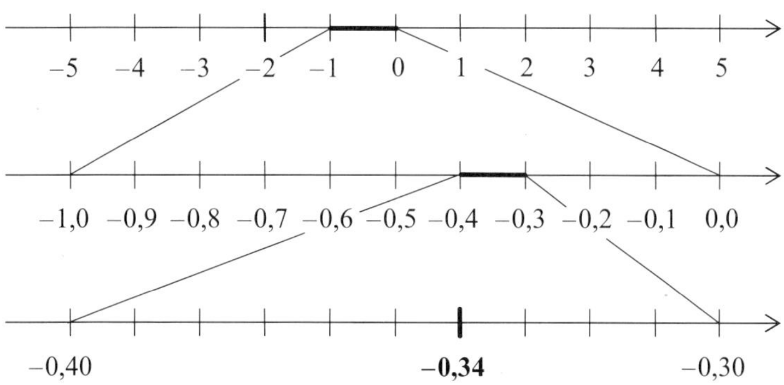

Bild 5.16

Anordnung von Dezimalbrüchen

Mithilfe einer Zahlengeraden mit der Einteilung wie in Bild 5.14 lassen sich folgende positive Dezimalbrüche unmittelbar ihrer Größe nach ordnen:

$$1{,}937 < 2{,}568 < 2{,}620 < 2{,}670 < 2{,}675$$

Einfacher ist es, wenn man das Komma der Dezimalzahlen nicht beachtet und sie wie ganze Zahlen ordnet.

Ebenso verfährt man bei negativen Dezimalbrüchen:

$$-1{,}325 < -0{,}582 < -0{,}370 < -0{,}345 < -0{,}340$$

Man kann auch wie in den beiden nächsten Beispielen vorgehen.

Beispiel 5

Wir vergleichen $3{,}78\mathbf{2}8$ und $3{,}78\mathbf{4}6$ der Größe nach.

Man vergleicht die Ziffern der beiden positiven Dezimalbrüche stellenweise von links nach rechts. Sie unterscheiden sich zum ersten Mal in der dritten Nachkommastelle.

Dort gilt $2 < 4$. Damit ergibt sich $3{,}7828 < 3{,}7846$.

Beispiel 6

Wir vergleichen $-7{,}2\mathbf{8}3$ und $-7{,}2\mathbf{5}6$ der Größe nach.

Vergleicht man die Ziffern der beiden negativen Dezimalbrüche stellenweise von links nach rechts, dann unterscheiden sie sich zum ersten Mal in der zweiten Nachkommastelle.

Dort gilt $5 < 8$. Damit ergibt sich $-7{,}283 < -7{,}256$.

Zusammengefasst ergibt sich folgende Regel für den Größenvergleich von Dezimalbrüchen:

Merke

Von zwei positiven (negativen) Dezimalbrüchen mit gleich vielen Stellen vor dem Komma stellt der die größere rationale Zahl dar, der von links nach rechts gelesen zuerst eine größere (kleinere) Ziffer hat.

Umwandlung von gewöhnlichen Brüchen in Dezimalbrüche

Willst du einen gewöhnlichen Bruch in einen Dezimalbruch umwandeln, so schreibe ihn zuerst als Zehnerbruch (siehe Beispiel 2).

Beispiel 7

a) $\frac{2}{5} \stackrel{2}{=} \frac{4}{10} = 0,4$

b) $\frac{-7}{25} \stackrel{4}{=} \frac{-28}{100} = -0,28$

c) $\frac{18}{24} \underset{6}{=} \frac{3}{4} \stackrel{25}{=} \frac{75}{100} = 0,75$

d) $\frac{-45}{72} \underset{9}{=} \frac{-5}{8} \stackrel{125}{=} \frac{-625}{1000} = -0,625$

Wie das Beispiel zeigt, muss der gewöhnliche Bruch unter Umständen vorher vollständig gekürzt werden, bevor die Erweiterung zu einem Zehnerbruch gelingt.

Die Umwandlung eines gewöhnlichen Bruches in einen Zehnerbruch ist jedoch nicht immer möglich. So lassen sich z.B. die Brüche $\frac{1}{3}, \frac{1}{6}, \frac{1}{7}, \frac{1}{9}$ und $\frac{1}{11}$ nicht zu einem Zehnerbruch erweitern, weil keine Zehnerpotenz unter den Vielfachen der Nenner vorkommt.

Welche Bedingung muss nun der Nenner eines vollständig gekürzten Bruchs erfüllen, damit dieser zu einem Zehnerbruch erweitert werden kann?

Dazu betrachten wir die Primfaktorzerlegung einiger Zehnerpotenzen:

$10 = 2 \cdot 5;$

$100 = 10 \cdot 10 = 2 \cdot 5 \cdot 2 \cdot 5 = 2^2 \cdot 5^2;$

$1000 = 10 \cdot 10 \cdot 10 = 2 \cdot 5 \cdot 2 \cdot 5 \cdot 2 \cdot 5 = 2^3 \cdot 5^3.$

Wie wir sehen, enthalten diese nur die Primfaktoren 2 und 5. Dies gilt natürlich auch für alle weiteren Zehnerpotenzen.

Ein vollständig gekürzter gewöhnlicher Bruch kann somit nur dann zu einem Zehnerbruch erweitert werden, wenn in der Primfaktorzerlegung seines Nenners nur die Primfaktoren 2 oder auch 5 vorkommen. Damit gilt insgesamt:

Merke

(1) Ein vollständig gekürzter gewöhnlicher Bruch kann genau dann über einen Zehnerbruch in einen Dezimalbruch umgewandelt werden, wenn in der Primfaktorzerlegung seines Nenners nur die Primfaktoren 2 oder 5 (oder beide) vorkommen.

(2) Ein als Zehnerbruch darstellbarer Bruch wird in einen Zehnerbruch umgewandelt, indem man zunächst die gekürzte Bruchdarstellung bestimmt und dann so oft mit 2 bzw. 5 erweitert, bis 2 und 5 im Nenner gleich oft enthalten sind.

Beispiel 8

a) $\frac{119}{280} \underset{7}{=} \frac{17}{40} = \frac{17}{2\cdot 2\cdot 2\cdot 5} \overset{5\cdot 5}{=} \frac{17\cdot 5\cdot 5}{2\cdot 2\cdot 2\cdot 5\cdot 5\cdot 5} = \frac{425}{1000} = 0{,}425$

b) $\frac{48}{90} \underset{6}{=} \frac{8}{15} = \frac{8}{3\cdot 5}$ ist nicht als Zehnerbruch darstellbar, da im Nenner der Primfaktor 3 steht.

Eine weitere Möglichkeit einen gewöhnlichen Bruch in einen Dezimalbruch zu verwandeln, hast du, wenn du ihn als Quotienten schreibst und dann schriftlich dividierst:

Beispiel 9

a) $\frac{5}{4} = 5 : 4 = 1{,}25$

$$\begin{array}{rl} 5 & : 4 = 1{,}25 \\ -4 & \quad\uparrow \\ \hline 10 & \rightarrow \text{Komma} \\ -8 & \\ \hline 20 & \\ -20 & \\ \hline 0 & \end{array}$$

b) $\frac{5}{16} = 5 : 16 = 0{,}3125$

$$\begin{array}{rl} 5 & : 16 = 0{,}3125 \\ -0 & \quad\uparrow \\ \hline 50 & \rightarrow \text{Komma} \\ -48 & \\ \hline 20 & \\ -16 & \\ \hline 40 & \\ -32 & \\ \hline 80 & \\ -80 & \\ \hline 0 & \end{array}$$

Runden von Dezimalbrüchen

In Berichten über die Fußballbundesliga wird häufig angegeben, wie viele Zuschauer die einzelnen Spiele besucht haben:

Hamburger SV – Borussia Dortmund	Zuschauer: 52 000
1. FC Köln – Bayer Leverkusen	Zuschauer: 48 000 (ausverkauft)

Es handelt sich hier offensichtlich **nicht** um exakte Zahlen, sondern um **Näherungswerte**.

Dass Zahlen **gerundet** werden, also durch Näherungswerte ersetzt werden, kann verschiedene Gründe haben. Einerseits kann es daran liegen, dass, wie im vorherigen Fall, die genaue Zahl nicht interessiert, sondern nur die Größenordnung. Diese ist in der Regel nach dem Runden schneller zu erkennen als bei der genauen Zahl.

Andererseits kann es sein, dass sich eine Zahl nicht ganz exakt angeben lässt, wie z.B. die Bevölkerungszahl eines Kontinents.

Beim Runden kannst du nach folgendem Verfahren vorgehen:

Merke

Alle Ziffern hinter der Stelle, auf die **gerundet** wird, werden durch die Ziffer 0 ersetzt.

Ist die erste Ziffer, die durch die Ziffer 0 ersetzt wird,
- eine der Ziffern 0, 1, 2, 3 oder 4, dann bleibt die vorangehende unverändert (**Abrunden**),
- eine der Ziffern 5, 6, 7, 8 oder 9, dann erhöht man die vorangehende um 1 (**Aufrunden**).

Steht an der Stelle, auf die gerundet wird, eine 9, so ändert sich beim Aufrunden auch die vor der 9 stehende Stelle.

Beispiel 10

a) Auf Zehner gerundet: 72 938 ≈ 72 940 (aufgerundet)

b) Auf Hunderter gerundet: 37 817 ≈ 37 800 (abgerundet)

c) Auf Tausender gerundet: 259 746 ≈ 260 000 (aufgerundet)

Nach dieser Regel wird auch bei Dezimalbrüchen auf- bzw. abgerundet. Darüber hinaus ist zu beachten:

Merke

Alle Ziffern hinter der Stelle, auf die gerundet wird, werden
- durch die Ziffer 0 ersetzt, falls sie vor dem Komma stehen,
- weggelassen, falls sie hinter dem Komma stehen.

Beispiel 11

a) Auf Zehntel gerundet: 0,753 ≈ 0,8 (aufgerundet)
Die Ziffern, die hinter der Stelle stehen, auf die gerundet wird, stehen alle hinter dem Komma. Sie werden deshalb weggelassen.

b) Auf Hunderter gerundet: 12 845,36 ≈ 12 800 (abgerundet)
Die Ziffern, die hinter der Stelle stehen, auf die gerundet wird, stehen teils vor dem Komma und werden deshalb durch Nullen ersetzt und teils hinter dem Komma und werden deshalb weggelassen.

c) Auf Hundertstel gerundet: 4,498 ≈ 4,50 (aufgerundet)
Steht an der Stelle, auf die gerundet wird eine 9, so ändert sich beim Aufrunden auch die vor der 9 stehende Stelle. Beim Runden entstehende **Endnullen** rechts vom Komma dürfen nicht weggelassen werden.

Ist der Näherungswert einer Zahl ein Dezimalbruch, so ist an der Schreibweise die **Rundungsstelle** (Stelle, auf die gerundet worden ist) erkennbar.

Beispiel 12

a) Der Näherungswert 5,8 ist durch Runden auf Zehntel entstanden, z.B. aus der Zahl 5,843 oder der Zahl 5,7567.

b) Der Näherungswert 5,80 ist durch Runden auf Hundertstel entstanden, z.B. aus der Zahl 5,804 oder der Zahl 5,7983.

Die Näherungswerte 5,8 und 5,80 aus Beispiel 11 stellen zwar dieselbe Zahl dar, man kann aber erkennen, dass beide durch unterschiedliches Runden entstanden sind. Deshalb darf man bei einem bereits gerundeten Dezimalbruch, anders als bei einem nicht gerundeten Dezimalbruch, Endnullen rechts vom Komma nicht weglassen.
Ist der Näherungswert für eine Zahl kein Dezimalbruch, dann kann man nicht erkennen, auf welche Stelle gerundet worden ist. Der Näherungswert 20 000 kann z.B. durch Runden auf Zehner, aber auch durch Runden auf Zehntausender entstanden sein, denn:
$20\,003 \approx 20\,000$ (auf Zehner gerundet) bzw. $24\,958 \approx 20\,000$ (auf Zehntausender gerundet).

Es gibt aber auch hier, wie das nächste Beispiel zeigt, eine Möglichkeit die Rundungsstelle zu erkennen.

Beispiel 13

a) Bayern München erzielte in der Saison 2012/13 einen Gewinn nach Steuern von 14,0 Mio Euro. Hier erkennen wir an der Dezimalschreibweise, dass auf Zehntel-Millionen, also auf Hunderttausender gerundet wurde.

b) Im Jahr 2011 hatte das Saarland 0,98 Mio. Einwohner (0,98 Mio.=980 000).
Hier erkennen wir an der Dezimalschreibweise, dass auf Hundertstel-Millionen, also auf Zehntausender gerundet wurde.

Beim Runden muss man stets auf den Zusammenhang achten, in dem die Zahlen oder Größen stehen.
Kevin läuft 100 m in 14,8 s. Würde man hier auf Zehner runden, so erhielte man ungefähr 10 s. Das wäre nahe am Weltrekord. Hier wäre höchstens ein Runden auf Einer sinnvoll, also ungefähr 15 s.

Oft wird auch, statt auf eine bestimmte Stelle, auf eine bestimmte Anzahl von so genannten **geltenden Ziffern** gerundet. Geltende Ziffern einer Zahl sind alle Ziffern bis auf die führenden Nullen (Vornullen). Das Komma spielt dabei keine Rolle. So hat die Zahl 0,012756 die geltenden Ziffern 1, 2, 7, 5, 6.

Endnullen und Zwischennullen dagegen sind geltende Ziffern. So sind alle Ziffern der Zahl 1500,250 geltende Ziffern.

Man bestimmt die Anzahl der geltenden Ziffern einer Zahl, indem man gedanklich die führenden (links stehenden) Nullen (ohne Beachtung des Kommas) wegstreicht und die verbleibenden Ziffern zählt.

So hat die Zahl $0{,}00\underbrace{2732040}_{\text{geltende Ziffern}}$ sieben geltende Ziffern.

Beispiel 14

a) Wir runden die Zahl 743831 auf 3 geltende Ziffern: 743831 ≈ 744000.

b) Wir runden die Zahl 0,003728 auf 2 geltende Ziffern: 0,003728 ≈ 0,0037.

c) Wir runden die Zahl 0,04598 auf 3 geltende Ziffern: 0,04598 ≈ 0,0460.

Dichtheit der rationalen Zahlen

Zwischen zwei rationalen Zahlen findest du stets wieder rationale Zahlen

Beispiel 15

a) Die beiden rationalen Zahlen 4,31 und 4,32 unterscheiden sich um 0,01.

Mit einer Kleiner-Kette können wir rationale Zahlen angeben, die zwischen 4,31 und 4,32 liegen:

$4{,}31 < \mathbf{4{,}311} < \mathbf{4{,}314} < \mathbf{4{,}3143} < \mathbf{4{,}3144} < \mathbf{4{,}319} < 4{,}32\,.$

b) Die beiden rationalen Zahlen –5,6837 und –5,6836 unterscheiden sich nur um 0,0001.

Mit einer Kleiner-Kette können wir auch hier wieder rationale Zahlen angeben, die zwischen –5,6837 und –5,6836 liegen:

$-5{,}6837 < \mathbf{-5{,}68369} < \mathbf{-5{,}683685} < \mathbf{-5{,}68362} < -5{,}6836\,.$

Merke

Zwischen zwei rationalen Zahlen liegen stets wieder (unendlich viele) rationale Zahlen.

Wir sagen: Die rationalen Zahlen liegen **dicht** auf der Zahlengeraden.

Geschichte der Dezimalbrüche

Mit Ausnahme der Sumerer führten alle höheren Kulturen als Erstes gewöhnliche Brüche ein: die Ägypter die Stammbrüche, die Römer die Münzbrüche und die Inder die mehrdeutigen Brüche.

Die Bruchzahlschrift und das Bruchrechnen der Inder gewannen in Europa an Bedeutung, als sich im Spätmittelalter die indisch-arabische Zahlschrift durchsetzte. Den Anstoß zu dieser Entwicklung gab das 1202 erschienene Buch „Liber Abaci" des *Leonardo von Pisa*. Leonardo lehrte Kaufleute, Geldwechsler und Buchhalter das kaufmännische Rechnen mit indisch-arabischen Zahlen und Brüchen.

Das Rechnen mit Brüchen basierte zu jener Zeit teils auf dem Gebrauch nichtdezimaler Münz- und Maßbeziehungen, teils auf der politisch bedingten Vielfalt solcher Systeme. Sicher trugen auch Tradition und Gewohnheit zur Verfestigung des Bruchrechnens bei. Im Zweiten Rechenbuch von *Adam Ries* findet man diesbezüglich zahlreiche Anwendungsfälle.

Der holländische Ingenieur *Simon Stevin* (1548-1620) erkannte als einer der Ersten, dass die Zahlschrift der gewöhnlichen Brüche nicht zur Zahlschrift der natürlichen Zahlen passt. Die Abweichungen sind: 1. Eine Bruchzahl besteht aus zwei Zahlen. 2. Die Bruchschreibweise ist mehrdeutig und erfordert deshalb zusätzliche Operationen wie Kürzen und Erweitern. 3. Die Schreibweise der gemischten Zahl verstößt gegen die dezimale Bündelung und gegen die Stellenschreibweise. Ferner: Die Rechenregeln für Bruchrechnen stellen eigenständige Regeln dar. Sie sind keine Fortsetzung des Rechnens mit natürlichen Zahlen im Bereich der Brüche.

In seiner 1558 erschienen Schrift „De Thiende" schlug Stevin deshalb vor, erstens auf die gewöhnlichen Brüche zu verzichten und nur Dezimalbrüche zuzulassen und zweitens die Zähler-Nenner-Schreibweise durch die Dezimalzahl-Schreibweise zu ersetzen. Um dem Bruchrechnen die sachliche Grundlage zu entziehen, schlug er ferner vor, sämtliche nicht-dezimale Münz- und Maßbeziehungen durch dezimale zu ersetzen.

Simon Stevins letztgenannter Vorschlag, die nicht-dezimalen Beziehungen zwischen Münzsorten und Maßeinheiten abzuschaffen, wurde zuerst in Frankreich im Zuge der Französischen Revolution verwirklicht. Im 19. Jahrhundert folgten die übrigen europäischen Staaten. In Großbritannien und in den Vereinigten Staaten ist die Umstellung noch nicht abgeschlossen.

5.5 Intervalle

Wir markieren auf der Zahlengeraden die Menge aller Zahlen $x \in \mathbb{Q}$, für die gilt $-2 \leq x \leq 1{,}5$:

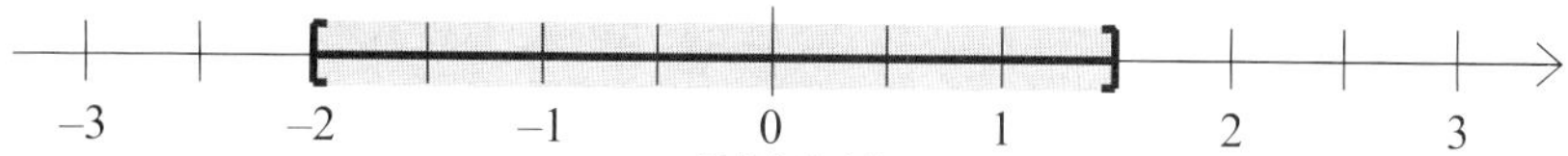

Bild 5.17

Wir schließen die Menge durch die eckigen Klammern [und] ab, um darzustellen, dass die Randpunkte zu der Menge gehören.

Man kann die Menge aller Zahlen $x \in \mathbb{Q}$, für die gilt $-2 \leq x \leq 1{,}5$, in der so genannten Intervallschreibweise schreiben: $[-2\,;\,1{,}5]$. Das Zeichen $[-2\,;\,1{,}5]$ heißt **geschlossenes Intervall**. Man liest „das geschlossene Intervall von –2 bis 1,5".

Wir markieren jetzt die Menge aller $x \in \mathbb{Q}$, für die gilt $-1 < x < \frac{2}{5}$:

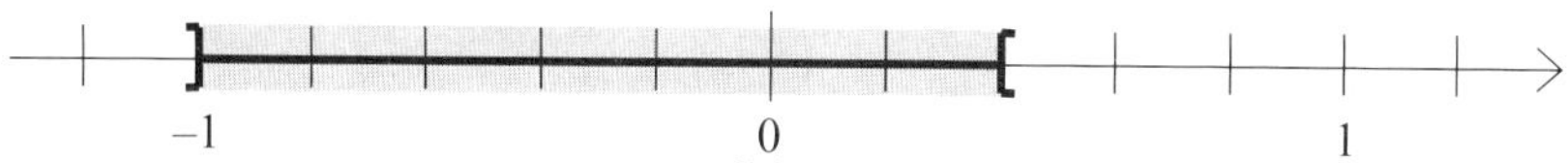

Bild 5.18

Dabei schließen wir die Menge durch die eckigen Intervallklammern] und [ab, um darzustellen, dass die Randpunkte **nicht** zu der Menge gehören.

Man schreibt dann die Menge als **offenes Intervall**: $\left]-1\,;\frac{2}{5}\right[$ und liest „das offene Intervall von –1 bis $\frac{1}{5}$".

Es gibt auch **halboffene Intervalle**.

$\left[-1\,;\frac{2}{5}\right[$ ist das halboffene Intervall von einschließlich –1 bis ausschließlich $\frac{2}{5}$.

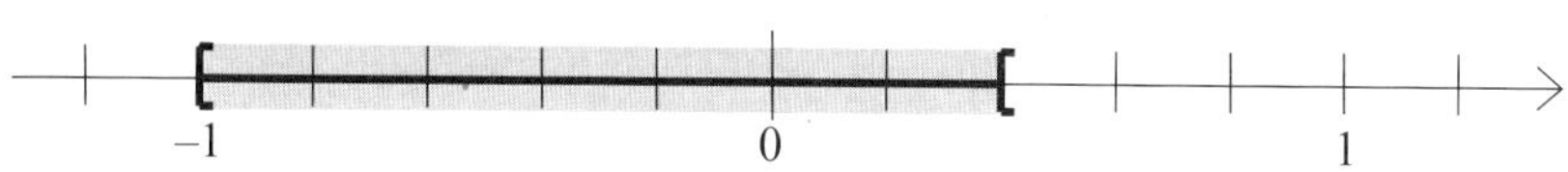

Bild 5.19

$\left]-1\,;\frac{2}{5}\right]$ ist das halboffene Intervall von ausschließlich –1 bis einschließlich $\frac{2}{5}$.

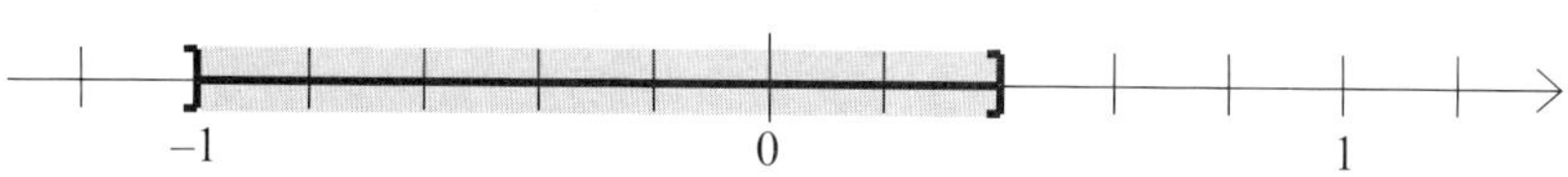

Bild 5.20

Jetzt betrachten wir noch Intervalle, bei denen die rechte Grenze $+\infty$ bzw. die linke Grenze $-\infty$ ist. Das Zeichen ∞ bedeutet „unendlich".

- Wir haben dann einmal Intervalle wie z.B. $[0{,}3\,;+\infty[$ und $\left]-\frac{1}{2}\,;+\infty\right[$.
  - Es bedeutet $[0{,}3\,;+\infty[$ das halboffene Intervall von einschließlich 0,3 bis plus unendlich, also die Menge aller Zahlen $x \geq 0{,}3$ (Bild 5.21).

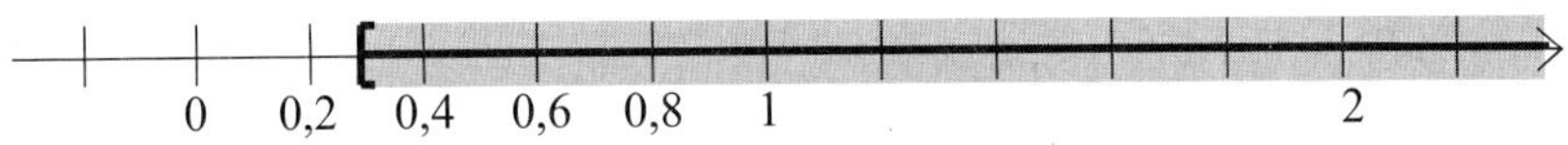

Bild 5.21

  - und $\left]-\frac{1}{2}\,;+\infty\right[$ das offene Intervall von $-\frac{1}{2}$ bis plus unendlich, also die Menge aller Zahlen $x > -\frac{1}{2}$ (Bild 5.22).

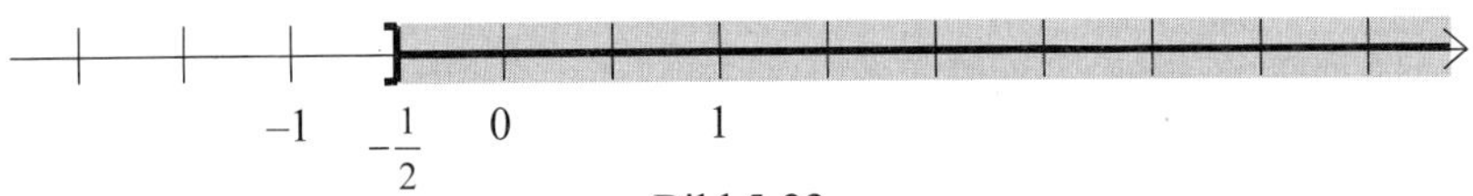

Bild 5.22

- Dann gibt es noch Intervalle wie z.B. $\left]-\infty\,;\frac{5}{4}\right]$ und $]-\infty\,;2[$.
  - Es bedeutet $\left]-\infty\,;\frac{5}{4}\right]$ das halboffene Intervall von minus unendlich bis einschließlich $\frac{5}{4}$, also die Menge aller Zahlen $x \leq \frac{5}{4}$ (Bild 5.23).

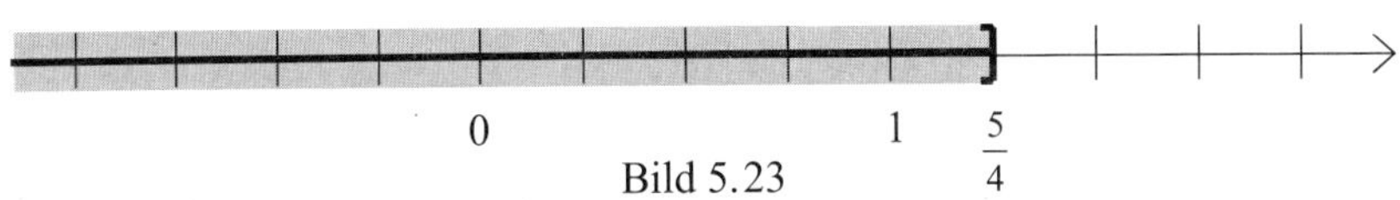

Bild 5.23

  - und $]-\infty\,;2[$ das offene Intervall von minus unendlich bis 2, also die Menge aller Zahlen $x < 2$ (Bild 5.24).

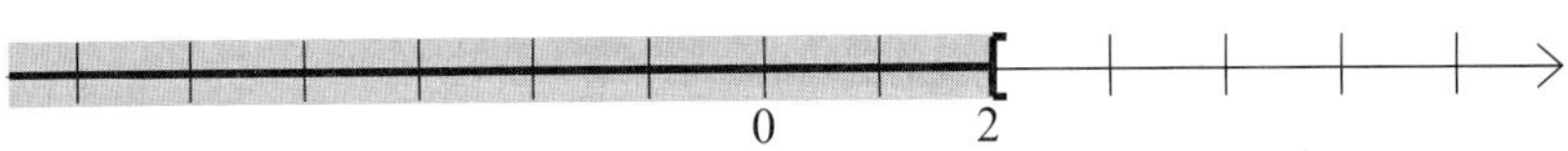

Bild 5.24

Bemerkungen

1. Bei dem Zeichen $+\infty$ kann man das Pluszeichem auch weglassen.
2. Die Intervallklammern sind bei $-\infty$ und $+\infty$ immer offen.

6

Rechenoperationen für rationale Zahlen

Max und Tom haben ihrer Oma im Garten geholfen und bekommen von ihr eine Tafel Schokolade geschenkt (Bild 6.1). Max nascht $\frac{3}{16}$ *der Tafel, Tom* $\frac{5}{16}$ *davon. Wie du aus Bild 6.1 ablesen kannst, sind dies zusammen:*

$\frac{3}{16}\,Tafel + \frac{5}{16}\,Tafel = \frac{8}{16}\,Tafel = \frac{1}{2}\,Tafel$.

Von der übrig gebliebenen $\frac{1}{2}$ *Tafel erbettelt sich ihre kleine Schwester Ida noch ein Stückchen.*

Bild 6.1

Du kannst abzählen, wie viel von der Tafel übrig bleibt: $\frac{1}{2}\,Tafel - \frac{1}{16}\,Tafel = \frac{8}{16}\,Tafel - \frac{1}{16}\,Tafel = \frac{7}{16}\,Tafel$.

Wir beschreiben die beiden Sachverhalte kurz nur noch mithilfe von Brüchen:

$$\frac{3}{16}+\frac{5}{16}=\frac{8}{16}=\frac{1}{2} \quad \textit{sowie} \quad \frac{1}{2}-\frac{1}{16}=\frac{8}{16}-\frac{1}{16}=\frac{7}{16}$$

Um bei Rechnungen solcher Art unabhängig von der Anschauung die Ergebnisse bestimmen zu können, musst du lernen rationale Zahlen zu addieren und zu subtrahieren.

Flächeninhalte von Rechtecken hast du schon in Klasse 5 berechnet. Betrachte das Rechteck in Bild 6.2. Seinen Flächeninhalt erhältst du, wenn du den Ausdruck $\frac{3}{5}m\cdot\frac{1}{2}m$ *berechnen kannst.*

Dazu musst du lernen, wie rationale Zahlen multipliziert werden.

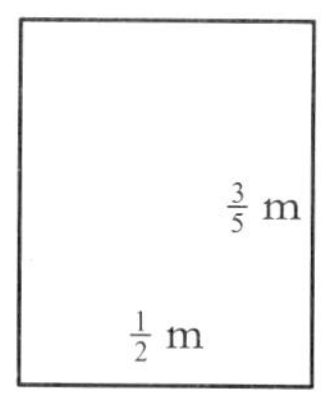

Bild 6.2

Bemerkung

Bisher haben wir stets zwischen einer „rationalen Zahl" und einem „Bruch", der ein Zeichen für diese rationale Zahl ist, unterschieden.

Dies haben wir durch die Formulierung „die durch den Bruch $\frac{a}{b}$ bezeichnete rationale Zahl" zum Ausdruck gebracht.

Wenn wir uns dessen immer bewusst sind, können wir zur Vereinfachung der Sprechweise in Zukunft von „der rationalen Zahl $\frac{a}{b}$" reden.

6.1 Addition von rationalen Zahlen

Um mit rationalen Zahlen Probleme lösen zu können, müssen wir lernen mit ihnen zu rechnen. Dazu betrachten wir zuerst die Addition.

Forderungen an die Addition in $\mathbb{Q}$

(1) Schränkt man die Addition auf $\mathbb{Z}$ ein, so erhält man die bekannte Addition in $\mathbb{Z}$ (d.h. rationale Zahlen, die auch ganze Zahlen sind, werden wie bisher addiert).

(2) In $\mathbb{Q}$ gelten die Rechengesetze K^+, A^+, N^+ und I^+.

Wir wollen nun unter Beachtung dieser Forderungen versuchen für die Addition von rationalen Zahlen eine Additionsvorschrift festzulegen.

Vorbetrachtung

Da in $\mathbb{Z}$ gilt $2+5=7$, muss wegen Forderung (1) in $\mathbb{Q}$ gelten:
$\frac{2}{1}+\frac{5}{1}=\frac{2+5}{1}=\frac{7}{1}$.

Da in $\mathbb{Z}$ gilt $(-2)+3=1$, muss wegen (1) in $\mathbb{Q}$ gelten: $\frac{-2}{1}+\frac{3}{1}=\frac{(-2)+3}{1}=\frac{1}{1}$.

Da in $\mathbb{Z}$ gilt $1+2=3$ und weiterhin $1=\frac{1}{1}\overset{3}{=}\frac{3}{3}$, $2=\frac{2}{1}\overset{3}{=}\frac{6}{3}$ und $3=\frac{3}{1}\overset{3}{=}\frac{9}{3}$ gilt,

muss wegen Forderung (1) in $\mathbb{Q}$ auch gelten: $\frac{3}{3}+\frac{6}{3}=\frac{3+6}{3}=\frac{9}{3}$.

Du erkennst, dass folgende Festlegung für die Addition von rationalen Zahlen, die durch gleichnamige Brüche dargestellt sind, sinnvoll ist:

Definition 6.1 a (Additionsregel für gleichnamige Brüche)

Gleichnamige Brüche werden addiert, indem man die Zähler addiert und den Nenner beibehält.

Kurz: Für alle $a, b \in \mathbb{Z}$ und $c \in \mathbb{Z}^*$ gilt: $\frac{a}{c}+\frac{b}{c}:=\frac{a+b}{c}$

Beispiel 1

a) $\frac{2}{7}+\frac{3}{7}=\frac{2+3}{7}=\frac{5}{7}$

b) $\frac{8}{11}+\frac{-5}{11}=\frac{8+(-5)}{11}=\frac{3}{11}$

c) $\frac{-5}{6}+\frac{3}{6}=\frac{(-5)+3}{6}=\frac{-2}{6}\underset{2}{=}\frac{-1}{3}$

d) $\frac{5}{-4}+\frac{-3}{-4}=\frac{5+(-3)}{-4}=\frac{2}{-4}\underset{-2}{=}\frac{-1}{2}$

Das folgende Beispiel bestätigt, dass die berechnete Summe von der Wahl der Bruchdarstellungen der Summanden unabhängig ist.

Beispiel 2

a) Für $\frac{1}{5}$ und $\frac{3}{5}$ gibt es die gleichnamigen Darstellungen:

$\frac{2}{10}$ und $\frac{6}{10}$; $\frac{3}{15}$ und $\frac{9}{15}$; $\frac{4}{20}$ und $\frac{12}{20}$ usw.

Es gilt:

$\frac{1}{5}+\frac{3}{5}=\frac{4}{5}$; $\frac{2}{10}+\frac{6}{10}=\frac{8}{10}\underset{2}{=}\frac{4}{5}$; $\frac{3}{15}+\frac{9}{15}=\frac{12}{15}\underset{3}{=}\frac{4}{5}$; $\frac{4}{20}+\frac{12}{20}=\frac{16}{20}\underset{4}{=}\frac{4}{5}$ usw.

b) Für $\frac{1}{2}$ und $\frac{1}{3}$ gibt es die gleichnamigen Darstellungen:

$\frac{3}{6}$ und $\frac{2}{6}$; $\frac{6}{12}$ und $\frac{4}{12}$; $\frac{9}{18}$ und $\frac{6}{18}$; $\frac{12}{24}$ und $\frac{8}{24}$ usw.

Es gilt:

$\frac{1}{2}+\frac{1}{3}=\frac{3}{6}+\frac{2}{6}=\frac{5}{6}$; $\frac{6}{12}+\frac{4}{12}=\frac{10}{12}\underset{2}{=}\frac{5}{6}$; $\frac{9}{18}+\frac{6}{18}=\frac{15}{18}\underset{3}{=}\frac{5}{6}$;

$\frac{12}{24}+\frac{8}{24}=\frac{20}{24}\underset{4}{=}\frac{5}{6}$ usw.

Wie Beispiel 2b) zeigt, gelingt die Addition von rationalen Zahlen, die durch ungleichnamige Brüche dargestellt sind, mithilfe folgender Festlegung:

Definition 6.1 b (Additionsregel für ungleichnamige Brüche)

Ungleichnamige Brüche werden addiert, indem man sie gleichnamig macht und dann die gleichnamigen Brüche addiert.

Beispiel 3

a) $\frac{1}{4}+\frac{2}{5}=\frac{5}{20}+\frac{8}{20}=\frac{13}{20}$

b) $\frac{1}{-6}+\frac{-1}{9}=\frac{-3}{18}+\frac{-2}{18}=\frac{-5}{18}$

Zusammengefasst ergibt sich folgende Festlegung für die Addition rationaler Zahlen:

Definition 6.2 (Additionsregel)

Zwei rationale Zahlen werden **addiert**, indem man die Zähler gleichnamiger Bruchdarstellungen addiert und den Nenner beibehält.

☞ Verwandele ganze Zahlen zuerst in Brüche mit geeignetem Nenner:

Beispiel 4

a) $\frac{3}{4}+1=\frac{3}{4}+\frac{4}{4}=\frac{7}{4}$ b) $-2+\frac{5}{6}=\frac{-12}{6}+\frac{5}{6}=\frac{-7}{6}$

Wir wollen jetzt untersuchen, ob die Addition in $\mathbb{Q}$ auch die Forderungen (1) und (2) vollständig erfüllt.

Wir berechnen zunächst Summen mit ganzzahligen Summanden in $\mathbb{Q}$:

- $(-3)+5=\frac{-3}{1}+\frac{5}{1} \underset{\text{Def. 6.2}}{=} \frac{(-3)+5}{1}=\frac{2}{1}=2$
- $4+(-10)=\frac{4}{1}+\frac{-10}{1} \underset{\text{Def. 6.2}}{=} \frac{4+(-10)}{1}=\frac{-6}{1}=-6$

Allgemein gilt für alle $a, b \in \mathbb{Z}$: $a+b=\frac{a}{1}+\frac{b}{1} \underset{\text{Def. 6.1a}}{=} \frac{a+b}{1}=a+b$.

Merke
Beschränkt man die Addition in $\mathbb{Q}$ auf ganze Zahlen, so erhält man die Addition in $\mathbb{Z}$.

6.2 Gegenzahl

Man definiert wie in $\mathbb{Z}$ (siehe Abschnitt 1.5, Definition 1.5):

Definition 6.3
Sei $r \in \mathbb{Q}$. Die Zahl, die zu r addiert null ergibt, heißt **Gegenzahl von *r***.
In Zeichen: $-r$

Beispiel 1

a) Die Gegenzahl von $\frac{2}{3}$ ist $\frac{-2}{3}$, denn $\frac{2}{3}+\frac{-2}{3}=\frac{2+(-2)}{3}=\frac{0}{3}=0$.

Kurz: $-\frac{2}{3}=\frac{-2}{3}$

↑ Gegenzahlzeichen

b) Die Gegenzahl von $\frac{-7}{4}$ ist $\frac{7}{4}$, denn $\frac{-7}{4}+\frac{7}{4}=\frac{(-7)+7}{4}=\frac{0}{4}=0$.

Kurz: $-\frac{-7}{4}=\frac{7}{4}$

Gegenzahlzeichen

c) Die Gegenzahl von $\frac{2}{-5}$ ist $\frac{-2}{-5}$, denn $\frac{2}{-5}+\frac{-2}{-5}=\frac{2+(-2)}{-5}=\frac{0}{-5}=0$.

Kurz: $-\frac{2}{-5}=\frac{-2}{-5}$

Gegenzahlzeichen

Allgemein gilt für alle $a \in \mathbb{Z}$ und $b \in \mathbb{Z}^*$:

Die Gegenzahl von $\frac{a}{b}$ ist $\frac{-a}{b}$, denn $\frac{a}{b}+\frac{-a}{b}=\frac{a+(-a)}{b}=\frac{0}{b}=0$.

Kurz: $-\frac{a}{b}=\frac{-a}{b}$

Damit gilt in $\mathbb{Q}$:

Gesetz von der Gegenzahl (Gesetz vom inversen Element der Addition)

$\mathbf{I}^+$: Zu jeder Zahl $r \in \mathbb{Q}$ gibt es genau eine Zahl $-r$ mit
$r+(-r)=(-r)+r=0$.

Ist die rationale Zahl r durch den Bruch $\frac{a}{b}$ dargestellt, dann ist ihre Gegenzahl $-r$ darstellbar durch den Bruch $\frac{-a}{b}$ oder durch $\frac{a}{-b}$ oder durch $-\frac{a}{b}$.

Damit sind die Forderungen an die Addition in $\mathbb{Q}$ vollständig erfüllt.

Weiter gilt:

Merke

Man erhält die Gegenzahl eines Bruches, indem man entweder im Zähler oder im Nenner des Bruches die Gegenzahl setzt.

Kurz: Für alle $a \in \mathbb{Z}$ und $b \in \mathbb{Z}^*$ gilt: $-\frac{a}{b}=\frac{-a}{b}=\frac{a}{-b}$

Beispiel 2

a) $-\frac{6}{5} = \frac{-6}{5} \overset{-1}{=} \frac{6}{-5}$

b) $-\frac{-9}{14} = \frac{-(-9)}{14} = \frac{9}{14} \overset{-1}{=} \frac{-9}{-14}$

Wie in $\mathbb{Z}$ (siehe Abschnitt 1.5) gelten auch in $\mathbb{Q}$ folgende Beziehungen:

Merke

Für alle $r, s \in \mathbb{Q}$ gilt:

(1) Ist r positiv, so ist $-r$ negativ. Ist r negativ, so ist $-r$ positiv.

(2) Die Gegenzahl der Gegenzahl einer Zahl ist die Zahl selbst.
Kurz: $-(-r) = r$

(3) Die Gegenzahl einer Summe ist gleich der Summe der Gegenzahlen der Summanden.
Kurz: $-(r+s) = (-r)+(-s)$

6.3 Subtraktion von rationalen Zahlen

Die Subtraktion in $\mathbb{Q}$ ist wie in $\mathbb{Z}$ erklärt:

Definition 6.4

Eine rationale Zahl wird subtrahiert, indem man ihre Gegenzahl addiert.

Kurz: $\boldsymbol{r - s} := r + (-s)$ für alle $r, s \in \mathbb{Q}$

Der Ausdruck $\boldsymbol{r - s}$ heißt **Differenz von $\boldsymbol{r}$ und $\boldsymbol{s}$**, die Zahl r heißt **Minuend** und die Zahl s **Subtrahend**.

Wir berechnen einige Differenzen in $\mathbb{Q}$ mithilfe der Definition:

Beispiel 1

a) $\frac{7}{5} - \frac{3}{5} \underset{\substack{\text{Gegenzahl}\\\text{addieren}}}{=} \frac{7}{5} + \left(-\frac{3}{5}\right) = \frac{7}{5} + \frac{-3}{5} = \frac{7+(-3)}{5} = \frac{7-3}{5} = \frac{4}{5}$

b) $\frac{1}{4} - \frac{3}{4} \underset{\substack{\text{Gegenzahl}\\\text{addieren}}}{=} \frac{1}{4} + \left(-\frac{3}{4}\right) = \frac{1}{4} + \frac{-3}{4} = \frac{1+(-3)}{4} = \frac{1-3}{4} = \frac{-2}{4} \underset{2}{=} \frac{-1}{2}$

Allgemein gilt für alle $a, b \in \mathbb{Z}$ und $c \in \mathbb{Z}^*$:

$$\frac{a}{c} - \frac{b}{c} \underset{\substack{\text{Gegenzahl}\\\text{addieren}}}{=} \frac{a}{c} + \left(-\frac{b}{c}\right) = \frac{a}{c} + \frac{-b}{c} = \frac{a+(-b)}{c} \underset{\substack{\text{Zähler}\\\text{subtrahieren}}}{=} \frac{a-b}{c}$$

Zusammengefasst: $\frac{a}{c} - \frac{b}{c} = \frac{a-b}{c}$

Wir erhalten folgende Regel für die Subtraktion von gleichnamigen Brüchen:

Merke (Subtraktionsregel)
Gleichnamige Brüche werden subtrahiert, indem man die Zähler subtrahiert und den Nenner beibehält.

Beispiel 2

a) $\frac{6}{7} - \frac{4}{7} \underset{\substack{\text{Zähler}\\\text{subtrahieren}}}{=} \frac{6-4}{7} = \frac{2}{7}$

b) $\frac{1}{6} - \frac{5}{6} \underset{\substack{\text{Zähler}\\\text{subtrahieren}}}{=} \frac{1-5}{6} = \frac{-4}{6} \underset{2}{=} \frac{-2}{3}$

Ungleichnamige Brüche musst du vor dem Subtrahieren gleichnamig machen. Kürze das Ergebnis, falls dies möglich ist.

Beispiel 3

a) $\frac{2}{3} - \frac{3}{4} \underset{\substack{\text{gleichnamig}\\\text{machen}}}{=} \frac{8}{12} - \frac{9}{12} \underset{\substack{\text{Zähler}\\\text{subtrahieren}}}{=} \frac{8-9}{12} = \frac{-1}{12} = -\frac{1}{12}$

b) $\frac{5}{6} - \frac{-3}{8} = \frac{20}{24} - \frac{-9}{24} = \frac{20-(-9)}{24} = \frac{20+9}{24} = \frac{29}{24}$

c) Vergleiche: $\frac{3}{7} - \frac{1}{7} = \frac{3-1}{7} = \frac{2}{7}$ und $\frac{1}{7} - \frac{3}{7} = \frac{1-3}{7} = \frac{-2}{7} = -\frac{2}{7}$

Also gilt $\frac{3}{7} - \frac{1}{7} \neq \frac{1}{7} - \frac{3}{7}$

d) Vergleiche: $\left(\frac{4}{5} - \frac{2}{5}\right) - \frac{1}{5} = \frac{2}{5} - \frac{1}{5} = \frac{1}{5}$ und $\frac{4}{5} - \left(\frac{2}{5} - \frac{1}{5}\right) = \frac{4}{5} - \frac{1}{5} = \frac{3}{5}$

Also gilt $\left(\frac{4}{5} - \frac{2}{5}\right) - \frac{1}{5} \neq \frac{4}{5} - \left(\frac{2}{5} - \frac{1}{5}\right)$

Merke
(1) In $\mathbb{Q}$ kann man uneingeschränkt subtrahieren.
(2) Die Subtraktion in $\mathbb{Q}$ ist nicht kommutativ und nicht assoziativ.

6.4 Betrag und Abstand

In Abschnitt 1.3 haben wir definiert:
Die Maßzahl des Abstands des Zahlpunkts einer ganzen Zahl a vom Nullpunkt der Zahlengerade heißt **Betrag von *a***, in Zeichen $|a|$.
Wir können diese Definition für rationale Zahlen übernehmen.
Weiterhin haben wir in Abschnitt 1.3 gesehen, dass aufgrund der Definition der Betrag einer ganzen Zahl immer größer oder gleich null ist. Auch diese gilt für rationale Zahlen.

Wir definieren:

Definition 6.5
Die Maßzahl des Abstands des Zahlpunkts einer rationalen Zahl r vom Nullpunkt heißt Betrag von r, in Zeichen $|r|$

oder kurz:: $|r| = \begin{cases} r, \text{ falls } r \text{ positiv} \\ 0, \text{ falls } r = 0 \\ -r, \text{ falls } r \text{ negativ} \end{cases}$

Beispiel 1
Es gilt: $\left|\frac{3}{5}\right| = \frac{3}{5}$; $\left|-\frac{2}{7}\right| = -\left(-\frac{2}{7}\right) = \frac{2}{7}$; $|0| = 0$

Wenn also eine Zahl positiv oder null ist, so ist ihr Betrag gleich der Zahl selbst. Der Betrag einer negativen Zahl ist gleich ihrer Gegenzahl.

Jetzt wollen wir noch den **Abstand zweier rationalen Zahlen** definieren.

Beispiel 2
Wir berechnen den Abstand der Zahlen $\frac{1}{2}$ und $\frac{4}{5}$. Dazu markieren wir die Zahlpunkte auf der Zahlengeraden (Bild 6.3).
Du kannst ablesen, dass der Abstand der beiden Zahlen $\frac{3}{10}$ beträgt.

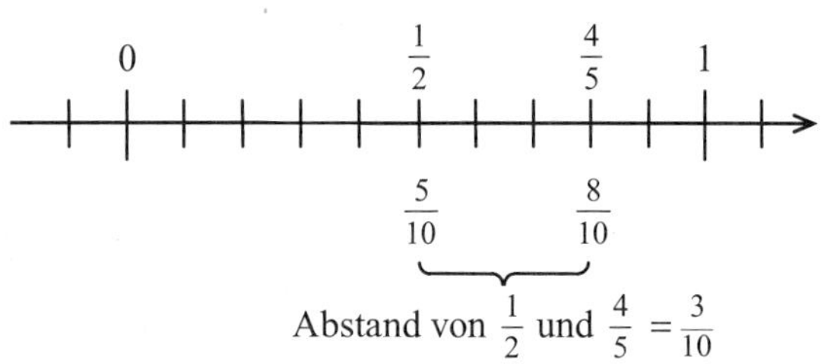

Bild 6.3

Wir können ihren Abstand auch berechnen, indem wir von der größeren Zahl die kleinere subtrahieren:

Abstand von $\frac{1}{2}$ und $\frac{4}{5} = \frac{4}{5} - \frac{1}{2} = \frac{8}{10} - \frac{5}{10} = \frac{8-5}{10} = \frac{3}{10}$

Beispiel 3

Wir wollen den Abstand der Zahlen $\frac{1}{3}$ und $\frac{7}{20}$ berechnen.

Weil wir nicht prüfen wollen, welche von den beiden Zahlen die größere ist, bilden wir die beiden möglichen Differenzen:

$\frac{1}{3}-\frac{7}{20}=\frac{20}{60}-\frac{21}{60}=\frac{20-21}{60}=\frac{-1}{60}$ und $\frac{7}{20}-\frac{1}{3}=\frac{21}{60}-\frac{20}{60}=\frac{21-20}{60}=\frac{1}{60}$.

Aus der Rechnung erkennst du, dass $\frac{7}{20}>\frac{1}{3}$ gilt und damit die zweite Differenz die passende ist.

Nimmst du dagegen von einer der beiden möglichen Differenzen den Betrag, so ergibt sich der Abstand der beiden Zahlen in jedem Fall:

Abstand von $\frac{1}{3}$ und $\frac{7}{20}$ $=\left|\frac{1}{3}-\frac{7}{20}\right|=\left|\frac{20}{60}-\frac{21}{60}\right|=\left|\frac{-1}{60}\right|=\frac{1}{60}$ oder

Abstand von $\frac{1}{3}$ und $\frac{7}{20}$ $=\left|\frac{7}{20}-\frac{1}{3}\right|=\left|\frac{21}{60}-\frac{20}{60}\right|=\left|\frac{1}{60}\right|=\frac{1}{60}$

Merke

Für alle $r, s \in \mathbb{Q}$ gilt: Abstand von r und s $= |r-s|$

6.5 Rechengesetze für die Addition

Wir überprüfen die Gültigkeit des Kommutativgesetzes:

$$\frac{12}{17}+\frac{-3}{17} \underset{\text{Def. 6.2}}{=} \frac{12+(-3)}{17} \underset{K^+ \text{ in } \mathbb{Z}}{=} \frac{(-3)+12}{17} \underset{\text{Def. 6.2}}{=} \frac{-3}{17}+\frac{12}{17}$$

$$\frac{5}{3}+\frac{8}{5}=\frac{25}{15}+\frac{24}{15} \underset{\text{Def. 6.2}}{=} \frac{25+24}{15} \underset{K^+ \text{ in } \mathbb{Z}}{=} \frac{24+25}{15} \underset{\text{Def. 6.2}}{=} \frac{24}{15}+\frac{25}{15}=\frac{8}{5}+\frac{5}{3}$$

Allgemein gilt:

> **Kommutativgesetz der Addition**
> **K^+**: Für alle $r, s \in \mathbb{Q}$ gilt: $r+s=s+r$

Wir überprüfen die Gültigkeit des Assoziativgesetzes:

$$\left(\frac{3}{5}+\frac{-2}{5}\right)+\frac{7}{5} \underset{\text{Def. 6.2}}{=} \frac{3+(-2)}{5}+\frac{7}{5} \underset{\text{Def. 6.2}}{=} \frac{[3+(-2)]+7}{5} \underset{A^+ \text{ in } \mathbb{Z}}{=} \frac{3+[(-2)+7]}{5}$$

$$\underset{\text{Def. 6.2}}{=} \frac{3}{5}+\frac{(-2)+7}{5} \underset{\text{Def. 6.2}}{=} \frac{3}{5}+\left(\frac{-2}{5}+\frac{7}{5}\right)$$

$$\left(\frac{-1}{4}+\frac{2}{3}\right)+\frac{5}{6}=\left(\frac{-3}{12}+\frac{8}{12}\right)+\frac{10}{12} \underset{\text{Def. 6.2}}{=} \frac{(-3)+8}{12}+\frac{10}{12} \underset{\text{Def. 6.2}}{=} \frac{[(-3)+8]+10}{12}$$

$$\underset{A^+ \text{ in } \mathbb{Z}}{=} \frac{(-3)+[8+10]}{12} \underset{\text{Def. 6.2}}{=} \frac{-3}{12}+\frac{8+10}{12}$$

$$\underset{\text{Def. 6.2}}{=} \frac{-3}{12}+\left(\frac{8}{12}+\frac{10}{12}\right)=\frac{-1}{4}+\left(\frac{2}{3}+\frac{5}{6}\right)$$

Allgemein gilt:

> **Assoziativgesetz der Addition**
> **A^+**: Für alle $r, s, t \in \mathbb{Q}$ gilt: $(r+s)+t=r+(s+t)$

Als Zusammenfassung des Kommutativ- und des Assoziativgesetzes ergibt sich folgende Rechenregel:

> **Umstellungsregel für Summen**
> **UR^+**: In jeder Summe darf man die Summanden beliebig vertauschen und Klammern beliebig setzen und weglassen, ohne dass sich der Wert der Summe ändert.

Beispiel 1

$$\frac{1}{6}+\frac{-4}{11}+\frac{2}{3}+\frac{5}{11} \underset{\mathrm{UR}^+}{=} \left(\frac{1}{6}+\frac{2}{3}\right)+\left(\frac{-4}{11}+\frac{5}{11}\right)=\left(\frac{1}{6}+\frac{4}{6}\right)+\frac{(-4)+5}{11}$$

$$=\frac{5}{6}+\frac{1}{11}=\frac{55}{66}+\frac{6}{66}=\frac{61}{66}$$

Wir überprüfen die Gültigkeit des Gesetzes vom neutralen Element:

$$\frac{5}{9}+0=\frac{5}{9}+\frac{0}{1}=\frac{5}{9}+\frac{0\cdot 9}{1\cdot 9}=\frac{5}{9}+\frac{0}{9} \underset{\text{Def. 6.2}}{=} \frac{5+0}{9} \underset{\mathrm{N}^+ \text{ in } \mathbb{Z}}{=} \frac{5}{9} \text{ und}$$

$$0+\frac{5}{9}=\frac{0}{9}+\frac{5}{9} \underset{\text{Def. 6.2}}{=} \frac{0+5}{9} \underset{\mathrm{N}^+ \text{ in } \mathbb{Z}}{=} \frac{5}{9}$$

Allgemein gilt für alle $a \in \mathbb{Z}$ und $b \in \mathbb{Z}^*$:

$$\frac{a}{b}+0=\frac{a}{b}+\frac{0}{1}=\frac{a}{b}+\frac{0\cdot b}{1\cdot b}=\frac{a}{b}+\frac{0}{b} \underset{\text{Def. 6.2}}{=} \frac{a+0}{b} \underset{\mathrm{N}^+ \text{ in } \mathbb{Z}}{=} \frac{a}{b} \text{ und}$$

$$0+\frac{a}{b}=\frac{0}{b}+\frac{a}{b} \underset{\text{Def. 6.2}}{=} \frac{0+a}{b} \underset{\mathrm{N}^+ \text{ in } \mathbb{Z}}{=} \frac{a}{b}$$

Gesetz vom neutralen Element der Addition

$\mathbf{N}^+$: Für alle $r \in \mathbb{Q}$ gilt: $r+0=0+r=r$

0 ist das **neutrale Element der Addition**.

Damit sind alle Forderungen an die Addition in $\mathbb{Q}$ erfüllt.

Bei der Berechnung von mehrgliedrigen Ausdrücken in $\mathbb{Q}$ gelten die gleichen Regeln wie in $\mathbb{Z}$ (siehe Abschnitte 1.7 und 1.8).

Merke
Berechne mehrgliedrige Ausdrücke ohne Klammern schrittweise von links nach rechts.

Beispiel 2

$$-\frac{5}{6}+\frac{2}{3}-\frac{1}{4} \underset{\text{von links nach rechts rechnen}}{=} \frac{-5+4}{6}-\frac{1}{4}=\frac{-1}{6}-\frac{1}{4}=\frac{-2-3}{12}=\frac{-5}{12}=-\frac{5}{12}$$

Ebenso gilt wie beim Rechnen mit ganzen Zahlen:

Umstellungsregel für mehrgliedrige Rechenausdrücke
UR: In mehrgliedrigen Rechenausdrücken darf man die **Rechenglieder** (d.h. eine Zahl und ihr vorausgehendes Rechenzeichen „+" oder „–") vertauschen, ohne dass sich der Wert des Rechenausdrucks ändert.

Beispiel 3

a) $\frac{1}{2}+\frac{5}{6}-\frac{1}{4}-\frac{1}{3}=\frac{5}{6}-\frac{1}{3}+\frac{1}{2}-\frac{1}{4}=\frac{5}{6}-\frac{2}{6}+\frac{1}{2}-\frac{1}{4}=\frac{3}{6}+\frac{1}{2}-\frac{1}{4}=1-\frac{1}{4}=\frac{3}{4}$

b) $\underline{-\frac{8}{5}}+\frac{11}{18}\underline{+\frac{3}{5}}-\frac{5}{18}=-\frac{5}{5}+\frac{6}{18}=-1+\frac{1}{3}=-\frac{2}{3}$ (Fasse im Kopf zusammen!)

Regeln zur Behandlung von Klammern

(1) Bei mehrgliedrigen Rechenausdrücken mit Klammern müssen diese zuerst berechnet werden.

(2) Bei mehrgliedrigen Rechenausdrücken mit geschachtelten Klammern muss die innerste Klammer jeweils zuerst berechnet werden.

Beispiel 4

a) $\left(-\frac{5}{8}-\frac{1}{4}\right)+\left(\frac{5}{6}+\frac{7}{15}\right)=\frac{-5-2}{8}+\frac{25+14}{30}=\frac{-7}{8}+\frac{39}{30}=\frac{-7}{8}+\frac{13}{10}$

$$=\frac{-35+52}{40}=\frac{17}{40}$$

b) $\left[\frac{3}{2}-\left(\frac{3}{4}+\frac{-5}{6}\right)\right]-\left(\frac{4}{3}-\frac{5}{8}\right)=\left[\frac{3}{2}-\frac{9+(-10)}{12}\right]-\frac{32-15}{24}=\left[\frac{3}{2}-\frac{-1}{12}\right]-\frac{17}{24}$

$$=\frac{18-(-1)}{12}-\frac{17}{24}=\frac{19}{12}-\frac{17}{24}=\frac{38-17}{24}=\frac{21}{24}\,{}_{3}\!=\frac{7}{8}$$

Regeln zum Auflösen von Klammern

(1) Steht ein Pluszeichen vor der Klammer, so kann man die Klammer weglassen (**Plusklammerregel**).

(2) Steht ein Minuszeichen vor der Klammer, so kann man die Klammer nur weglassen, wenn man innerhalb der Klammer jedes Rechenzeichen „+“ durch „–“ und „–“ durch „+“ ersetzt (**Minusklammerregel**).

Beispiel 5

a) $\frac{7}{8}+\left(\frac{4}{9}-\frac{9}{8}+\frac{1}{18}\right)=\frac{7}{8}+\frac{4}{9}-\frac{9}{8}+\frac{1}{18}=\frac{9}{18}-\frac{2}{8}=\frac{1}{2}-\frac{1}{4}=\frac{1}{4}$

b) $\left(\frac{9}{10}-\frac{7}{8}\right)-\left(\frac{7}{10}+\frac{3}{8}\right)=\frac{9}{10}-\frac{7}{8}-\frac{7}{10}-\frac{3}{8}=\frac{2}{10}-\frac{10}{8}=\frac{1}{5}-\frac{5}{4}$

$$=\frac{4-25}{20}=\frac{-21}{20}=-\frac{21}{20}$$

6.6 Gemischte Schreibweise

Andrea will ihre Mutter am Muttertag mit cinem selbst gebackenen Apfelkuchen überraschen. Sie benötigt dazu neben anderen Zutaten $1\frac{1}{4}$ kg Äpfel.

Im täglichen Leben begegnen uns oft Größenangaben wie $1\frac{1}{4}$ kg, $3\frac{1}{2}$ Jahre, $2\frac{1}{8}$ Liter oder $4\frac{2}{3}$ m.

Die verwendeten Maßzahlen $1\frac{1}{4}, 3\frac{1}{2}, 2\frac{1}{8}, 4\frac{2}{5}$ sind in der **gemischten Schreibweise** angegeben. Solche Zahlzeichen bezeichnen rationale Zahlen und sind **Kurzschreibweisen für Summen**.

Beispiel 1

a) $1\frac{1}{4}=1+\frac{1}{4}=\frac{4}{4}+\frac{1}{4}=\frac{5}{4}$

b) $3\frac{1}{2}=3+\frac{1}{2}=\frac{6}{2}+\frac{1}{2}=\frac{7}{2}$

c) $4\frac{2}{5}=4+\frac{2}{5}=\frac{20}{5}+\frac{2}{5}=\frac{22}{5}$

Wie das Beispiel 1 zeigt, kann jede Zahldarstellung in gemischter Schreibweise in einen unechten Bruch umgewandelt werden.

Besondere Vorsicht ist jedoch bei der gemischten Schreibweise negativer Zahlen geboten:

Beispiel 2

a) $-2\frac{1}{3}=-\left(2+\frac{1}{3}\right)=-2-\frac{1}{3}=-\frac{6}{3}-\frac{1}{3}=-\frac{7}{3}$ oder auch

$-2\frac{1}{3}=-\left(2+\frac{1}{3}\right)=-\left(\frac{6}{3}+\frac{1}{3}\right)=-\frac{7}{3}$

b) $-1\frac{5}{6}=-\left(1+\frac{5}{6}\right)=-1-\frac{5}{6}=-\frac{6}{6}-\frac{5}{6}=-\frac{11}{6}$ oder auch

$-1\frac{5}{6}=-\left(1+\frac{5}{6}\right)=-\left(\frac{6}{6}+\frac{5}{6}\right)=-\frac{11}{6}$

Umgekehrt kann jeder unechte Bruch in eine Zahldarstellung in gemischter Schreibweise umgewandelt werden:

Beispiel 3

a) $\frac{13}{4}=\frac{12}{4}+\frac{1}{4}=3+\frac{1}{4}=3\frac{1}{4}$

b) $\frac{29}{6}=4\frac{5}{6}$; wir rechnen 29 : 6 = 4 Rest 5

c) $-\frac{12}{5}=-\left(\frac{10}{5}+\frac{2}{5}\right)=-\left(2+\frac{2}{5}\right)=-2\frac{2}{5}$

d) $-\frac{51}{8}=-6\frac{3}{8}$; wir schreiben $\frac{51}{8}$ gemischt, also $\frac{51}{8}=6\frac{3}{8}$ und gehen dann zur Gegenzahl über.

Merke
Jeder unechte Bruch kann in eine Zahldarstellung in gemischter Schreibweise umgewandelt werden und umgekehrt.

Es gibt zwei Möglichkeiten Rechenausdrücke, in denen die gemischte Schreibweise vorkommt, zu berechnen.

1. Möglichkeit

Man verwandelt alle Zahldarstellungen in gemischter Schreibweise in unechte Brüche und berechnet dann den Ausdruck.

Beispiel 4

a) $4\frac{1}{2}+3\frac{1}{4}=\frac{9}{2}+\frac{13}{4}=\frac{18}{4}+\frac{13}{4}=\frac{31}{4}=7\frac{3}{4}$

b) $2\frac{3}{8}-1\frac{3}{4}=\frac{19}{8}-\frac{7}{4}=\frac{19}{8}-\frac{14}{8}=\frac{5}{8}$

2. Möglichkeit

Man schreibt alle Zahldarstellungen in gemischter Schreibweise ausführlich als Summen von ganzen Zahlen und echten Brüchen, löst die Klammern auf und fasst dann geschickt zusammen.

Beispiel 5

a) $$3\frac{1}{3}+1\frac{3}{4}=\left(3+\frac{1}{3}\right)+\left(1+\frac{3}{4}\right)=3+\frac{1}{3}+1+\frac{3}{4}=(3+1)+\left(\frac{1}{3}+\frac{3}{4}\right)$$
$$=4+\left(\frac{4}{12}+\frac{9}{12}\right)=4+\frac{13}{12}=4+\frac{12}{12}+\frac{1}{12}=5\frac{1}{12}$$

b) $$2\frac{2}{3}-4\frac{2}{9}=\left(2+\frac{2}{3}\right)-\left(4+\frac{2}{9}\right)=2+\frac{2}{3}-4-\frac{2}{9}=(2-4)+\left(\frac{2}{3}-\frac{2}{9}\right)$$
$$=-2+\left(\frac{6}{9}-\frac{2}{9}\right)=-2+\frac{4}{9}=\frac{-18}{9}+\frac{4}{9}=\frac{-14}{9}=-1\frac{5}{9}$$

☞ Der Vorteil der Darstellung einer rationalen Zahl in gemischter Schreibweise liegt darin, dass man die dazu benachbarten ganzen Zahlen sofort angeben kann. Aus diesem Grunde gibt man – wenn möglich – Endergebnisse in gemischter Schreibweise an.

☞ Es ist aber zu unterscheiden zwischen z.B. $2\frac{1}{2}$ und $2\cdot\frac{1}{2}$.

Im ersten Fall handelt es sich um eine gemischte Zahl, also eine Summe.

Im zweiten Fall handelt es sich um ein Produkt.

Es ist also $2\frac{1}{2}\,\mathrm{m}=\left(2+\frac{1}{2}\right)\mathrm{m}=2{,}5\,\mathrm{m}$, aber $2\cdot\frac{1}{2}\,\mathrm{m}=2\cdot\left(\frac{1}{2}\,\mathrm{m}\right)=1\,\mathrm{m}$.

6.7 Addition und Subtraktion in dezimaler Schreibweise

Du hast Dezimalbrüche als eine weitere Darstellungsmöglichkeit für rationale Zahlen kennen gelernt (siehe Abschnitt 5.4).

Wir wollen nun auch Dezimalbrüche addieren und subtrahieren. Dies gelingt, wenn wir sie zunächst als Zehnerbrüche schreiben und in dieser Form dann addieren und subtrahieren.

Beispiel 1

a) $0{,}34+1{,}87=\frac{34}{100}+\frac{187}{100}=\frac{34+187}{100}=\frac{221}{100}=2{,}21$

b) $1{,}6-0{,}84=1{,}60-0{,}84=\frac{160}{100}-\frac{84}{100}=\frac{160-84}{100}=\frac{76}{100}=0{,}76$

Das Beispiel zeigt, dass die Umwandlung von Dezimalbrüchen in Zehnerbrüche nicht erforderlich ist, wenn man folgende Rechenregel beachtet:

Additions- und Subtraktionsregel für Dezimalbrüche

(1) Addiere (Subtrahiere) Dezimalbrüche mit gleich vielen Nachkommastellen, indem du sie ohne Berücksichtigung des Kommas wie ganze Zahlen addierst (subtrahierst). Gib dann dem Ergebnis durch Setzen des Kommas nochmals gleich viele Nachkommastellen.

(2) Verwandle Dezimalbrüche mit unterschiedlich vielen Nachkommastellen vor dem Addieren (Subtrahieren) in Dezimalbrüche mit gleich vielen Nachkommastellen, indem du fehlende Nachkommastellen durch Nullen auffüllst.

Das folgende Beispiel zeigt, wie die Regel beim Kopfrechnen angewendet wird:

Beispiel 2

a) Wir berechnen $3{,}2-1{,}45$ im Kopf:

1. Nachkommastellen anpassen: $3{,}2-1{,}45=3{,}2\mathbf{0}-1{,}45$
2. Ohne Komma in $\mathbb{Z}$ rechnen: $320-145=175$
3. Im Ergebnis das Komma setzen: $3{,}2-1{,}45=1{,}75$

Kurz: $3{,}2-1{,}45=3{,}20-1{,}45=1{,}75$

b) Wir berechnen $2{,}4+0{,}7-5$ im Kopf:

$2{,}4+0{,}7-5=2{,}4+0{,}7-5{,}0=3{,}1-5{,}0=-1{,}9$

Beim schriftlichen Rechnen schreibst du zuerst die Dezimalbrüche Komma unter Komma, füllst fehlende Stellen durch Nullen auf, rechnest stellenweise und setzt im Ergebnis das Komma entsprechend.

Beispiel 3

a)
$$\begin{array}{rrrrr} & 1, & 9 & 4 & 7 \\ + & 3, & 4 & 1 & 5 \\ & {\scriptstyle 1} & & {\scriptstyle 1} & \\ \hline & 5, & 3 & 6 & 2 \end{array}$$

b)
$$\begin{array}{rrrrr} & 2, & 3 & 5 & 0 \\ - & 0, & 8 & 4 & 7 \\ & & {\scriptstyle 1} & & {\scriptstyle 1} \\ \hline & 1, & 5 & 0 & 3 \end{array}$$

☞ Wenn man viel Übung hat, braucht man die Nullen, mit denen man die unbesetzten Stellen auffüllt, beim schriftlichen Rechnen nicht hinzuschreiben.

Mithilfe einer **Überschlagsrechnung** lässt sich die Größenordnung eines Rechenausdrucks schnell feststellen:

Beispiel 4

Überschlagsrechnung: $12{,}56 + 32{,}379 - 21{,}8 + 6{,}203 \approx 13 + 32 - 22 + 6 = 29$.

Genaue Rechnung: $12{,}56 + 32{,}379 - 21{,}8 + 6{,}203 = 29{,}342$.

☞ Runde für eine Überschlagsrechnung die einzelnen Dezimalbrüche so, dass der entstehende Rechenausdruck anschließend im Kopf berechnet werden kann.

6.8 Multiplikation rationaler Zahlen

Forderungen an die Multiplikation in $\mathbb{Q}$:

(1) Schränkt man die Multiplikation auf $\mathbb{Z}$ ein, so erhält man die bekannte Multiplikation in $\mathbb{Z}$ (d.h. rationale Zahlen, die auch ganze Zahlen sind, werden wie bisher multipliziert).

(2) In $\mathbb{Q}$ gelten die Rechengesetze $K^\bullet$, $A^\bullet$, $N^\bullet$.

(3) Für die Addition und die Multiplikation in $\mathbb{Q}$ gilt das Distributivgesetz.

Wir wollen nun unter Beachtung dieser Forderungen versuchen für die Multiplikation in $\mathbb{Q}$ eine Multiplikationsvorschrift festzulegen.

Vorbetrachtung

Da in $\mathbb{Z}$ gilt $2 \cdot 3 = 6$, muss wegen Forderung (1) in $\mathbb{Q}$ gelten: $\frac{2}{1} \cdot \frac{3}{1} = \frac{6}{1} = \frac{2 \cdot 3}{1 \cdot 1}$.

Weiterhin muss wegen $N^\bullet$ in Forderung (2) $1 \cdot \frac{1}{3} = \frac{1}{3}$ gelten und wegen der Forderung (3) muss $1 \cdot \frac{1}{3} = \left(\frac{1}{2} + \frac{1}{2}\right) \cdot \frac{1}{3} = \frac{1}{2} \cdot \frac{1}{3} + \frac{1}{2} \cdot \frac{1}{3}$ gelten.

Ingesamt muss dann gelten: $\frac{1}{2} \cdot \frac{1}{3} + \frac{1}{2} \cdot \frac{1}{3} = \frac{1}{3} \overset{2}{=} \frac{2}{6} = \frac{1}{6} + \frac{1}{6}$.

Daraus ergibt sich dann: $\frac{1}{2} \cdot \frac{1}{3} = \frac{1}{6} = \frac{1 \cdot 1}{2 \cdot 3}$.

Berechnen wir zum Abschluss der Vorbetrachtung noch den Flächeninhalt unseres Rechtecks in Bild 6.2.

$\frac{3}{5}\,\text{m} \cdot \frac{1}{2}\,\text{m} = 60\,\text{cm} \cdot 50\,\text{cm} = (60 \cdot 50)\,\text{cm}^2 = 3000\,\text{cm}^2 = 0{,}3\,\text{m}^2 = \frac{3}{10}\,\text{m}^2$.

Also muss gelten: $\frac{3}{5} \cdot \frac{1}{2} = \frac{3}{10} = \frac{3 \cdot 1}{5 \cdot 2}$.

Du erkennst, dass folgende Festlegung für die Multiplikation von rationalen Zahlen, die durch Brüche dargestellt sind, sinnvoll ist:

Definition 6.6 (Multiplikationsregel)

Zwei rationale Zahlen werden multipliziert, indem man von zwei Bruchdarstellungen Zähler mit Zähler und Nenner mit Nenner multipliziert.

Kurz: Für alle $a, b \in \mathbb{Z}$ und $c, d \in \mathbb{Z}^*$ gilt: $\frac{a}{c} \cdot \frac{b}{d} := \frac{a \cdot b}{c \cdot d}$

Beispiel 1

a)

Zähler mal Zähler

$$\frac{2}{3}\cdot\frac{4}{5}=\frac{2\cdot 4}{3\cdot 5}=\frac{8}{15}$$

Nenner mal Nenner

b) $\frac{3}{4}\cdot\frac{-5}{7}=\frac{3\cdot(-5)}{4\cdot 7}=\frac{-15}{28}$

Das nächste Beispiel bestätigt, dass das berechnete Produkt von der Wahl der Bruchdarstellungen der Faktoren unabhängig ist.

Beispiel 2

Für $\frac{1}{2}$ und $\frac{1}{3}$ gibt es die gleichwertigen Darstellungen:

$\frac{2}{4}$ und $\frac{2}{6}$, $\frac{3}{6}$ und $\frac{3}{9}$, $\frac{4}{8}$ und $\frac{4}{12}$ usw.

Es gilt: $\frac{1}{2}\cdot\frac{1}{3}=\frac{1}{6}$; $\frac{2}{4}\cdot\frac{2}{6}=\frac{4}{24}\underset{4}{=}\frac{1}{6}$; $\frac{3}{6}\cdot\frac{3}{9}=\frac{9}{54}\underset{9}{=}\frac{1}{6}$; $\frac{4}{8}\cdot\frac{4}{12}=\frac{16}{96}\underset{16}{=}\frac{1}{6}$ usw.

Beachte beim Multiplizieren von Brüchen folgende Hinweise um vorteilhaft zu rechnen:

- Kürze die Brüche zur Erleichterung der Rechnung vor dem Multiplizieren vollständig:

  $\frac{33}{44}\cdot\frac{-35}{49}=\frac{3}{4}\cdot\frac{-5}{7}=\frac{-15}{28}$

- Kürze, bevor beim Multiplizieren die Produkte in Zähler und Nenner berechnet werden:

  $\frac{-5}{16}\cdot\frac{8}{25}=\frac{{}^{-1}\not{(-5)}\cdot\not{8}^{1}}{{}_{2}\not{16}\cdot\not{25}_{5}}\underset{6\cdot 8}{=}\frac{(-1)\cdot 1}{2\cdot 5}=\frac{-1}{10}=-\frac{1}{10}$

- Überprüfe, ob das Ergebnis einen vollständig gekürzten Bruch darstellt:

  $\frac{15}{-8}\cdot\frac{-6}{5}=\frac{15\cdot(-6)}{(-8)\cdot 5}=\frac{-90}{-40}\underset{-10}{=}\frac{9}{4}=2\frac{1}{4}$

Das folgende Beispiel zeigt, wie wir Brüche mit ganzen Zahlen multiplizieren können, ohne die ganzen Zahlen als Brüche darzustellen.

Beispiel 3

a) $3 \cdot \frac{2}{5} = \frac{3}{1} \cdot \frac{2}{5} \underset{\text{Def. 6.6}}{=} \frac{3 \cdot 2}{1 \cdot 5} = \frac{3 \cdot 2}{5} = \frac{6}{5}$; rechne also: $3 \cdot \frac{2}{5} = \frac{3 \cdot 2}{5} = \frac{6}{5}$

b) $\frac{-3}{7} \cdot (-2) = \frac{-3}{7} \cdot \frac{-2}{1} \underset{\text{Def. 6.6}}{=} \frac{(-3) \cdot (-2)}{7 \cdot 1} = \frac{(-3) \cdot (-2)}{7} = \frac{6}{7}$;

rechne also: $\frac{-3}{7} \cdot (-2) = \frac{(-3) \cdot (-2)}{7} = \frac{6}{7}$

Merke

Ein Bruch wird mit einer ganzen Zahl multipliziert, indem man den Zähler mit der ganzen Zahl multipliziert und den Nenner beibehält.

Ersetze die gemischte Schreibweise vor dem Multiplizieren durch die Bruchschreibweise. ☜

Beispiel 4

a) $\frac{3}{4} \cdot 3\frac{1}{2} \underset{\substack{\text{als Bruch}\\\text{schreiben}}}{=} \frac{3}{4} \cdot \frac{7}{2} = \frac{3 \cdot 7}{4 \cdot 2} = \frac{21}{8} = 2\frac{5}{8}$

b) $2\frac{1}{3} \cdot 1\frac{2}{5} \underset{\substack{\text{als Brüche}\\\text{schreiben}}}{=} \frac{7}{3} \cdot \frac{7}{5} = \frac{7 \cdot 7}{3 \cdot 5} = \frac{49}{15} = 3\frac{4}{15}$

Zum Schluss weisen wir noch nach, dass die Multiplikation in $\mathbb{Q}$ auch die anfangs gestellten Forderungen erfüllt.

Wir berechnen zunächst ein Produkt mit ganzzahligen Faktoren in $\mathbb{Q}$:

$(-2) \cdot 4 = \frac{-2}{1} \cdot \frac{4}{1} \underset{\text{Def. 6.6}}{=} \frac{(-2) \cdot 4}{1 \cdot 1} = \frac{-8}{1} = -8$.

Allgemein gilt für alle $a, b \in \mathbb{Z}$: $a \cdot b = \frac{a}{1} \cdot \frac{b}{1} \underset{\text{Def. 6.6}}{=} \frac{a \cdot b}{1 \cdot 1} = \frac{a \cdot b}{1} = a \cdot b$.

Merke

Beschränkt man die Multiplikation in $\mathbb{Q}$ auf ganze Zahlen, so erhält man die Multiplikation in $\mathbb{Z}$.

Die folgenden Regeln sind dir schon von der Multiplikation in $\mathbb{Z}$ bekannt (siehe Abschnitt 2.1). Sie gelten auch für die Multiplikation in $\mathbb{Q}$.

Merke

Für alle $r, s \in \mathbb{Q}$ gilt:

(1) Wenn ein Faktor eines Produktes gleich null ist, dann ist das Produkt gleich null.
Kurz: $r \cdot 0 = 0 \cdot r = 0$

(2) Das Produkt einer rationalen Zahl mit –1 ist die Gegenzahl der Zahl.
Kurz: $r \cdot (-1) = (-1) \cdot r = -r$

Beispiel 5

a) $\frac{2}{5} \cdot 0 = 0$

b) $\frac{1}{2} \cdot (-1) = -\frac{1}{2} = \frac{-1}{2}$ oder auch $\frac{1}{2} \cdot (-1) = -\frac{1}{2} = \frac{1}{-2}$

c) $(-1) \cdot \frac{-4}{3} = -\frac{-4}{3} = \frac{4}{3}$ oder auch $(-1) \cdot \frac{-4}{3} = -\frac{-4}{3} = \frac{-4}{-3}$

Multiplikationsregeln für Gegenzahlen

Für alle $r, s \in \mathbb{Q}$ gilt:

(1) Das Produkt zweier rationaler Zahlen stimmt mit dem Produkt ihrer Gegenzahlen überein.
Kurz: $(-r) \cdot (-s) = r \cdot s$

(2) Für zwei rationale Zahlen r und s stimmen das Produkt der Gegenzahl von r mit der Zahl s, das Produkt von r mit der Gegenzahl von s und die Gegenzahl des Produktes von r und s überein.
Kurz: $(-r) \cdot s = r \cdot (-s) = -(r \cdot s)$

Beispiel 6

a) $\left(-\frac{2}{3}\right) \cdot \left(-\frac{1}{4}\right) \underset{\substack{\text{Regel (1)}\\ \text{anwenden}}}{=} \frac{{}^{1}\cancel{2}}{3} \cdot \frac{1}{\cancel{4}_{2}} = \frac{1 \cdot 1}{3 \cdot 2} = \frac{1}{6}$

b) $\left(-\frac{4}{5}\right) \cdot \frac{2}{7} \underset{\substack{\text{Regel (2)}\\ \text{anwenden}}}{=} -\frac{4}{5} \cdot \frac{2}{7} = -\frac{8}{35}$

c) $(-6) \cdot \frac{-5}{12} \underset{\substack{\text{Regel (2)}\\ \text{anwenden}}}{=} -6 \cdot \frac{-5}{12} = -\frac{{}^{1}\cancel{6} \cdot (-5)}{\cancel{12}_{2}} = -\frac{-5}{2} \underset{\substack{\text{Zeichen}\\ \text{zusammen-}\\ \text{fassen}}}{=} \frac{5}{2}$

6.9 Bruchteile

Betrachte die Figuren in Bild 6.4.

Vom Kreis ist die Hälfte seiner Fläche mit einer Linie fett umrandet und ein Drittel von dieser umrandeten Fläche grau gefärbt.

Auf den Kreis bezogen ist also der Bruchteil $\mathbf{\frac{1}{3}}$ **von** $\mathbf{\frac{1}{2}}$ **seiner Fläche** grau gefärbt. Dies ist $\frac{1}{6}$ der Kreisfläche.

Von dem Rechteck sind vier Fünftel seiner Fläche mit einer Linie fett umrandet und zwei Drittel von dieser umrandeten Fläche grau gefärbt.

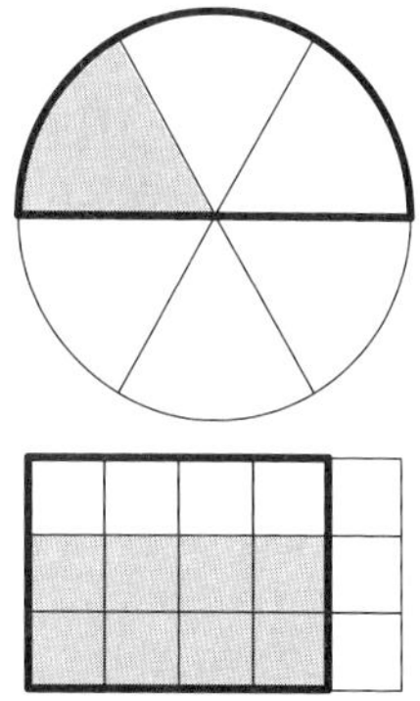

Bild 6.4

Auf das Rechteck bezogen ist also der Bruchteil $\mathbf{\frac{2}{3}}$ **von** $\mathbf{\frac{4}{5}}$ **seiner Fläche** grau gefärbt. Dies sind $\frac{8}{15}$ der Rechteckfläche.

Die grau gefärbten Flächen stellen **Bruchteile von Bruchteilen** der entsprechenden Figuren dar.
Das nächste Beispiel beschäftigt sich mit Bruchteilen von Bruchteilen bei Größen.

Beispiel 1

a) $\frac{1}{5}$ von $\frac{1}{2}$ m $= \frac{1}{5}$ von 50 cm = 10 cm = $\frac{1}{10}$ m = $\frac{1}{5} \cdot \frac{1}{2}$ m

b) $\frac{3}{4}$ von $\frac{3}{5}$ kg $= \frac{3}{4}$ von 600 g = 450 g = $\frac{9}{20}$ kg = $\frac{3}{4} \cdot \frac{3}{5}$ kg

Mithilfe der vorherigen Beispiele lässt sich folgende Regel vermuten:

Merke
Ein Bruchteil von einem Bruchteil eines Ganzen oder einer Gesamtheit wird berechnet, indem wir die Bruchteile multiplizieren.

Mithilfe der Regel kannst du Bruchteile von Bruchteilen leicht berechnen:

Beispiel 2

a) $\frac{5}{8}$ von $\frac{4}{5}\,\text{h} = \frac{5 \cdot 4}{8 \cdot 5}\,\text{h} = \frac{20}{40}\,\text{h} = \frac{1}{2}\,\text{h} = 30\,\text{min}$

b) $\frac{3}{4}$ von $\frac{5}{3}\,\text{km} = \frac{3 \cdot 5}{4 \cdot 3}\,\text{km} = \frac{15}{12}\,\text{km} = \frac{5}{4}\,\text{km} = 1250\,\text{m}$

c) Zwei Drittel von dreiviertel Liter = $\frac{2}{3}$ von $\frac{3}{4}\,\ell = \frac{2 \cdot 3}{3 \cdot 4}\,\ell = \frac{1}{2}\,\ell$

6.10 Rechengesetze für die Multiplikation

Wir überprüfen die Gültigkeit des Kommutativgesetzes:

$$\frac{5}{9}\cdot\frac{-7}{8} \underset{\text{Def. 6.6}}{=} \frac{5\cdot(-7)}{9\cdot 8} \underset{\text{K}^\bullet\text{ in }\mathbb{Z}}{=} \frac{(-7)\cdot 5}{8\cdot 9} \underset{\text{Def. 6.6}}{=} \frac{-7}{8}\cdot\frac{5}{9}$$

Zum allgemeinen Nachweis des Kommutativgesetzes können wir von Bruchdarstellungen zweier rationaler Zahlen ausgehen:

Für alle $a, b \in \mathbb{Z}$ und $c, d \in \mathbb{Z}^*$ gilt: $\frac{a}{c}\cdot\frac{b}{d} \underset{\text{Def. 6.6}}{=} \frac{a\cdot b}{c\cdot d} \underset{\text{K}^\bullet\text{ in Z}}{=} \frac{b\cdot a}{d\cdot c} \underset{\text{Def. 6.6}}{=} \frac{b}{d}\cdot\frac{a}{c}$

Merke

In $\mathbb{Q}$ gilt das **Kommutativgesetz der Multiplikation**:

K$^\bullet$: Für alle $r, s \in \mathbb{Q}$ gilt: $r\cdot s = s\cdot r$.

Wir überprüfen die Gültigkeit des Gesetzes vom neutralen Element:

$$\frac{2}{5}\cdot 1 = \frac{2}{5}\cdot\frac{1}{1} \underset{\text{Def. 6.6}}{=} \frac{2\cdot 1}{5\cdot 1} \underset{\text{N}^\bullet\text{ in Z}}{=} \frac{2}{5} \quad\text{und}\quad 1\cdot\frac{2}{5} = \frac{1}{1}\cdot\frac{2}{5} \underset{\text{Def. 6.6}}{=} \frac{1\cdot 2}{1\cdot 5} \underset{\text{N}^\bullet\text{ in Z}}{=} \frac{2}{5}$$

Allgemein gilt für alle $a \in \mathbb{Z}$ und $b \in \mathbb{Z}^*$:

$$\frac{a}{b}\cdot 1 = \frac{a}{b}\cdot\frac{1}{1} \underset{\text{Def. 6.6}}{=} \frac{a\cdot 1}{b\cdot 1} \underset{\text{N}^\bullet\text{ in Z}}{=} \frac{a}{b} \quad\text{und}\quad 1\cdot\frac{a}{b} = \frac{1}{1}\cdot\frac{a}{b} \underset{\text{Def. 6.6}}{=} \frac{1\cdot a}{1\cdot b} \underset{\text{N}^\bullet\text{ in Z}}{=} \frac{a}{b}$$

Merke

In $\mathbb{Q}$ gilt das **Gesetz vom neutralen Element der Multiplikation**:

N$^\bullet$: Für alle $r \in \mathbb{Q}$ gilt: $r\cdot 1 = 1\cdot r = r$.

1 ist das **neutrale Element der Multiplikation**.

Wir überprüfen jetzt die Gültigkeit des Assoziativgesetzes:

$$\left(\frac{2}{3}\cdot\frac{-4}{5}\right)\cdot\frac{3}{7} \underset{\text{Def. 6.6}}{=} \frac{2\cdot(-4)}{3\cdot 5}\cdot\frac{3}{7} \underset{\text{Def. 6.6}}{=} \frac{[2\cdot(-4)]\cdot 3}{(3\cdot 5)\cdot 7} \underset{\text{A}^\bullet\text{ in Z}}{=} \frac{2\cdot[(-4)\cdot 3]}{3\cdot(5\cdot 7)}$$

$$\underset{\text{Def. 6.6}}{=} \frac{2}{3}\cdot\frac{(-4)\cdot 3}{5\cdot 7} \underset{\text{Def. 6.6}}{=} \frac{2}{3}\cdot\left(\frac{-4}{5}\cdot\frac{3}{7}\right)$$

Allgemein gilt:

Merke

In $\mathbb{Q}$ gilt das **Assoziativgesetz der Multiplikation**:

A$^\bullet$: Für alle $r, s, t \in \mathbb{Q}$ gilt: $(r\cdot s)\cdot t = r\cdot(s\cdot t)$.

Als Zusammenfassung des Kommutativgesetzes und des Assoziativgesetzes gilt folgende Rechenregel:

> **Merke**
> In $\mathbb{Q}$ gilt die **Umstellungsregel für Produkte**:
> **UR$^{\bullet}$**: In jedem Produkt darf man die Faktoren beliebig vertauschen und Klammern beliebig setzen und weglassen, ohne dass sich der Wert des Produktes ändert.

Verschaffe dir mit der Vertauschungsregel für Produkte Rechenvorteile.

- Rechenvorteil durch Setzen von Klammern:

$$\frac{5}{9}\cdot\frac{7}{8}\cdot\frac{3}{7} \underset{\substack{\text{Regel UR}^\bullet\\ \text{anwenden}}}{=} \frac{5}{9}\cdot\left(\frac{7}{8}\cdot\frac{3}{7}\right) \underset{\substack{\text{Klammer}\\ \text{berechnen}}}{=} \frac{5}{9}\cdot\frac{3}{8} = \frac{5\cdot 3}{9\cdot 8} = \frac{5}{24}$$

- Rechenvorteil durch Bildung von Teilprodukten:

$$\frac{5}{18}\cdot\frac{-14}{11}\cdot\frac{-6}{15}\cdot\frac{33}{28} \underset{\text{UR}^\bullet}{=} \left(\frac{5}{18}\cdot\frac{-6}{15}\right)\cdot\left(\frac{-14}{11}\cdot\frac{33}{28}\right)$$

$$\underset{\substack{\text{Klammern}\\ \text{berechnen}}}{=} \frac{5\cdot(-6)}{18\cdot 15}\cdot\frac{(-14)\cdot 33}{11\cdot 28}$$

$$= \frac{-1}{9}\cdot\frac{-3}{2} = \frac{3}{18} = \frac{1}{6}$$

- Rechenvorteil durch Zusammenfassen von Gegenzahlzeichen:

$$\left(-\frac{5}{9}\right)\cdot\frac{8}{11}\cdot\left(-\frac{3}{5}\right)\cdot\left(-\frac{11}{12}\right) \underset{\substack{\text{Zeichen zusam-}\\ \text{menfassen,}\\ \text{kürzen}}}{=} -\frac{5\cdot 8\cdot 3\cdot 11}{9\cdot 11\cdot 5\cdot 12} = -\frac{2}{9}$$

Potenzen stellen besondere mehrgliedrige Produkte dar und werden wie diese berechnet.

Beispiel 1

a) $$\left(\frac{3}{4}\right)^3 \underset{\substack{\text{als Produkt}\\ \text{schreiben}}}{=} \frac{3}{4}\cdot\frac{3}{4}\cdot\frac{3}{4} \underset{\substack{\text{Produkt}\\ \text{berechnen}}}{=} \frac{3\cdot 3\cdot 3}{4\cdot 4\cdot 4} = \frac{27}{64}$$

b) $$\left(-\frac{1}{2}\right)^5 \underset{\substack{\text{als Produkt}\\ \text{schreiben}}}{=} \left(-\frac{1}{2}\right)\cdot\left(-\frac{1}{2}\right)\cdot\left(-\frac{1}{2}\right)\cdot\left(-\frac{1}{2}\right)\cdot\left(-\frac{1}{2}\right)$$

$$\underset{\substack{\text{Produkt}\\ \text{berechnen}}}{=} -\frac{1\cdot 1\cdot 1\cdot 1\cdot 1}{2\cdot 2\cdot 2\cdot 2\cdot 2} = -\frac{1}{32}$$

☞ In mehrgliedrigen Produkten werden Potenzen zuerst berechnet.

Beispiel 2

a) $\frac{9}{10}\cdot\left(-\frac{5}{6}\right)^2 \underset{\substack{\text{Potenz zuerst}\\\text{berechnen}}}{=} \frac{9}{10}\cdot\frac{25}{36} \underset{\substack{\text{Produkt}\\\text{berechnen}}}{=} \frac{{}^1\cancel{9}\cdot\cancel{25}^5}{{}_2\cancel{10}\cdot\cancel{36}_4} = \frac{5}{8}$

b) $-\left(\frac{1}{4}\right)^2\cdot\left(-\frac{3}{2}\right)^3 \underset{\substack{\text{Potenzen zuerst}\\\text{berechnen}}}{=} -\frac{1}{16}\cdot\left(-\frac{27}{8}\right) \underset{\substack{\text{Produkt}\\\text{berechnen}}}{=} \frac{27}{16\cdot 8} = \frac{27}{128}$

Bei der Berechnung von Rechenausdrücken, in denen die Addition, die Subtraktion, die Multiplikation und die Potenzrechnung zusammentreffen, gelten wie in $\mathbb{Z}$ folgende Vereinbarungen:

Merke

(1) Punktrechnung geht vor Strichrechnung.

(2) Berechne was in Klammern steht zuerst.

(3) Potenzrechnung geht vor Punktrechnung.

Beispiel 3

a) $\frac{5}{6}-\frac{2}{3}\cdot\frac{1}{2} \underset{\substack{\text{Produkt}\\\text{berechnen}}}{=} \frac{5}{6}-\frac{2}{6} \underset{\substack{\text{Differenz}\\\text{berechnen}}}{=} \frac{3}{6} \underset{3}{=} \frac{1}{2}$

b) $\left(1-\frac{7}{6}\right)\cdot\left(\frac{1}{2}+\frac{7}{10}\right) \underset{\substack{\text{Klammern}\\\text{berechnen}}}{=} \frac{6-7}{6}\cdot\frac{5+7}{10} = \frac{-1}{6}\cdot\frac{12}{10} \underset{\substack{\text{Produkt}\\\text{berechnen}}}{=} -\frac{12}{60} \underset{12}{=} -\frac{1}{5}$

c) $\left(\frac{1}{2}\right)^3-\frac{3}{4}\cdot\left(\frac{1}{6}+\frac{1}{3}\right) \underset{\substack{\text{Potenz und}\\\text{Klammer}\\\text{berechnen}}}{=} \frac{1}{8}-\frac{{}^1\cancel{3}}{4}\cdot\frac{3}{\cancel{6}_2} \underset{\substack{\text{Produkt}\\\text{berechnen}}}{=} \frac{1}{8}-\frac{3}{8} \underset{\substack{\text{Differenz}\\\text{berechnen}}}{=} -\frac{2}{8} = -\frac{1}{4}$

Die Forderungen an die Multiplikation in $\mathbb{Q}$ sind bis auf die Gültigkeit des Distributivgesetzes vollständig erfüllt (siehe Abschnitt 5.6, Forderung (3)).

Wir überprüfen nun noch die Gültigkeit des Distributivgesetzes:

$$\frac{4}{5}\cdot\left(\frac{1}{3}+\frac{1}{2}\right)=\frac{4}{5}\cdot\left(\frac{2}{6}+\frac{3}{6}\right) \underset{\text{Def. 6.2}}{=} \frac{4}{5}\cdot\frac{2+3}{6} \underset{\text{Def. 6.6}}{=} \frac{4\cdot(2+3)}{5\cdot 6} \underset{\text{D in }\mathbb{Z}}{=} \frac{4\cdot 2+4\cdot 3}{5\cdot 6}$$

$$\underset{\text{Def. 6.2}}{=} \frac{4\cdot 2}{5\cdot 6}+\frac{4\cdot 3}{5\cdot 6} \underset{\text{Def. 6.6}}{=} \frac{4}{5}\cdot\frac{2}{6}+\frac{4}{5}\cdot\frac{3}{6} = \frac{4}{5}\cdot\frac{1}{3}+\frac{4}{5}\cdot\frac{1}{2}$$

Zum allgemeinen Nachweis des Distributivgesetzes können wir von Bruchdarstellungen dreier rationaler Zahlen ausgehen:

Für alle $a, b, c \in \mathbb{Z}$ und $d, e \in \mathbb{Z}^*$ gilt:

$$\frac{a}{d} \cdot \left(\frac{b}{e} + \frac{c}{e}\right) \underset{\text{Def. 6.2}}{=} \frac{a}{d} \cdot \frac{b+c}{e} \underset{\text{Def. 6.6}}{=} \frac{a \cdot (b+c)}{d \cdot e} \underset{\text{D in } \mathbb{Z}}{=} \frac{a \cdot b + a \cdot c}{d \cdot e}$$

$$\underset{\text{Def. 6.2}}{=} \frac{a \cdot b}{d \cdot e} + \frac{a \cdot c}{d \cdot e} \underset{\text{Def. 6.6}}{=} \frac{a}{d} \cdot \frac{b}{e} + \frac{a}{d} \cdot \frac{c}{e}$$

Merke

In $\mathbb{Q}$ gilt das **Distributivgesetz**:

D: Für alle $r, s, t \in \mathbb{Q}$ gilt: $r \cdot (s+t) = r \cdot s + r \cdot t$.

Das Distributivgesetz gilt auch entsprechend bei Differenzen:

Für alle $r, s, t \in \mathbb{Q}$ gilt: $r \cdot (s-t) = r \cdot s - r \cdot t$.

Du weißt, dass sich das Distributivgesetz auf zwei Arten anwenden lässt (siehe Abschnitt 2.4):

Beim **Ausmultiplizieren**
wird das Distributivgesetz in der Form $r \cdot (s \pm t) = r \cdot s \pm r \cdot t$ angewendet.

Beispiel 4

a) $\frac{6}{5} \cdot \left(\frac{2}{3} + \frac{1}{4}\right) \underset{\substack{\text{ausmulti-}\\\text{plizieren}}}{=} \frac{6}{5} \cdot \frac{2}{3} + \frac{6}{5} \cdot \frac{1}{4} \underset{\substack{\text{Produkte}\\\text{berechnen}}}{=} \frac{4}{5} + \frac{3}{10} \underset{\substack{\text{Summe}\\\text{berechnen}}}{=} \frac{8+3}{10} = \frac{11}{10}$

b) $\left(\frac{2}{5} - \frac{4}{3}\right) \cdot \frac{1}{4} \underset{\substack{\text{ausmulti-}\\\text{plizieren}}}{=} \frac{2}{5} \cdot \frac{1}{4} - \frac{4}{3} \cdot \frac{1}{4} \underset{\substack{\text{Produkte}\\\text{berechnen}}}{=} \frac{1}{10} - \frac{1}{3} \underset{\substack{\text{Differenz}\\\text{berechnen}}}{=} \frac{3-10}{30} = -\frac{7}{30}$

Beim **Ausklammern**
wird das Distributivgesetz in der Form $r \cdot s \pm r \cdot t = r \cdot (s \pm t)$ angewendet.

Beispiel 5

a) $\frac{2}{3} \cdot \frac{1}{5} + \frac{2}{3} \cdot \frac{1}{4} \underset{\substack{\text{gemeinsamen}\\\text{Faktor } \frac{2}{3}\\\text{ausklammern}}}{=} \frac{2}{3} \cdot \left(\frac{1}{5} + \frac{1}{4}\right) \underset{\substack{\text{Klammer}\\\text{berechnen}}}{=} \frac{2}{3} \cdot \frac{4+5}{20} = \frac{{}^{1}\cancel{2}}{{}_{1}\cancel{3}} \cdot \frac{\cancel{9}^{3}}{\cancel{20}_{10}} = \frac{3}{10}$

b) $\frac{5}{8} \cdot \frac{2}{3} - 2 \cdot \frac{5}{8} \underset{\substack{\text{gemeinsamen}\\\text{Faktor } \frac{5}{8}\\\text{ausklammern}}}{=} \frac{5}{8} \cdot \left(\frac{2}{3} - 2\right) \underset{\substack{\text{Klammer}\\\text{berechnen}}}{=} \frac{5}{8} \cdot \frac{2-6}{3} = \frac{5}{{}_{2}\cancel{8}} \cdot \frac{\cancel{-4}^{-1}}{3} = -\frac{5}{6}$

6.11 Multiplikation in dezimaler Schreibweise

Produkte mit Dezimalbrüchen können wir berechnen, indem wir die Faktoren zunächst in Zehnerbrüche verwandeln, dann multiplizieren und schließlich das Ergebnis wieder als Dezimalbruch schreiben.

Beispiel 1

a) $5 \cdot 0{,}7 = \frac{5}{1} \cdot \frac{7}{10} = \frac{5 \cdot 7}{1 \cdot 10} = \frac{35}{10} = 3{,}5$

b) $0{,}6 \cdot 1{,}4 = \frac{6}{10} \cdot \frac{14}{10} = \frac{6 \cdot 14}{10 \cdot 10} = \frac{84}{100} = 0{,}84$

c) $(-3{,}8) \cdot 0{,}03 = \frac{-38}{10} \cdot \frac{3}{100} = \frac{(-38) \cdot 3}{10 \cdot 100} = \frac{-114}{1000} = -0{,}114$

Das Beispiel zeigt, dass die Multiplikation von Dezimalbrüchen auch ohne Umwandlung in Zehnerbrüche möglich ist, wenn man folgende Regel beachtet:

Multiplikationsregel für Dezimalbrüche

Multipliziere zwei Dezimalbrüche, indem du sie ohne Berücksichtigung des Kommas wie ganze Zahlen multiplizierst. Streiche dann im Ergebnis so viele Dezimalen ab, wie die Faktoren zusammen haben.

Beispiel 2

a) Wir berechnen nach der Regel $3 \cdot 0{,}2$ im Kopf:

Rechne ohne Komma $3 \cdot 2 = 6$ und streiche dann 1 Stelle ab:

$3 \cdot 0{,}2 = 0{,}6$

b) Wir berechnen nach der Regel $0{,}5 \cdot 0{,}3$ im Kopf:

Rechne ohne Komma $5 \cdot 3 = 15$ und streiche dann 2 Stellen ab:

$0{,}5 \cdot 0{,}3 = 0{,}15$

c) Wir berechnen $0{,}04 \cdot (-1{,}2)$ im Kopf:

Rechne ohne Komma $4 \cdot (-12) = -48$ und streiche dann 3 Stellen ab:

$0{,}04 \cdot (-1{,}2) = -0{,}048$

d) Wir berechnen $(-0{,}08) \cdot (-0{,}17)$ im Kopf:

Rechne ohne Komma $(-8) \cdot (-17) = 136$ und streiche dann 4 Stellen ab:

$(-0{,}08) \cdot (-0{,}17) = 0{,}0136$

Vergiss auch beim schriftlichen Multiplizieren nicht die entsprechende Anzahl von Dezimalen im Ergebnis abzustreichen. ☜

Beispiel 3

a) 1 Dezimale, 2 Dezimalen

```
  15,6 · 0,47
  -----------
     624
     1092
  -----------
     7,332
```

3 Dezimalen abstreichen

b) 2 Dezimalen, 4 Dezimalen

```
  3,21 · 0,0985
  -------------
     2889
      2568
       1605
  -------------
     0,316185
```

6 Dezimalen abstreichen

Um grobe Rechenfehler sofort zu entdecken, ist es zweckmäßig, eine schriftliche Multiplikation durch eine Überschlagsrechnung mit gerundeten Faktoren im Kopf zu überprüfen.

Beispiel 4

Wir prüfen die Rechnungen in Beispiel 3 mit geeigneten Überschlagsrechnungen: ☜

a) $15{,}6 \cdot 0{,}47 \approx 16 \cdot 0{,}5 = 8{,}0$

b) $3{,}21 \cdot 0{,}0985 \approx 3 \cdot 0{,}1 = 0{,}3$

Von der Größenordnung her werden die Resultate in Beispiel 3 durch die Überschlagsrechnungen bestätigt.

Kommen in einem Rechenausdruck Dezimalbrüche und gewöhnliche Brüche vor, so müssen zunächst alle Zahlen in einer Schreibweise dargestellt werden. ☜

Beispiel 5

a) $\frac{1}{2} \cdot 1{,}2 \underset{\text{Bruch dezimal schreiben}}{=} 0{,}5 \cdot 1{,}2 = 0{,}60 = 0{,}6$

b) $0{,}6 \cdot \frac{1}{4} \underset{\text{Bruch dezimal schreiben}}{=} 0{,}6 \cdot 0{,}25 = 0{,}150 = 0{,}15$

Rechenausdrücke mit Dezimalbrüchen, in denen verschiedene Rechenarten vorkommen, werden nach bekannter Vorgehensweise berechnet.

Beispiel 6

a) $0{,}4-1{,}5\cdot 0{,}8 \underset{\substack{\text{Produkt}\\\text{berechnen}}}{=} 0{,}4-1{,}20 \underset{\substack{\text{Differenz}\\\text{berechnen}}}{=} -0{,}80=-0{,}8$

b) $2{,}1\cdot(0{,}18+0{,}32) \underset{\substack{\text{Klammer}\\\text{berechnen}}}{=} 2{,}1\cdot 0{,}5 \underset{\substack{\text{Produkt}\\\text{berechnen}}}{=} 1{,}05$

c) $1{,}3^2+1{,}6\cdot(2-1{,}2) \underset{\substack{\text{Potenz und}\\\text{Klammer}\\\text{berechnen}}}{=} 1{,}69+1{,}6\cdot 0{,}8 \underset{\substack{\text{Produkt}\\\text{berechnen}}}{=} 1{,}69+1{,}28 \underset{\substack{\text{Summe}\\\text{berechnen}}}{=} 2{,}97$

Wir multiplizieren nun Dezimalbrüche mit Zehnerpotenzen.

Beispiel 7

Multiplikation mit Zehnerpotenzen mit natürlichen Exponenten.

a) $3{,}672\cdot 10^1=\frac{3672}{1000}\cdot 10=\frac{3672}{100}=36{,}72$

b) $3{,}672\cdot 10^2=\frac{3672}{1000}\cdot 100=\frac{3672}{10}=367{,}2$

c) $3{,}672\cdot 10^3=\frac{3672}{1000}\cdot 1000=\frac{3672}{1}=3672{,}0=3672$

Zusammenfassend gilt folgende Regel:

Kommaverschiebungsregel

Ein Dezimalbruch wird mit 10^n $(n\in\mathbb{N})$ multipliziert, indem man das Komma im Dezimalbruch um n Stellen nach rechts verschiebt.

Beispiel 8

a) $8{,}3\cdot 10^5=830\,000$

b) $0{,}049\cdot 10^6=49\,000$

6.12 Kehrzahl

Gibt es eine rationale Zahl, die mit $\frac{3}{5}$ multipliziert 1 ergibt?

Ja, die Zahl $\frac{3}{5}$, denn es gilt $\frac{3}{5} \cdot \frac{5}{3} = \frac{15}{15} = 1$.

Gibt es eine rationale Zahl, die mit $-\frac{2}{3}$ multipliziert 1 ergibt?

Ja, die Zahl $-\frac{2}{3}$, denn es gilt $\left(-\frac{2}{3}\right) \cdot \left(-\frac{3}{2}\right) = \frac{2}{3} \cdot \frac{3}{2} = \frac{6}{6} = 1$.

> **Bezeichnung**
> Zu einer rationalen Zahl p heißt die rationale Zahl, die mit p multipliziert die Zahl 1 ergibt, die **Kehrzahl von** $\boldsymbol{p}$, in Zeichen: $\frac{1}{p}$ (lies: 1 durch p).

Beispiel 1

a) Die Kehrzahl von $\frac{3}{4}$ ist $\frac{4}{3}$, denn $\frac{3}{4} \cdot \frac{4}{3} = 1$. Kurz: $\frac{1}{\frac{3}{4}} = \frac{4}{3}$ (lies: 1 durch $\frac{3}{4}$)

b) Die Kehrzahl von $-\frac{1}{2}$ ist -2, denn $\left(-\frac{1}{2}\right) \cdot (-2) = 1$. Kurz: $\frac{1}{-\frac{1}{2}} = -\frac{2}{1} = -2$

c) Die Kehrzahl von $\frac{8}{5}$ ist $\frac{5}{8}$, denn $\frac{8}{5} \cdot \frac{5}{8} = 1$. Kurz: $\frac{1}{\frac{8}{5}} = \frac{5}{8}$

d) Die Kehrzahl von -5 ist $-\frac{1}{5}$, denn $5 \cdot \frac{1}{5} = 1$. Kurz: $\frac{1}{-5} = -\frac{1}{5}$

e) Die Kehrzahl von 1 ist 1 und die Kehrzahl von -1 ist -1.

f) Zu der Zahl 0 gibt es keine Kehrzahl, denn es gibt keine rationale Zahl, die mit 0 multipliziert 1 ergibt.

Allgemein finden wir zu jeder von null verschiedenen rationalen Zahl immer genau eine Kehrzahl:

Die Kehrzahl von $\frac{a}{b}$ mit $a, b \in \mathbb{Z}^*$ ist $\frac{b}{a}$, denn $\frac{a}{b} \cdot \frac{b}{a} = \frac{a \cdot b}{b \cdot a} = 1$.

Kurz: $\frac{1}{\frac{a}{b}} = \frac{b}{a}$

Diese Eigenschaft der Multiplikation in $\mathbb{Q}$ beschreibt das folgende Gesetz:

Gesetz von der Kehrzahl
In $\mathbb{Q}$ hat jede von null verschiedene Zahl genau eine Kehrzahl.
Kurz: $\mathbf{I}^\bullet$: Zu jeder Zahl $p \in \mathbb{Q}^*$ gibt es genau eine Zahl $\frac{1}{p}$ mit $p \cdot \frac{1}{p} = 1$

Bemerkung
Für die Multiplikation in $\mathbb{Z}$ gibt es kein entsprechendes Gesetz $\mathrm{I}^\bullet$, denn es gibt z.B. keine ganze Zahl, die mit 2 multipliziert 1 ergibt. Die Zahl 2 hat also in $\mathbb{Z}$ keine Kehrzahl.

Ob du zu einer rationalen Zahl sofort die Kehrzahl angeben kannst, hängt von der Art ihrer Darstellung ab.

Beispiel 2

a) Kehrzahl von $-\frac{2}{5} = \frac{1}{-\frac{2}{5}} = -\frac{5}{2}$. Probe: $\left(-\frac{2}{5}\right) \cdot \left(-\frac{5}{2}\right) = 1$

b) Kehrzahl von $1\frac{2}{3} = \frac{1}{1\frac{2}{3}} = \frac{1}{\frac{5}{3}} = \frac{3}{5}$. Probe: $1\frac{2}{3} \cdot \frac{3}{5} = \frac{5}{3} \cdot \frac{3}{5} = 1$

c) Kehrzahl von $0{,}3 = \frac{1}{0{,}3} \overset{10}{=} \frac{10}{3}$. Probe: $0{,}3 \cdot \frac{10}{3} = \frac{3}{10} \cdot \frac{10}{3} = 1$

d) Kehrzahl von $2{,}75 = \frac{1}{2{,}75} \overset{100}{=} \frac{100}{257} \underset{25}{=} \frac{4}{11}$

Probe: $2{,}75 \cdot \frac{4}{11} = \frac{{}^{25}\cancel{275} \cdot \cancel{4}^{1}}{{}_{25}\cancel{100} \cdot \cancel{11}_{1}} = \frac{25}{25} = 1$

Vergleichst du in den vorherigen Beispielen die Zahlen mit ihren Kehrzahlen, so erkennst du folgende Zusammenhänge:

Merke
(1) Wenn die Zahl zwischen 0 und1 liegt, dann ist ihre Kehrzahl größer 1.
(2) Wenn die Zahl größer 1 ist, dann liegt ihre Kehrzahl zwischen 0 und 1.

6.13 Division rationaler Zahlen

Beschäftigen wir uns nochmals mit Flächeninhalten von Rechtecken. Betrachte das Rechteck in Bild 6.5. Sein Flächeninhalt beträgt $\frac{3}{10}\,\text{m}^2$. *Die fehlende Seitenlänge erhältst du, wenn du den Ausdruck* $\frac{3}{10}\,\text{m}^2 : \frac{1}{2}\,\text{m}$ *berechnen kannst.*

Dazu musst du lernen, wie rationale Zahlen dividiert werden.

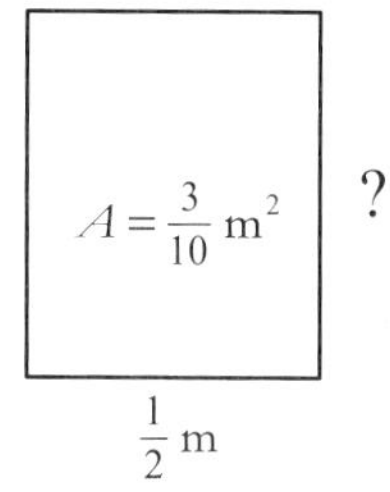

Bild 6.5

Die Division soll, wie bei den ganzen Zahlen, die Umkehrung der Multiplikation sein. Damit ergibt sich z.B.:

Aus $\frac{1}{5}\cdot\frac{2}{3}=\frac{2}{15}$ folgt $\frac{2}{15}:\frac{2}{3}=\frac{1}{5}$.
(Bild 6.5 a)

Aus $\frac{1}{4}\cdot\left(-\frac{3}{2}\right)=-\frac{3}{8}$ folgt $\left(-\frac{3}{8}\right):\left(-\frac{3}{2}\right)=\frac{1}{4}$.
(Bild 6.5 b)

Aus $(-4)\cdot\frac{1}{3}=-\frac{4}{3}$ folgt $\left(-\frac{4}{3}\right):\frac{1}{3}=-4$.
(Bild 6.5 c)

Aus $\left(-\frac{5}{2}\right)\cdot\left(-\frac{6}{5}\right)=3$ folgt $3:\left(-\frac{6}{5}\right)=\left(-\frac{5}{2}\right)$
(Bild 6.5 d)

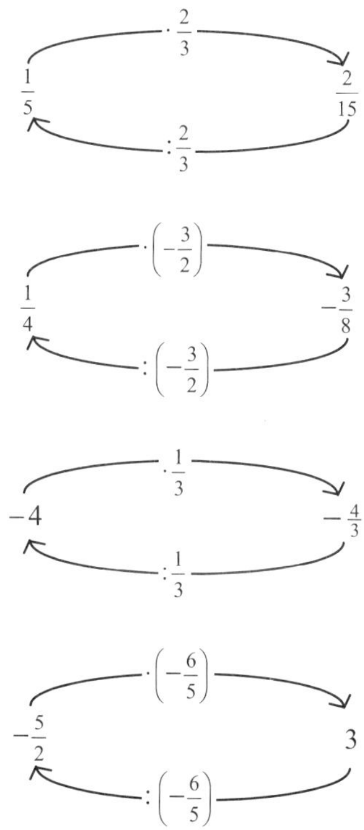

Bild 6.5 a, b, c, d

Man definiert allgemein:

Definition 6.7

Seien $r \in \mathbb{Q}$ und $s \in \mathbb{Q}^*$.

Die rationale Zahl, die mit s multipliziert r ergibt, heißt **Quotient von** $\boldsymbol{r}$ **und** $\boldsymbol{s}$ und wird mit $\boldsymbol{r : s}$ bezeichnet.

Die Zahl r heißt **Dividend** und die Zahl s **Divisor**.

Wenn wir die vorherigen Quotienten in gleichwertige Produkte umwandeln, lässt sich leicht eine Divisionsregel für rationale Zahlen ablesen.

Quotient	Produkt	Rechne also
$\frac{2}{15}:\frac{2}{3}=\frac{1}{5}$	$\frac{2}{15}\cdot\frac{3}{2}=\frac{1}{5}$	$\frac{2}{15}:\frac{2}{3}=\frac{2}{15}\cdot\frac{\mathbf{3}}{\mathbf{2}}=\frac{1}{5}$
$\left(-\frac{3}{8}\right):\left(-\frac{3}{2}\right)=\frac{1}{4}$	$\left(-\frac{3}{8}\right)\cdot\left(-\frac{2}{3}\right)=\frac{1}{4}$	$\left(-\frac{3}{8}\right):\left(-\frac{3}{2}\right)=\left(-\frac{3}{8}\right)\cdot\left(-\frac{\mathbf{2}}{\mathbf{3}}\right)=\frac{1}{4}$
$\left(-\frac{4}{3}\right):\frac{1}{3}=-4$	$\left(-\frac{4}{3}\right)\cdot\frac{3}{1}=-4$	$\left(-\frac{4}{3}\right):\frac{1}{3}=\left(-\frac{4}{3}\right)\cdot\frac{\mathbf{3}}{\mathbf{1}}=-4$
$3:\left(-\frac{6}{5}\right)=\left(-\frac{5}{2}\right)$	$3\cdot\left(-\frac{5}{6}\right)=\left(-\frac{5}{2}\right)$	$3:\left(-\frac{6}{5}\right)=3\cdot\left(-\frac{\mathbf{5}}{\mathbf{6}}\right)=\left(-\frac{5}{2}\right)$

Merke (Divisionsregel)
Durch eine rationale Zahl ungleich null wird dividiert, indem man mit ihrer Kehrzahl multipliziert.

Kurz: Für alle $r \in \mathbb{Q}$ und $s \in \mathbb{Q}^*$ gilt: $r:s = r\cdot\frac{1}{s}$

Gemäß der Divisionsregel schreiben wir jeden Quotienten als Produkt und rechnen dieses dann aus.

Beispiel 1

a) $\frac{3}{10}:\frac{1}{2} \underset{\text{mit der Kehrzahl multiplizieren}}{=} \frac{3}{10}\cdot\frac{2}{1} \underset{2}{=} \frac{3}{5}$

b) $\left(-\frac{5}{8}\right):\frac{3}{4} \underset{\text{mit der Kehrzahl multiplizieren}}{=} \left(-\frac{5}{8}\right)\cdot\frac{4}{3} \underset{4}{=} -\frac{5}{6}$

c) $\left(-\frac{5}{9}\right):\left(-\frac{4}{7}\right) \underset{\text{mit der Kehrzahl multiplizieren}}{=} \left(-\frac{5}{9}\right)\cdot\left(-\frac{7}{4}\right)=\frac{35}{36}$

d) $\frac{39}{25}:\left(-\frac{13}{35}\right) \underset{\text{mit der Kehrzahl multiplizieren}}{=} \frac{39}{25}\cdot\left(-\frac{35}{13}\right)=-\frac{{}^{3}\cancel{39}\cdot\cancel{35}^{7}}{{}_{5}\cancel{25}\cdot\cancel{13}_{1}}=-\frac{21}{5}=4\frac{1}{5}$ (Kürze rechtzeitig!)

Merke
(1) Man kann in $\mathbb{Q}$ durch jede von null verschiedene Zahl dividieren.
(2) Durch 0 kann man nicht dividieren.
(3) Die Division in $\mathbb{Q}$ ist nicht kommutativ und nicht assoziativ.

Das folgende Beispiel zeigt, wie wir Brüche durch ganze Zahlen dividieren können, ohne die ganzen Zahlen als Brüche darzustellen.

Beispiel 2

a) $\frac{5}{8}:3=\frac{5}{8}:\frac{3}{1}=\frac{5}{8}\cdot\frac{1}{3}=\frac{5}{8\cdot 3}=\frac{5}{24}$; rechne also: $\frac{5}{8}:3=\frac{5}{8\cdot 3}=\frac{5}{24}$

b) $\frac{2}{3}:(-5)=\frac{2}{3}:\left(-\frac{5}{1}\right)=\frac{2}{3}\cdot\left(-\frac{1}{5}\right)=\frac{2}{3}\cdot\frac{1}{-5}=\frac{2}{3\cdot(-5)}=\frac{2}{-15}=-\frac{2}{15}$;

rechne also: $\frac{2}{3}:(-5)=\frac{2}{3\cdot(-5)}=\frac{2}{-15}=-\frac{2}{15}$

Merke
Ein Bruch wird durch eine ganze Zahl dividiert, indem man den Nenner mit der ganzen Zahl multipliziert und den Zähler beibehält.

Die folgenden Gegenzahlregeln, die dir schon von der Division in $\mathbb{Z}$ bekannt sind (siehe Abschnitt 2.6), gelten auch für die Division in $\mathbb{Q}$.

Divisionsregeln für Gegenzahlen
Für alle $r \in \mathbb{Q}$ und $s \in \mathbb{Q}^*$ gilt:
(1) $(-r):s=r:(-s)=-(r:s)$
(2) $(-r):(-s)=r:s$

Wenn wir wissen wollen, wie oft eine Zahl in einer anderen Zahl enthalten ist, so können wir diese Frage mithilfe der Division beantworten.

Beispiel 3

Wir wollen wissen, wie oft $\frac{1}{3}$ in $\frac{11}{6}$ enthalten ist.

Dazu rechnen wir: $\frac{11}{6}:\frac{1}{3}=\frac{11}{6}\cdot\frac{3}{1}=\frac{11}{2}=5\frac{1}{2}$

$\frac{1}{3}$ ist also $5\frac{1}{2}$ - mal in $\frac{11}{6}$ enthalten.

Zur Probe rechnen wir: $5\frac{1}{2}\cdot\frac{1}{3}=\frac{11}{2}\cdot\frac{1}{3}=\frac{11}{6}$

Doppelbrüche

In Abschnitt 5.1 hast du gelernt, dass man den Quotienten $a:b$ mit $a\in\mathbb{Z}$, $b\in\mathbb{Z}^*$ auch als Bruch $\frac{a}{b}$ schreiben kann, dass also $a:b=\frac{a}{b}$ gilt.

Das Divisionszeichen kann also bei Quotienten ganzer Zahlen durch einen Bruchstrich ersetzt werden.

In der Mathematik ist es darüber hinaus auch üblich, einen Quotienten zweier Brüche als Bruch darzustellen, dessen Zähler und Nenner selbst Brüche sind:

Beispiel 4

a) Statt $\frac{3}{4}:\frac{5}{7}$ schreibt man auch den **Doppelbruch** $\frac{\frac{3}{4}}{\frac{5}{7}}$

b) Statt $\frac{7}{5}:\left(-\frac{3}{8}\right)$ schreibt man auch den Doppelbruch $\frac{\frac{7}{5}}{-\frac{3}{8}}$

c) Statt $(-2):\frac{4}{9}$ schreibt man auch den Doppelbruch $\frac{-2}{\frac{4}{9}}$

Allgemein gilt folgende Vereinbarung:

Definition 6.8

Seien $a\in\mathbb{Z}$, $b,c,d\in\mathbb{Z}^*$.

Der Ausdruck $\frac{\frac{a}{b}}{\frac{c}{d}}$ heißt **Doppelbruch**. Er ist festgelegt durch $\frac{\frac{a}{b}}{\frac{c}{d}}:=\frac{a}{b}:\frac{c}{d}$

Der Bruchstrich, der das Divisionszeichen ersetzt, heißt **Hauptbruchstrich**.

- Sind Doppelbrüche zu berechnen, so muss der Hauptbruchstrich durch das Divisionszeichen ersetzt werden. Beachte dabei, dass das Gleichheitszeichen auf Höhe des Hauptbruchstrichs geschrieben wird.

Beispiel 5

a) $\dfrac{\frac{5}{4}}{\frac{15}{8}} = \dfrac{5}{4} : \dfrac{15}{8} = \dfrac{^1\cancel{5}}{_1\cancel{4}} \cdot \dfrac{\cancel{8}^2}{\cancel{15}_3} = \dfrac{2}{3}$

b) $\dfrac{-\frac{14}{3}}{\frac{7}{12}} = \left(-\dfrac{14}{3}\right) : \dfrac{7}{12} = -\dfrac{^2\cancel{14}}{_1\cancel{3}} \cdot \dfrac{\cancel{12}^4}{\cancel{7}_1} = -\dfrac{8}{1} = -8$

- Bei Doppelbrüchen erkennst du den Hauptbruchstrich daran, dass er länger als die Bruchstriche der **Zähler-** und **Nennerbrüche** und bei Umformungen in Höhe des Gleichheitszeichens steht.

Beispiel 6

a) $\dfrac{\frac{2}{3}}{4} = \dfrac{2}{3} : 4 = \dfrac{^1\cancel{2}}{3\cdot\cancel{4}_2} = \dfrac{1}{6}$

b) $\dfrac{2}{\frac{3}{4}} = 2 : \dfrac{3}{4} = 2 \cdot \dfrac{4}{3} = \dfrac{8}{3} = 2\dfrac{2}{3}$

- Treten bei Doppelbrüchen oder Quotienten Zahldarstellungen in gemischter Schreibweise auf, so musst du diese zunächst in gewöhnliche Brüche verwandeln.

Beispiel 7

a) $\dfrac{1\frac{1}{3}}{4} = \dfrac{\frac{4}{3}}{4} = \dfrac{4}{3} : 4 = \dfrac{^1\cancel{4}}{3\cdot\cancel{4}_1} = \dfrac{1}{3}$

b) $\dfrac{2\frac{3}{4}}{3\frac{1}{2}} = \dfrac{\frac{11}{4}}{\frac{7}{2}} = \dfrac{11}{4} : \dfrac{7}{2} = \dfrac{11}{_4\cancel{4}} \cdot \dfrac{\cancel{2}^1}{7} = \dfrac{11}{14}$

c) $2\frac{2}{5} : 1\frac{1}{8} = \dfrac{12}{5} : \dfrac{9}{8} = \dfrac{^4 12}{\cancel{5}} \cdot \dfrac{\cancel{8}}{9_3} = \dfrac{32}{15} = 2\dfrac{2}{15}$

6.14 Division in dezimaler Schreibweise

Zuerst dividieren wir Dezimalbrüche durch Zehnerpotenzen. Dazu wandeln wir die Dezimalbrüche in gewöhnliche Brüche um und dividieren dann:

Beispiel 1

a) $2{,}83:10^1 = \frac{283}{100}:\frac{10}{1} = \frac{283}{100}\cdot\frac{1}{10} = \frac{283}{1000} = 0{,}283$

b) $2{,}83:10^2 = \frac{283}{100}:\frac{100}{1} = \frac{283}{100}\cdot\frac{1}{100} = \frac{283}{10\,000} = 0{,}0283$

c) $2{,}83:10^3 = \frac{283}{100}:\frac{1000}{1} = \frac{283}{100}\cdot\frac{1}{1000} = \frac{283}{100\,000} = 0{,}00283$

Wir erkennen folgende Regel:

Kommaverschiebungsregel

Ein Dezimalbruch wird durch 10^n ($n \in \mathbb{N}$) dividiert, indem man das Komma im Dezimalbruch um n Stellen nach links verschiebt.

Beispiel 2

a) $3{,}6:100 = 0{,}036$ b) $2{,}4:1000 = 0{,}0024$

Jetzt dividieren wir Dezimalbrüche durch ganze Zahlen. Dazu verwandeln wir wieder zuerst die Dezimalbrüche in gewöhnliche Brüche und dividieren dann:

Beispiel 3

a) $\underline{\underline{2{,}8:4}} = \frac{\frac{28}{10}}{4} = \frac{28}{4\cdot 10} = \frac{\frac{28}{4}}{10} = \frac{28:4}{\underline{\underline{10}}} = \frac{7}{10} = 0{,}7$

b) $\underline{\underline{6{,}39:3}} = \frac{\frac{639}{100}}{3} = \frac{639}{3\cdot 100} = \frac{\frac{639}{3}}{100} = \frac{639:3}{\underline{\underline{100}}} = \frac{213}{100} = 2{,}13$

c) $\underline{\underline{0{,}175:5}} = \frac{\frac{175}{1000}}{5} = \frac{175}{5\cdot 1000} = \frac{\frac{175}{5}}{1000} = \frac{175:5}{\underline{\underline{1000}}} = \frac{35}{1000} = 0{,}035$

d) $\underline{\underline{3{,}6:8}} = \frac{\frac{360}{100}}{8} = \frac{360}{8\cdot 100} = \frac{\frac{360}{8}}{100} = \frac{360:8}{\underline{\underline{100}}} = \frac{45}{100} = 0{,}45$

Vergleichst du die markierten Rechenausdrücke, so erkennst du folgende Regel zur Abkürzung der Rechnung:

Dividieren eines Dezimalbruchs durch eine ganze Zahl
- Verschiebe das Komma so weit, dass aus dem Dezimalbruch eine ganze Zahl wird, die durch den Divisor teilbar ist und dividiere danach.
- Verschiebe im Ergebnis das Komma wieder zurück.

Beispiel 4

a) $7{,}2 : 9 = 0{,}8$; rechne $72 : 9 = 8$ und streiche 1 Stelle ab

b) $0{,}26 : 2 = 0{,}13$; rechne $26 : 2 = 13$ und streiche 2 Stellen ab

c) $0{,}13 : 5 = 0{,}026$; rechne $130 : 5 = 26$ und streiche 3 Stellen ab

Zum Schluss dividieren wir nun noch Dezimalbrüche durch Dezimalbrüche. Dazu erweitern wir jeweils so mit einer Zehnerpotenz, dass der Divisor ganzzahlig wird:

Beispiel 5

a) $$\underline{\underline{1{,}56 : 1{,}2}} = \frac{1{,}56}{1{,}2} \overset{10}{=} \frac{15{,}6}{12} = \underline{\underline{15{,}6 : 12}} = 1{,}3$$

b) $$\underline{\underline{6{,}575 : 0{,}25}} = \frac{6{,}575}{0{,}25} \overset{100}{=} \frac{657{,}5}{25} = \underline{\underline{657{,}5 : 25}} = 26{,}3$$

Das Beispiel zeigt, dass die Division durch einen Dezimalbruch durch Anwendung folgender Kommaverschiebungsregel auf die schon bekannte Division durch eine ganze Zahl zurückgeführt wird.

Regel zur gleichsinnigen Kommaverschiebung
Der Wert eines Quotienten ändert sich nicht, wenn man die Kommas im Dividenden und im Divisor gleichsinnig (d.h. beide Kommas nach rechts oder beide nach links) um gleich viele Stellen verschiebt.

Durch Dezimalbrüche dividieren wir dann nach folgendem Verfahren:

Dividieren eines Dezimalbruchs durch einen Dezimalbruch
- Mache den Divisor durch gleichsinnige Kommaverschiebung ganzzahlig.
- Dividiere dann wie üblich.

Beispiel 6

a) $4{,}8 : 0{,}6 = 48 : 6 = 8$

b) $1{,}54 : 0{,}14 = 154 : 14 = 11$

c) $0{,}12 : 0{,}3 = 1{,}2 : 3 = 0{,}4$

d) $0{,}13 : 0{,}04 = 13 : 4 = 3{,}25$

Ist beim schriftlichen Dividieren der Divisor eine ganze Zahl, so dividieren wir wie üblich und setzen beim Überschreiten des Kommas im Dividenden auch im Ergebnis das Komma.

Beispiel 7

a)
$$\begin{array}{l}
21{,}04 : 8 = 2{,}63 \\
\underline{-16\downarrow} \qquad\qquad \uparrow \\
50 \longrightarrow \text{Komma} \\
\underline{-48} \\
24 \\
\underline{-24} \\
0
\end{array}$$

b)
$$\begin{array}{l}
58{,}2 : 12 = 4{,}85 \\
\underline{-48\downarrow} \qquad\qquad \uparrow \\
102 \longrightarrow \text{Komma} \\
\underline{-96} \\
6\mathbf{0} \\
\underline{-60} \\
0
\end{array}$$

☞ Stehen im Dividenden keine Ziffern mehr zum Anhängen zur Verfügung, so wird an verbleibende Reste wie in Beispiel 7b) jeweils eine Null angehängt und das Verfahren fortgesetzt.

Ist beim schriftlichen Dividieren der Divisor ein Dezimalbruch, machen wir zunächst den Divisor durch gleichsinnige Kommaverschiebung ganzzahlig und dividieren dann wie gewohnt.

Beispiel 8

$$\begin{array}{l}
31{,}626 : 4{,}2 = 316{,}26 : 42 = 7{,}53 \\
\qquad\qquad\qquad \underline{-294\downarrow} \qquad\qquad \uparrow \\
\qquad\qquad\qquad222 \longrightarrow \text{Komma} \\
\qquad\qquad\qquad \underline{-210} \\
\qquad\qquad\qquad126 \\
\qquad\qquad\qquad \underline{-126} \\
\qquad\qquad\qquad0
\end{array}$$

Eine schriftliche Division kann durch eine Überschlagsrechnung überprüft werden. Dazu muss man Dividend und Divisor gemeinsam so vergrößern oder verkleinern, dass sich der Quotient dann leicht im Kopf berechnen lässt.

Beispiel 9

a) Überschlagsrechnung: $67{,}47 : 7{,}8 \approx 72 : 8 = 9$

Genaue Rechnung: $67{,}47 : 7{,}8 = 8{,}65$

b) Überschlagsrechnung: $158{,}4768 : 0{,}64 \approx 1500 : 6 = 250$

Genaue Rechnung: $158{,}4768 : 0{,}64 = 247{,}62$

7

Größen, Terme, Gleichungen, periodische Dezimalbrüche

In diesem Abschnitt wird zunächst das Rechnen mit Größen abschließend behandelt. Wir beschäftigen uns auch mit dem Begriff des Mittelwertes. Weiterhin wirst du mit Verfahren der Termumformung sowie zur Lösung von Gleichungen und Ungleichungen vertraut gemacht. Schließlich lernst du die periodischen Dezimalbrüche als eine besondere Form von Dezimalbrüchen kennen.

7.1 Verbindung der Rechenarten

Beachte bei der Berechnung von Rechenausdrücken, in denen Potenzrechnung und alle vier Grundrechenarten zusammentreffen, folgende Regeln:

Merke

(1) Potenzrechnung geht vor Punktrechnung, Punktrechnung geht vor Strichrechnung.

(2) Berechne was in Klammern steht zuerst.

(3) Berechne bei geschachtelten Klammern die innerste Klammer zuerst (von innen nach außen).

Beispiel 1

a) $(-48):4:(-3) \underset{\substack{\text{von links}\\ \text{nach rechts}\\ \text{rechnen}}}{=} (-12):(-3)=4$

b) $\frac{1}{2}\cdot\frac{1}{3}:\frac{1}{4}\cdot\frac{1}{5} \underset{\substack{\text{von links}\\ \text{nach rechts}\\ \text{rechnen}}}{=} \frac{1}{6}:\frac{1}{4}\cdot\frac{1}{5} \underset{\substack{\text{von links}\\ \text{nach rechts}\\ \text{rechnen}}}{=} \frac{{}^{2}\cancel{4}}{\cancel{6}_{3}}\cdot\frac{1}{5} \underset{\substack{\text{kürzen und}\\ \text{Produkt}\\ \text{berechnen}}}{=} \frac{2}{15}$

c) $-11\cdot\left[(-72):(-9)\right] \underset{\substack{\text{Klammer}\\ \text{zuerst}}}{=} -11\cdot 8=-88$

d) $\left(\frac{1}{2}\cdot\frac{1}{3}\right):\left(\frac{1}{4}\cdot\frac{1}{5}\right) \underset{\substack{\text{Klammern}\\ \text{berechnen}}}{=} \frac{1}{6}:\frac{1}{20} \underset{\substack{\text{Quotient}\\ \text{berechnen}}}{=} \frac{{}^{10}\cancel{20}}{\cancel{6}_{3}}=\frac{10}{3}=3\frac{1}{3}$

e) $2\cdot(-3)^3-70:(-5) \underset{\text{Potenz berechnen}}{=} 2\cdot(-27)-70:(-5) \underset{\text{Produkt und Quotient berechnen}}{=} -54-(-14)=-40$

f) $[-8+(-7)\cdot 4]:(-9) \underset{\text{Produkt in der Klammer berechnen}}{=} [-8+(-28)]:(-9) \underset{\text{Klammer berechnen}}{=} (-36):(-9)=4$

g) $\frac{3}{4}-\frac{1}{3}:\left(\frac{1}{2}\right)^2 \underset{\text{Potenz berechnen}}{=} \frac{3}{4}-\frac{1}{3}:\frac{1}{4} \underset{\text{Quotient berechnen}}{=} \frac{3}{4}-\frac{4}{3} \underset{\text{Differenz berechnen}}{=} \frac{9-16}{12}=-\frac{7}{12}$

Die folgende Tabelle gibt dir zusammenfassend einen Überblick unter welchen Bedingungen die vier Grundrechenarten in den Zahlenmengen $\mathbb{N}$, $\mathbb{Z}$ und $\mathbb{Q}$ durchführbar sind:

	Summe $a+b$	Differenz $a-b$	Produkt $a\cdot b$	Quotient $a:b$
in $\mathbb{N}$	uneingeschränkt berechenbar	berechenbar, wenn $a\geq b$	uneingeschränkt berechenbar	berechenbar, wenn $b\neq 0$ und $b\mid a$
in $\mathbb{Z}$	uneingeschränkt berechenbar	uneingeschränkt berechenbar	uneingeschränkt berechenbar	berechenbar, wenn $b\neq 0$ und $b\mid a$
in $\mathbb{Q}$	uneingeschränkt berechenbar	uneingeschränkt berechenbar	uneingeschränkt berechenbar	berechenbar, wenn $b\neq 0$

☞ Beachte bei der Berechnung von **Doppelbruchtermen**, dass die vorkommenden Bruchstriche nicht gleichberechtigt sind. Deswegen denkt man sich in manchen Fällen um Zähler oder Nenner oder beide jeweils noch eine Klammer.

Beispiel 2

a) $\dfrac{\frac{2}{3}-\frac{3}{2}}{\frac{2}{3}+\frac{3}{2}} \underset{\text{Zähler- und Nennerterme zuerst}}{=} \dfrac{\frac{4-9}{6}}{\frac{4+9}{6}}=\dfrac{-\frac{5}{6}}{\frac{13}{6}}=-\frac{5}{6}\cdot\frac{6}{13}=-\frac{5}{13}$ oder

$\dfrac{\frac{2}{3}-\frac{3}{2}}{\frac{2}{3}+\frac{3}{2}} \underset{\text{Klammern setzen}}{=} \left(\frac{2}{3}-\frac{3}{2}\right):\left(\frac{2}{3}+\frac{3}{2}\right)=\frac{4-9}{6}:\frac{4+9}{6}=-\frac{5}{6}:\frac{13}{6}=-\frac{5}{6}\cdot\frac{6}{13}=-\frac{5}{13}$

b) $\dfrac{\frac{3}{4}+\frac{2}{3}}{1\frac{1}{3}\cdot 2\frac{1}{4}} \underset{\text{Zähler- und Nennerterme zuerst}}{=} \dfrac{\frac{9+8}{12}}{\frac{4}{3}\cdot\frac{9}{4}}=\dfrac{\frac{17}{12}}{3}=\frac{17}{12}\cdot\frac{1}{3}=\frac{17}{36}$ oder

$\dfrac{\frac{3}{4}+\frac{2}{3}}{1\frac{1}{3}\cdot 2\frac{1}{4}} \underset{\text{Klammern setzen}}{=} \left(\frac{3}{4}+\frac{2}{3}\right):\left(1\frac{1}{3}\cdot 2\frac{1}{4}\right)=\frac{9+8}{12}:\left(\frac{4}{3}\cdot\frac{9}{4}\right)=\frac{17}{12}:3=\frac{17}{36}$

Bei komplizierten Doppelbrüchen ist es übersichtlicher, die Werte von Zähler und Nenner in einer Nebenrechnung gesondert zu berechnen.

Beispiel 3

$$\frac{\left(\frac{7}{2}+\frac{7}{3}\right):\left(\frac{1}{3}+\frac{3}{5}\right)}{\left(\frac{9}{7}-\frac{3}{2}\right)\cdot\frac{7}{2}-\frac{4}{3}}=\frac{\text{Zä}}{\text{Ne}}$$

$$\text{Zä}=\left(\frac{7}{2}+\frac{7}{3}\right):\left(\frac{1}{3}+\frac{3}{5}\right)=\frac{21+14}{6}:\frac{5+9}{15}=\frac{35}{6}:\frac{14}{15}=\frac{{}^{5}\cancel{35}}{{}_{2}\cancel{6}}\cdot\frac{\cancel{15}^{5}}{\cancel{14}_{2}}=\frac{5\cdot5}{2\cdot2}=\frac{25}{4}$$

$$\text{Ne}=\left(\frac{9}{7}-\frac{3}{2}\right)\cdot\frac{7}{2}-\frac{4}{3}=\frac{18-21}{14}\cdot\frac{7}{2}-\frac{4}{3}=-\frac{3}{14}\cdot\frac{7}{2}-\frac{4}{3}=-\frac{3}{4}-\frac{4}{3}=\frac{-9-16}{12}=-\frac{25}{12}$$

$$\frac{\text{Zä}}{\text{Ne}}=\frac{\frac{25}{4}}{-\frac{25}{12}}=\frac{25}{4}:\left(-\frac{25}{12}\right)=-\frac{25}{4}\cdot\frac{12}{25}=-3$$

Berechne Brüche, in denen Dezimalbrüche vorkommen, durch Umwandlung der Dezimalbrüche in gewöhnliche Brüche oder durch Beseitigung der Dezimalbrüche durch Erweitern.

Beispiel 4

$$\frac{0{,}5}{0{,}75}\underset{\text{umwandeln in gewöhnliche Brüche}}{=}\frac{\frac{1}{2}}{\frac{3}{4}}=\frac{1}{2}\cdot\frac{4}{3}=\frac{2}{3}\quad\text{oder}\quad\frac{0{,}5}{0{,}75}\overset{100}{=}\frac{50}{75}\underset{25}{=}\frac{2}{3}$$

7.2 Rechnen mit Größen

- **Addition und Subtraktion**

$7\,\text{m} + 2\,\text{m} = 9\,\text{m}$; $200\,\text{kg} - 60\,\text{kg} = 140\,\text{kg}$

$8\,\text{km} + 12\,\text{km} - 5\,\text{km} = 15\,\text{km}$; $5\,\text{m} - 2\,\text{kg}$ **gibt keinen Sinn!**

> **Merke**
>
> **Gleichartige Größen** (z.B. zwei Längen) kann man addieren oder subtrahieren; bei ungleichartigen Größen ist dies nicht möglich.
>
> **Größen mit gleicher Maßeinheit** werden addiert bzw. subtrahiert, indem man ihre Maßzahlen addiert bzw. subtrahiert und die Maßeinheit beibehält.

Es kann aber auch vorkommen, dass man gleichartige Größen zu addieren oder zu subtrahieren hat, die in verschiedenen Maßeinheiten angegeben sind.

$$\frac{1}{4}\,\text{m} + 35\,\text{cm} = 0{,}25\,\text{m} + 0{,}35\,\text{m} = 0{,}6\,\text{m} = 60\,\text{cm}$$

$$2\frac{2}{3}\,\text{kg} - 1{,}250\,\text{kg} = 2\frac{2}{3}\,\text{kg} - 1\frac{1}{4}\,\text{kg} = \frac{8}{3}\,\text{kg} - \frac{5}{4}\,\text{kg} = \frac{32-15}{12}\,\text{kg} = \frac{17}{12}\,\text{kg} = 1\frac{5}{12}\,\text{kg}$$

> **Merke**
>
> Gleichartige Größen mit verschiedenen Maßeinheiten werden addiert bzw. subtrahiert, indem man zunächst alle Größenangaben durch eine Maßeinheit ausdrückt und alle Maßzahlen in die gleiche Zahldarstellung umwandelt.

- **Multiplikation**

$200 \cdot 0{,}64\,\text{m}^2 = 128\,\text{m}^2 = 1{,}28\,\text{a}$

$\frac{1}{20}$ von $1{,}2\,\text{t} = \frac{1}{20} \cdot \frac{6}{5}\,\text{t} = \frac{6}{100}\,\text{t} = 0{,}06\,\text{t} = 60\,\text{kg}$

3% von $60\,\text{Euro} = 0{,}03 \cdot 60\,\text{Euro} = 1{,}80\,\text{Euro}$

$1{,}7\,\text{cm} \cdot 2{,}5\,\text{cm} = 4{,}25\,\text{cm}^2$

$$1\frac{1}{4}\,\text{m} \cdot 5\frac{1}{2}\,\text{m} \cdot 2\,\text{m} = \frac{5}{4}\,\text{m} \cdot \frac{11}{2}\,\text{m} \cdot 2\,\text{m} = \frac{110}{8}\,\text{m}^3 = 13\frac{6}{8}\,\text{m}^3 = 13\frac{3}{4}\,\text{m}^3$$

> **Merke**
>
> (1) Eine Größe wird mit einer Zahl multipliziert, indem man die Maßzahl mit der Zahl multipliziert und die Maßeinheit beibehält.
>
> (2) Man multipliziert gleichartige Größen, indem man die Maßzahlen und die Maßeinheiten multipliziert.

- **Wissenschaftliche Zahldarstellung**

In Klasse 5 haben wir **große Zahlen** mithilfe von **Zehnerpotenzen mit positiven Exponenten** übersichtlich geschrieben (siehe Skript Klasse 5, Abschnitt 1.9).

Beispiel 1

a) $3000 = 3 \cdot 10^3$

b) $3700 = 3{,}7 \cdot 10^3$

c) $2000000 = 2 \cdot 10^6$

d) $2400000 = 2{,}4 \cdot 10^6$

Kleine Zahlen werden mithilfe von **Zehnerpotenzen mit negativen Exponenten** übersichtlich geschrieben.

Beispiel 2

a) $0{,}3 = 3 \cdot \frac{1}{10} = 3 \cdot \frac{1}{10^1} = 3 \cdot 10^{-1}$

b) $0{,}07 = 7 \cdot \frac{1}{100} = 7 \cdot \frac{1}{10^2} = 7 \cdot 10^{-2}$

c) $0{,}074 = 7{,}4 \cdot \frac{1}{100} = 7{,}4 \cdot \frac{1}{10^2} = 7{,}4 \cdot 10^{-2}$

d) $0{,}00008 = 8 \cdot \frac{1}{100000} = 8 \cdot \frac{1}{10^5} = 8 \cdot 10^{-5}$

e) $0{,}0000851 = 8{,}51 \cdot \frac{1}{100000} = 8{,}51 \cdot \frac{1}{10^5} = 8{,}51 \cdot 10^{-5}$

Es gilt dazu folgende Festlegung:

$\mathbf{10^{-1}} := \frac{1}{10^1} = \frac{1}{10} = 1$ Zehntel

$\mathbf{10^{-2}} := \frac{1}{10^2} = \frac{1}{100} = 1$ Hundertstel

$\mathbf{10^{-3}} := \frac{1}{10^3} = \frac{1}{1000}$ 1 Tausendstel

usw.

Allgemein ist festgelegt:

Definition 7.1

Für alle $n \in \mathbb{N}^*$ gilt: $\mathbf{10^{-n}} := \frac{1}{10^n}$

Wir multiplizieren nun Dezimalbrüche mit Zehnerpotenzen.

Beispiel 3

Multiplikation mit Zehnerpotenzen mit natürlichen Exponenten:

a) $3{,}672 \cdot 10^2 = \frac{3672}{1000} \cdot 100 = \frac{3672}{10} = 367{,}2$

b) $3{,}672 \cdot 10^3 = \frac{3672}{1000} \cdot 1000 = \frac{3672}{1} = 3672{,}0 = 3672$

Multiplikation mit Zehnerpotenzen mit negativen ganzen Exponenten:

c) $745{,}1 \cdot 10^{-2} = \frac{7451}{10} \cdot \frac{1}{100} = \frac{7451}{1000} = 7{,}451$

d) $745{,}1 \cdot 10^{-3} = \frac{7451}{10} \cdot \frac{1}{1000} = \frac{7451}{10\,000} = 0{,}7451$

Zusammenfassend gilt folgende Regel:

Kommaverschiebungsregel

(1) Ein Dezimalbruch wird mit 10^n ($n \in \mathbb{N}$) multipliziert, indem man das Komma im Dezimalbruch um n Stellen nach rechts verschiebt.

(2) Ein Dezimalbruch wird mit 10^{-n} ($n \in \mathbb{N}^*$) multipliziert, indem man das Komma im Dezimalbruch um n Stellen nach links verschiebt.

Beispiel 4

a) $8{,}3 \cdot 10^5 = 830000$ b) $0{,}049 \cdot 10^6 = 49000$

c) $2{,}7 \cdot 10^{-4} = 0{,}00027$ d) $64{,}5 \cdot 10^{-5} = 0{,}000645$

Die Kommaverschiebung mithilfe von Zehnerpotenzen spielt eine wichtige Rolle bei der Angabe von sehr großen und sehr kleinen Zahlen bzw. Größen. Wir schreiben solche Zahlen kurz und übersichtlich als Produkt aus einer Zehnerpotenz und einer Zahl zwischen 1 und 10. Man nennt diese Schreibweise **wissenschaftliche Zahldarstellung**[1].

Beispiel 5

a) $5670000 = 5{,}67 \cdot 10^6$ b) $0{,}00000000863 = 8{,}63 \cdot 10^{-9}$

c) $149600000000\ \text{m} = 1{,}49 \cdot 10^{11}\ \text{m}$ (Abstand Erde–Sonne)

[1] Statt **wissenschaftlicher Zahldarstellung** werden auch die Bezeichnungen **Gleitkommadarstellung** und **Exponentialdarstellung** verwendet.

- **Division**

$$\frac{5{,}6\ \text{km}}{14} = 0{,}4\ \text{km} = 400\ \text{m}$$

$$\frac{3\frac{3}{4}\ \text{h}}{5} = \frac{\frac{15}{4}\ \text{h}}{5} = \frac{3}{4}\ \text{h} = 45\ \text{min}$$

$$\frac{12\ \text{s}}{\frac{2}{3}\ \text{s}} = 12 \cdot \frac{3}{2} = \frac{12 \cdot 3}{2} = 18$$

$$\frac{7{,}5\ \text{m}^3}{0{,}3\ \text{m}} = 25\ \text{m}^2$$

Merke

(1) Eine Größe wird durch eine Zahl dividiert, indem man die Maßzahl durch die Zahl dividiert und die Maßeinheit beibehält.

(2) Größen werden dividiert, indem man die Maßzahlen und die Maßeinheiten dividiert. Haben die Größen dieselbe Maßeinheit, so fällt diese weg und das Ergebnis ist eine Zahl.

7.3 Mittelwert

Definition 7.2
Seien $a, b \in \mathbb{Q}$. Die Zahl m, die in der Mitte zwischen a und b liegt, heißt **arithmetischer Mittelwert** von a und b (Bild 7.1).

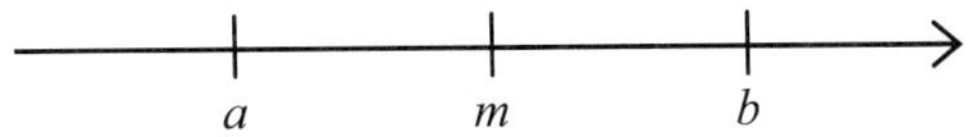

Bild 7.1

Wie lässt sich der arithmetische Mittelwert m zweier Zahlen a und b berechnen? Da die Zahl m in der Mitte zwischen a und b liegen soll, muss sie von a und b denselben Abstand haben. Es muss damit folgende Gleichung gelten:

$$m - a = b - m$$

(siehe Bild 7.2)

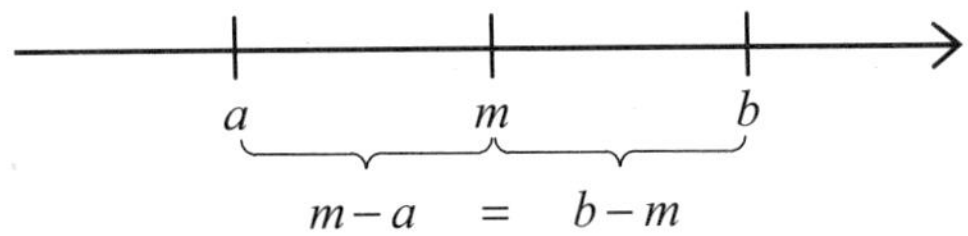

Bild 7.2

Wir lösen die Gleichung nach m auf und erhalten die Berechnungsformel:

$$
\begin{aligned}
m - a &= b - m && \mid +m \\
2m - a &= b && \mid +a \\
2m &= a + b && \mid \cdot \tfrac{1}{2} \\
m &= \frac{1}{2} \cdot (a+b) = \frac{a+b}{2}
\end{aligned}
$$

Merke
Für den arithmetischen Mittelwert zweier Zahlen a und b gilt: $m = \frac{a+b}{2}$

Beispiel 1
Wir berechnen den arithmetischen Mittelwert der folgenden Zahlen.

a) 2 und 5: wir erhalten $m = \frac{2+5}{2} = \frac{7}{2} = 3\frac{1}{2}$

b) $-\frac{1}{2}$ und $\frac{3}{4}$: wir erhalten $m = \frac{-\frac{3}{4} + \frac{3}{4}}{2} = \frac{\frac{1}{4}}{2} = \frac{1}{8}$

c) $-3{,}7$ und $-2{,}8$: wir erhalten $m = \frac{(-3{,}7) + (-2{,}8)}{2} = \frac{-6{,}5}{2} = -3{,}25$

Beispiel 2

Der arithmetische Mittelwert der Zahl $a = 0{,}8$ und einer weiteren Zahl b ist $m = 1{,}16$. Wir berechnen die fehlende Zahl b.

$$\frac{a+b}{2} = m \qquad \text{(Zahlen einsetzen)}$$

$$\frac{0{,}8+b}{2} = 1{,}16 \qquad |\cdot 2$$

$$0{,}8+b = 2{,}32 \qquad |-0{,}8$$

$$b = 1{,}52$$

Die fehlende Zahl ist also $b = 1{,}52$.

Vera trainiert für das kommende Sportfest das Schlagballwerfen. An zwei Tagen hat sie sich die erreichten Weiten notiert.
Da sie wissen will, an welchem Tag ihre Trainingsleistungen besser waren, berechnet sie für beide Tage ihre mittlere Wurfweite m.

Weiten am 1. Tag
20m; 24m; 26m; 22m

Weiten am 2. Tag
22m; 24m; 26m; 23m; 25m

$$1.\text{Tag: } m = \frac{20\text{ m}+24\text{ m}+26\text{ m}+22\text{ m}}{4} = \frac{92\text{ m}}{4} = 23\text{ m}$$

$$2.\text{Tag: } m = \frac{22\text{ m}+24\text{ m}+26\text{ m}+23\text{ m}+25\text{ m}}{5} = \frac{120\text{ m}}{5} = 24\text{ m}$$

Beim Vergleich der **arithmetischen Mittelwerte** der Weiten an den jeweiligen Tagen erkennt sie, dass am 2. Trainingstag ihre Leistungen besser waren.

Merke

Der **arithmetische Mittelwert mehrerer Zahlen** wird berechnet, indem die Summe der Zahlen durch ihre Anzahl dividiert wird.

Kurz: $m = \dfrac{\text{Summe der Zahlen}}{\text{Anzahl der Zahlen}}$

Beispiel 3

Wir berechnen den arithmetischen Mittelwert der folgenden Zahlen:

a) 7; 8 und 11: wir erhalten $m = \frac{7+8+11}{3} = \frac{26}{3} = 8\frac{2}{3}$

b) –2,3; –1,9; –2,1; –2,4 und –1,8:

wir erhalten $m = \frac{(-2{,}3)+(-1{,}9)+(-2{,}1)+(-2{,}4)+(-1{,}8)}{5} = \frac{-10{,}5}{5} = -2{,}1$

Beispiel 4

In den ersten vier Mathematikarbeiten hat Susi die Noten 2, 3, 4 und 2 erreicht. Sie berechnet für die „Durchschnittsnote" den arithmetischen Mittelwert ihrer Noten:

$m = \frac{2+3+4+2}{4} = \frac{11}{4} = 2\frac{3}{3} = 2{,}75$. Ihre Durchschnittsnote ist also 2,75.

Treten bei einer größeren Anzahl von Ergebnissen wiederholt gleiche Zahlen auf, so lässt sich die Berechnung des Mittelwertes vereinfachen.

Beispiel 5

Die Tabelle zeigt den Notenspiegel der letzten Mathematikarbeit in einer Klasse 6 mit 28 Schülern.

Note	1	2	3	4	5	6
Häufigkeit	3	7	9	6	2	1

Wir berechnen als **Notendurchschnitt** den arithmetischen Mittelwert der Noten.

$$m = \frac{\overbrace{1+1+1+2+2+2+2+2+\ldots+4+4+4+4+4+4+5+5+6}^{28\text{ Summanden}}}{28} = \frac{84}{28} = 3$$

oder kürzer

$$m = \frac{1\cdot3+2\cdot7+3\cdot9+4\cdot6+5\cdot2+6\cdot1}{28} = \frac{3+14+27+24+10+6}{28} = \frac{84}{28} = 3$$

Der Notendurchschnitt beträgt also genau 3.

Bemerkung

In der zweiten Berechnungsmöglichkeit des Mittelwertes m im vorherigen Beispiel werden in der Summe $1\cdot3+2\cdot7+3\cdot9+4\cdot6+5\cdot2+6\cdot1$ die einzelnen Noten mit ihren Häufigkeiten als Faktoren **„gewichtet"**. Man spricht daher hier auch von einem **gewichteten arithmetischen Mittelwert**.

Beispiel 6

25 Eier der Handelsklasse A wurden gewogen. Wir berechnen als mittlere Masse in Gramm den gewichteten arithmetischen Mittelwert.

Masse in g	60	61	62	63
Häufigkeit	5	8	7	5

$$m = \frac{60\cdot5+61\cdot8+62\cdot7+63\cdot5}{25} = \frac{300+488+434+315}{25} = \frac{1537}{25} = 61{,}48$$

Die mittlere Masse beträgt also 61,48 g.

7.4 Termumformungen

Aus Klasse 5 weißt du, dass sich Terme mit Variablen umformen lassen, wenn du Gesetze und Regeln des Zahlenrechnens auf die Terme anwendest (siehe Skript Klasse 5, Kapitel 3).

Der Ausgangsterm und der umgeformte Term sind gleichwertig, d.h. sie nehmen bei allen Einsetzungen jeweils den gleichen Wert an. Zwischen den Ausgangsterm und den umgeformten Term wird ein Gleichheitszeichen gesetzt.

Die wichtigsten Termumformungen in $\mathbb{Q}$ erhalten wir durch Anwendung

- der Kommutativ- und Assoziativgesetze der Addition und Multiplikation,
- der Vertauschungsregeln,
- der Vorrangregel für die Rechenarten (Potenz- vor Punkt- vor Strichrechnung),
- der Regeln zum Behandeln von Klammern,
- des Distributivgesetzes und
- der Regeln für Gegenzahlen.

- **Vereinfachung von mehrgliedrigen Produkten**

Beispiel 1

a) $\frac{1}{6}\cdot\frac{2}{3}a \underset{\text{Zahlfaktoren zusammenfassen}}{=} \left(\frac{1}{{}_3\cancel{6}}\cdot\frac{\cancel{2}^1}{3}\right)\cdot a \underset{\text{Klammer berechnen}}{=} \frac{1}{9}a$

b) $(-3)\cdot(-0{,}4)\cdot x \underset{\text{Zahlfaktoren zusammenfassen}}{=} [(-3)\cdot(-0{,}4)]\cdot x \underset{\text{Klammer berechnen}}{=} 1{,}2x$

c) $\frac{4}{3}\cdot\left(-\frac{9}{14}y\right) \underset{\text{Zahlfaktoren zusammenfassen}}{=} \left(-\frac{{}^2\cancel{4}}{{}_1\cancel{3}}\cdot\frac{\cancel{9}^3}{\cancel{14}_7}\right)\cdot y \underset{\text{Klammer berechnen}}{=} -\frac{6}{7}y$

d) $(-10a)\cdot 4ab \underset{\text{Klammer weglassen}}{=} -10\cdot a\cdot 4\cdot a\cdot b \underset{\text{gleichartige Faktoren zusammenfassen}}{=} -40\cdot a^2\cdot b$

• Vereinfachung von Summentermen

Beispiel 2

a) $-24x+27x-12x \underset{\substack{\text{Variable } x\\ \text{ausklammern}}}{=} (-24+27-12)\cdot x \underset{\substack{\text{Klammer}\\ \text{berechnen}}}{=} -9x$

b) $\frac{1}{4}x+\frac{1}{2}x \underset{\substack{\text{Variable } x\\ \text{ausklammern}}}{=} \left(\frac{1}{4}+\frac{1}{2}\right)\cdot x \underset{\substack{\text{Klammer}\\ \text{berechnen}}}{=} \frac{3}{4}x$ (Addiere nur noch die Zahlenfaktoren)

c) $0{,}7b-2{,}3b=(0{,}7-2{,}3)b=-1{,}6b$ (Subtrahiere nur noch die Zahlenfaktoren)

d) $y-0{,}5-y+0{,}3+y \underset{\substack{\text{gleichartige Glieder}\\ \text{zusammenfassen}}}{=} y-0{,}2$

e) $-2{,}8+1{,}5z+2-0{,}9z \underset{\substack{\text{gleichartige Glieder}\\ \text{zusammenfassen}}}{=} 0{,}6z-0{,}8$

• Vereinfachung von Termen mit Klammern

Beispiel 3

a) $\left(a-\frac{2}{5}\right)-\left(\frac{1}{10}+a\right) \underset{\substack{\text{Klammern}\\ \text{auflösen}}}{=} \underline{a}-\underline{\underline{\frac{2}{5}}}-\underline{\underline{\frac{1}{10}}}\,\underline{-a} \underset{\substack{\text{zusammen-}\\ \text{fassen}}}{=} -\frac{5}{10}=-\frac{1}{2}$

b) $\frac{2}{3}\cdot\left(x+\frac{1}{2}\right)-\frac{5}{6}x \underset{\substack{\text{ausmulti-}\\ \text{plizieren}}}{=} \frac{2}{3}x+\frac{1}{3}-\frac{5}{6}x \underset{\substack{\text{zusammen-}\\ \text{fassen}}}{=} -\frac{1}{6}x+\frac{1}{3}$

c) $1{,}4-0{,}2\cdot(2{,}4-3y) \underset{\substack{\text{ausmulti-}\\ \text{plizieren}}}{=} 1{,}4-(0{,}48-0{,}6y)$

$\underset{\substack{\text{Minusklam-}\\ \text{mer auflösen}}}{=} 1{,}4-0{,}48+0{,}6y$

$\underset{\substack{\text{zusammen-}\\ \text{fassen}}}{=} 0{,}92+0{,}6y$

$\underset{\substack{\text{Glieder}\\ \text{umordnen}}}{=} 0{,}6y+0{,}92$

7.5 Aussagen und Aussageformen

Aussagen

In einer Unterrichtsstunde treten verschiedene sprachliche Gebilde auf.

Beispiel 1

a) Ottweiler liegt im Saarland.	(Aussage)
b) 3 ist eine ungerade Zahl.	(Aussage)
c) Die Saar mündet in den Bostalsee.	(Aussage)
d) Wie viel Uhr ist es?	(Frage)
e) Herzlichen Glückwunsch!	(Ausruf)
f) Schaukel nicht mit dem Stuhl!	(Befehl)
g) 3 kg sind mehr als 4 m.	(Unsinn)

In der Mathematik interessieren wir uns vor allem für solche sprachlichen Gebilde, die sinnvoll sind und bei denen eindeutig entschieden werden kann, ob sie entweder richtig oder falsch sind.

Definition 7.3

Ein Satz, von dem grundsätzlich eindeutig entschieden werden kann, ob er richtig oder falsch ist, heißt **Aussage**.

Gemäß dieser Definition sind die obigen Beispiele a, b und c Aussagen, alle anderen Beispiele sind keine Aussagen.

Bemerkungen

1. Ist eine Aussage richtig, so sagen wir: Sie hat den **Wert r**. Wir kennzeichnen dies mit einem eingeklammerten „r“ hinter der Aussage.
2. Ist eine Aussage falsch, so sagen wir: Sie hat den **Wert f**. Wir kennzeichnen dies mit einem eingeklammerten „f“ hinter der Aussage.
3. Eine Aussage ist entweder richtig oder falsch, beides zugleich ist nicht möglich.
4. Eine weitere Möglichkeit als richtig oder falsch gibt es nicht.

Beispiel 2

a) Koblenz liegt am Rhein.	(r)
b) 10 ist eine Primzahl.	(f)
c) Die Kuh ist ein Raubtier.	(f)
d) Die Differenz von 12 und 5 ist 7.	(r)
e) 13 ist ein Teiler von 20.	(f)
f) $50 + 20 + 10 = 80$.	(r)

Aussageformen

Wir betrachten folgende Aussagen:

1 ist Vielfaches von 2	(f),	denn 1 ist nicht durch 2 teilbar
2 ist Vielfaches von 2	(r),	denn 2 : 2 = 1
3 ist Vielfaches von 2	(f),	denn 3 ist nicht durch 2 teilbar
4 ist Vielfaches von 2	(r),	denn 4 : 2 = 1
5 ist Vielfaches von 2	(f),	denn 5 ist nicht durch 2 teilbar

usw.

Diese unendlich vielen Aussagen haben die gemeinsame Form:

***x* ist Vielfaches von 2**.

Der Satz „*x* ist Vielfaches von 2." ist **keine** Aussage, denn wir können nicht entscheiden, ob er richtig oder falsch ist. Er **geht aber in eine Aussage über**, wenn wir die Variable *x* durch eine Zahl aus $\mathbb{N}$ ersetzen.

Betrachten wir jetzt den Satz „*x* ist ein Säugetier.".

Ersetzen wir die Variable *x* durch eine Zahl aus $\mathbb{N}^*$ oder $\mathbb{N}$, so entsteht keine Aussage, sondern ein Quatschsatz.

Ersetzen wir dagegen *x* durch ein Element der Menge G = {Hund, Katze, Fisch, Regenwurm, Biene}, so geht der Satz in eine Aussage über.

Es gilt folgende Definition:

Definition 7.4

Ein Satz mit einer Variablen, der beim Ersetzen der Variablen in geeigneter Form in eine Aussage übergeht, heißt **Aussageform**.

Die Menge, aus der die Einsetzungen für die Variable zu entnehmen sind, heißt **Grundmenge *G*** der Aussageform.

Bemerkungen

1. Zu einer Aussageform gehört immer die Angabe der Grundmenge G. Man spricht dann von einer **Aussageform über der Grundmenge *G***.
2. Ist keine Grundmenge angegeben, so gilt bis auf weiteres $G = \mathbb{N}$.

Beispiel 3

a) „x liegt an der Saar." ist eine Aussageform über $G = \{\text{Saarlouis, Homburg, Merzig}\}$, denn „Saarlouis liegt an der Saar." (r), „Homburg liegt an der Saar." (f), „Merzig liegt an der Saar." (r) sind Aussagen.

b) „x ist eine Quadratzahl." ist eine Aussageform über $\mathbb{N}$, denn „0 ist eine Quadratzahl." (r), „1 ist eine Quadratzahl." (r), „2 ist eine Quadratzahl." (f) usw. sind Aussagen.

c) Die Gleichung $x+3=7$ ist eine Aussageform über $\mathbb{N}$, denn $0+3=7$ (f), $1+3=7$ (f), $2+3=7$ (f), $3+3=7$ (f), $4+3=7$ (r), $5+3=7$ (f) usw. sind Aussagen.

Betrachten wir jetzt die Gleichung $x + 2 = 5$. Sie geht beim Einsetzen der Zahl 3 für x in eine richtige Aussage über. Alle anderen Einsetzungen ergeben falsche Aussagen. Man sagt „3 **erfüllt** oder **löst** die Gleichung." oder „3 ist **Lösung** der Gleichung.".
Setzt man in die **Ungleichung** $x+1<5$ für x die Zahlen 0, 1, 2 und 3 ein, so geht sie in eine richtige Aussage über. Alle anderen Einsetzungen ergeben falsche Aussagen. Die Zahlen 0, 1, 2 und 3 erfüllen oder lösen die Ungleichung. Es sind Lösungen der Ungleichung.

Gleichungen und Ungleichungen sind demnach Aussageformen. ☜

Allgemein ist festgelegt:

Definition 7.5

Jedes Element der Grundmenge G, das beim Einsetzen in die Aussageform diese zu einer richtigen Aussage macht, heißt **Lösung der Aussageform**.

Die Menge aller Lösungen einer Aussageform heißt die **Lösungsmenge *L*** der Aussageform.

Beispiel 4

a) Gegeben ist die Gleichung $x+2=6$ mit $G=\{3,4,5\}$.

Die Zahl 4 ist Lösung der Gleichung (erfüllt bzw. löst sie), weil beim Ersetzen der Variablen x durch die Zahl 4 die Gleichung in eine richtige Aussage übergeht. Die Zahlen 3 und 5 sind keine Lösungen. Also gilt: $L=\{4\}\subset G$.

b) Gegeben ist die Gleichung $x+5=3$ mit $G=\mathbb{N}$.

Da es **keine Lösung** gibt, gilt: $L=\{\ \}\subset G$. Die Gleichung ist **unlösbar**.

c) Gegeben ist die Gleichung $x+x=2x$ mit $G=\mathbb{N}$.

Da **jede Zahl** Lösung ist, gilt: $L=\mathbb{N}=G$. Die Gleichung ist **allgemeingültig**.

Merke

(1) **Gleichungen** und **Ungleichungen** mit einer Variablen sind spezielle Aussageformen.

(2) Die Lösungsmenge L einer Aussageform ist stets Teilmenge der Grundmenge G.

(3) Eine Aussageform über G heißt **erfüllbar** oder **lösbar**, wenn $L \neq \{\ \}$ ist, sie heißt **unerfüllbar** oder **unlösbar**, wenn $L = \{\ \}$ ist und sie heißt **allgemeingültig**, wenn $L = G$ ist.

(4) Wenn Aussageformen dieselbe Lösungsmenge haben, sagt man „sie sind **äquivalent**[1]".

Beispiel 5

a) Die Gleichung $3 + x = 5$ ist erfüllbar über $\mathbb{N}$, denn die Zahl 2 ist Lösung. Sie ist nicht allgemeingültig, weil nur die Zahl 2 die Gleichung löst.

b) Die Gleichung $5 + x = 3$ ist unerfüllbar über $\mathbb{N}$, denn keine natürliche Zahl löst die Gleichung.

c) Die Gleichung $2x + x = 3x$ ist allgemeingültig über $\mathbb{N}$, denn jede natürliche Zahl löst die Gleichung.

[1] aequus (lat.), gleich; valere (lat.) wert sein, gelten

7.6 Gleichungen und Ungleichungen

Gleichungen in $\mathbb{Q}$ werden mithilfe der Methoden gelöst, die dir schon von den Gleichungen in $\mathbb{Z}$ (vergleiche Abschnitt 2.8) bekannt sind:

Beispiel 1

a)

$$\frac{3}{5}\cdot x=\frac{6}{7} \quad \Big|\cdot\tfrac{5}{3} \text{ (Multipl. mit der Kehrz. } \tfrac{3}{5}\text{)}$$

$$\frac{3}{5}\cdot\frac{5}{3}\cdot x=\frac{\cancel{6}^{2}}{7}\cdot\frac{5}{\cancel{3}_{1}} \quad \text{(vereinfachen)}$$

$$x=\frac{10}{7}$$

Probe: $\frac{3}{{}_1\cancel{5}}\cdot\frac{\cancel{10}^{2}}{7}=\frac{6}{7}$ (r)

Ergebnis: $L=\left\{\frac{10}{7}\right\}$

b)

$$-\frac{15}{8}\cdot y=\frac{3}{4} \quad \Big|\cdot\left(-\tfrac{8}{15}\right) \text{ (Kehrz. von } -\tfrac{15}{8}\text{)}$$

$$\left(-\frac{15}{8}\right)\cdot\left(-\frac{8}{15}\right)\cdot y=\frac{{}^{1}\cancel{3}}{{}_{1}\cancel{4}}\cdot\left(-\frac{\cancel{8}^{2}}{\cancel{15}_{5}}\right) \quad \text{(vereinfachen)}$$

$$y=-\frac{2}{5}$$

Ergebnis: $L=\left\{-\frac{2}{5}\right\}$

c)

$$0{,}4=\frac{1{,}2}{x} \quad \Big|\cdot x \ (x\neq 0)$$

$$0{,}4\cdot x=\frac{1{,}2}{\cancel{x}}\cdot\cancel{x} \quad \Big|:0{,}4 \ \text{(vereinfachen)}$$

$$x=\frac{1{,}2}{0{,}4}\overset{10}{=}\frac{12}{4}=3$$

Probe: $0{,}4=\frac{1{,}2}{3}$ (r)

Ergebnis: $L=\{3\}$

Beispiel 2

$$\frac{1}{2}\cdot x+\frac{3}{4}=\frac{1}{3} \qquad \left|-\frac{3}{4}\right.$$

$$\frac{1}{2}\cdot x=\frac{1}{3}-\frac{3}{4} \qquad (\text{vereinfachen})$$

$$\frac{1}{2}\cdot x=-\frac{5}{12} \qquad |\cdot 2$$

$$x=-\frac{5}{12}\cdot 2=-\frac{5}{6}$$

Probe: $\frac{1}{2}\cdot\left(-\frac{5}{6}\right)+\frac{3}{4}=-\frac{5}{12}+\frac{9}{12}=\frac{4}{12}=\frac{1}{3}$ (r)

Ergebnis: $L=\left\{-\frac{5}{6}\right\}$

☞ Wenn Gleichungen in $\mathbb{Q}$ zuerst mit dem Hauptnenner multipliziert werden, dann verschwinden die Brüche und anschließend muss nur noch in $\mathbb{Z}$ gerechnet werden:

Beispiel 3

$$\frac{3}{4}x-\frac{1}{2}=\frac{1}{3}x-\frac{1}{4} \qquad |\cdot 12 \ (\text{Multipl. mit dem HN})$$

$$\left(\frac{3}{4}x-\frac{1}{2}\right)\cdot 12=\left(\frac{1}{3}x-\frac{1}{4}\right)\cdot 12 \qquad (\text{ausmultiplizieren})$$

$$\frac{3}{4}\cdot 12\cdot x-\frac{1}{2}\cdot 12=\frac{1}{3}\cdot 12\cdot x-\frac{1}{4}\cdot 12 \qquad (\text{Produkte vereinfachen})$$

$$9x-6=4x-3 \qquad |-4x$$

$$5x-6=-3 \qquad |+6$$

$$5x=3 \qquad \left|\cdot\frac{1}{5}\right.$$

$$x=\frac{3}{5}$$

Ergebnis: $L=\left\{\frac{3}{5}\right\}$

Untersucht man in $\mathbb{Q}$ die Auswirkungen der Addition, der Subtraktion und der Multiplikation auf die Anordnung, so ergeben sich die gleichen Monotoniegesetze wie in $\mathbb{Z}$ (siehe Abschnitt 2.9):

Merke

(1) In $\mathbb{Q}$ gilt das **Monotoniegesetz der Addition**.
M$^+$: Für alle $r, s, t \in \mathbb{Q}$ gilt: Wenn $r < s$, dann $r + t < s + t$.

(2) In $\mathbb{Q}$ gilt das **Monotoniegesetz der Subtraktion**.
M$^-$: Für alle $r, s, t \in \mathbb{Q}$ gilt: Wenn $r < s$, dann $r - t < s - t$.

(3) In $\mathbb{Q}$ gilt das **Monotoniegesetz der Multiplikation**.
M$^\bullet$: Für alle $r, s, t \in \mathbb{Q}$ gilt:

a) Wenn $r < s$ und $t \in \mathbb{Q}^+$, dann $r \cdot t < s \cdot t$.

b) Wenn $r < s$ und $t \in \mathbb{Q}^-$, dann $r \cdot t > s \cdot t$.

Die Monotoniegesetze sind die Grundlage für das Lösen von Ungleichungen in $\mathbb{Q}$ durch Umformungen:

Merke

(1) Die Grundmenge ist, wenn nicht anders angegeben ist, die Menge $\mathbb{Q}$.

(2) Die Lösungsmenge einer Ungleichung ändert sich nicht, wenn man auf beiden Seiten der Ungleichung dieselbe rationale Zahl addiert oder subtrahiert.

(3) Die Lösungsmenge einer Ungleichung ändert sich nicht, wenn man auf beiden Seiten der Ungleichung denselben Term addiert oder subtrahiert.

(4) Die Lösungsmenge einer Ungleichung ändert sich nicht, wenn man beide Seiten der Ungleichung
- mit derselben positiven rationalen Zahl multipliziert,
- mit derselben negativen rationalen Zahl multipliziert und das Anordnungszeichen umkehrt.

Wir lösen nun einige Ungleichungen in $\mathbb{Q}$ durch systematische Umformungen, bei denen die Lösungsmenge gleich bleibt.

Beispiel 4

$$\frac{3}{2}x > -\frac{3}{4} \qquad \Big|\cdot\frac{2}{3} \text{ (Kehrzahl von } \frac{3}{2}\text{, Anordnung bleibt erhalten)}$$

$$\frac{3}{2}\cdot\frac{2}{3}\cdot x > \left(-\frac{3}{4}\right)\cdot\frac{2}{3} \qquad \text{(vereinfachen)}$$

$$x > -\frac{1}{2}$$

Die Lösungsmenge der Ungleichung enthält damit alle rationalen Zahlen, die größer als $-\frac{1}{2}$ sind.

Wir können die Lösungsmenge mithilfe der **beschreibenden Mengenschreibweise** angeben:

$L = \left\{ x \in \mathbb{Q} \,\middle|\, x > -\frac{1}{2} \right\}$ (lies: L ist die Menge aller $x \in \mathbb{Q}$, für die gilt: $x > -\frac{1}{2}$)

Die Lösungsmenge lässt sich auch als Menge von Zahlpunkten einer Halbgeraden auf der Zahlengeraden darstellen (Bild 7.3):

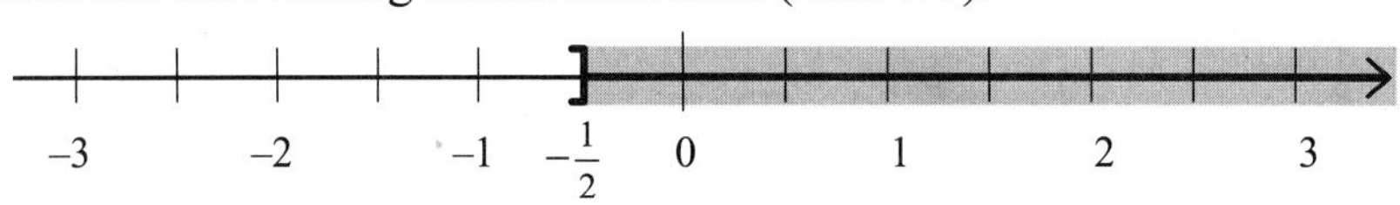

Bild 7.3

Die Lösungsmenge lässt sich mit der **Intervallschreibweise** kürzer schreiben:

$L = \left]-\frac{1}{2}; \infty\right[$ (lies: L ist das **offene Intervall** von $-\frac{1}{2}$ bis unendlich)

Beispiel 5

Wir betrachten die Ungleichung $-3 \le x \le 2\frac{1}{2}$. Die Lösungsmenge enthält alle rationalen Zahlen, die größer oder gleich –3 und kleiner oder gleich $2\frac{1}{2}$ sind.

Wir können die Lösungsmenge mithilfe der beschreibenden Mengenschreibweise angeben: $L = \left\{ x \in \mathbb{Q} \,\middle|\, -3 \le x \le 2\frac{1}{2} \right\}$

Die Lösungsmenge lässt sich auch als Menge von Zahlpunkten einer Strecke auf der Zahlengeraden darstellen (Bild 7.4):

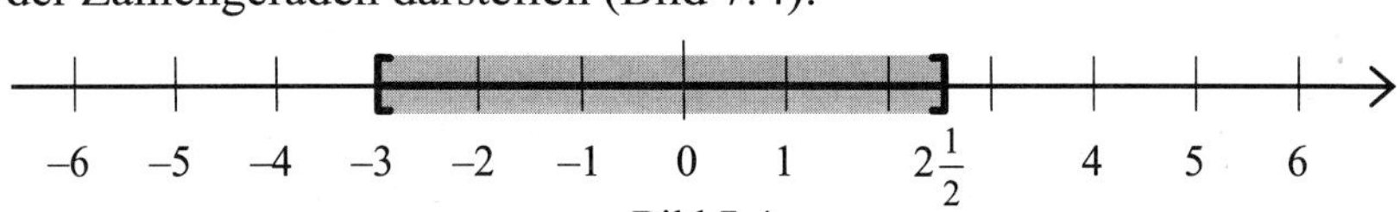

Bild 7.4

Die veranschaulichte Lösungsmenge lässt sich mit der Intervallschreibweise kürzer schreiben:

$L=\left[-3\,;2\frac{1}{2}\right]$ (lies: L ist das **abgeschlossene Intervall** von -3 bis $2\frac{1}{2}$)

Beispiel 6

$$-\frac{8}{15}x+\frac{3}{4}\geq\frac{1}{12} \qquad \left|-\frac{3}{4}\right.$$

$$-\frac{8}{15}x\geq\frac{1}{12}-\frac{3}{4} \qquad (\text{vereinfachen})$$

$$-\frac{8}{15}x\geq-\frac{8}{12} \qquad \left|\cdot\left(-\frac{15}{8}\right)\right. \ (\text{Zeichen umkehren})$$

$$x\leq\left(-\frac{8}{12}\right)\cdot\left(-\frac{15}{8}\right) \qquad (\text{vereinfachen})$$

$$x\leq\frac{5}{4}$$

Ergebnis: $L=\left\{x\in\mathbb{Q}\,\middle|\,x\leq\frac{5}{4}\right\}$

Veranschaulichung der Lösungsmenge (Bild 7.5):

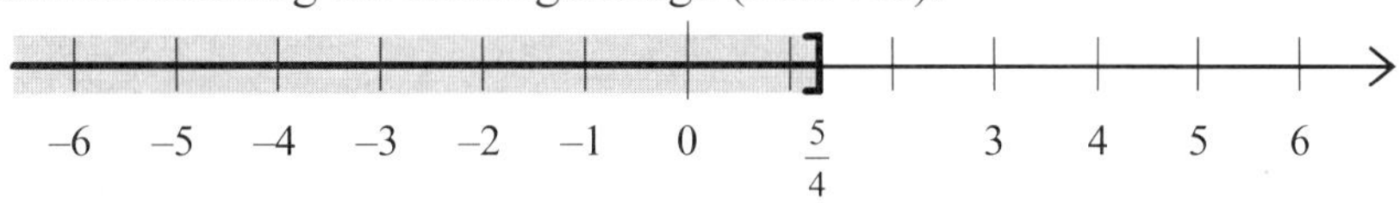

Bild 7.5

Bemerkung

Die veranschaulichte Lösungsmenge in Intervallschreibweise: $L=\left]-\infty\,;\frac{5}{4}\right]$

(lies: L ist das **halboffene Intervall** von minus unendlich bis einschließlich $\frac{5}{4}$)

Beispiel 7

$$-\frac{7}{8}-\frac{z}{5}<\frac{3}{4}z+\frac{11}{20} \qquad |\cdot 40 \text{ (Multiplik. mit dem HN)}$$

$$\left(-\frac{7}{8}-\frac{z}{5}\right)\cdot 40<\left(\frac{3}{4}z+\frac{11}{20}\right)\cdot 40 \qquad \text{(ausmultiplizieren)}$$

$$\left(-\frac{7}{8}\right)\cdot 40-\frac{z}{5}\cdot 40<\frac{3}{4}\cdot 40\cdot z+\frac{11}{20}\cdot 40 \qquad \text{(Produkte vereinfachen)}$$

$$-35-8z<30z+22 \qquad |+35$$

$$-8z<30z+57 \qquad |-30z$$

$$-38z<57 \qquad \left|\cdot\left(-\frac{1}{38}\right)\right. \text{ (Zeichen umkehren)}$$

$$z>-\frac{57}{38} \qquad \text{(mit 19 kürzen)}$$

$$z>-\frac{3}{2}$$

Ergebnis: $L=\left\{ z\in \mathbb{Q} \,\middle|\, z>-\frac{3}{2} \right\}$

Veranschaulichung der Lösungsmenge (Bild 7.6):

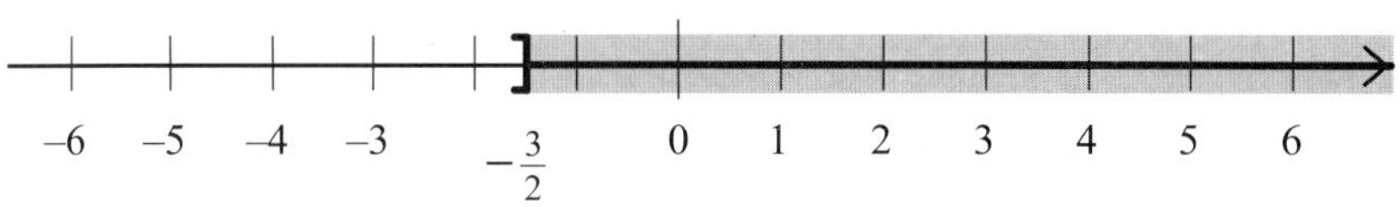

Bild 7.6

Die veranschaulichte Lösungsmenge in Intervallschreibweise:

$L=\left]-\frac{3}{2};\infty\right[$ (lies: L ist das offene Intervall von $-\frac{3}{2}$ bis unendlich)

7.7 Periodische Dezimalbrüche

Wir wissen, dass sich ein vollständig gekürzter gewöhnlicher Bruch nur dann über einen Zehnerbruch in einen Dezimalbruch umwandeln lässt, wenn in der Primfaktorzerlegung seines Nenners ausschließlich die Primfaktoren 2 oder auch 5 vorkommen.

Wollen wir andere gewöhnliche Brüche in einen Dezimalbruch verwandeln, haben wir noch die Möglichkeit das schriftliche Divisionsverfahren anzuwenden.

Beispiel 1

a) $\frac{1}{3} = 1 : 3 = 0{,}3\,3\,3\ldots$

$$\begin{array}{l} -0 \quad \uparrow \\ \hline 10 \rightarrow \text{Komma} \\ -\ 9 \\ \hline \quad 10 \\ \quad -\ 9 \\ \hline \qquad 10 \\ \qquad -\ 9 \\ \hline \qquad\quad \ldots \end{array}$$

Das Divisionsverfahren **bricht nicht ab**, da stets der Rest 1 auftritt.

Als Ergebnis erhalten wir einen **periodischen Dezimalbruch**, bei dem sich hinter dem Komma die Ziffer 3 endlos wiederholt.

Wir schreiben:

$\frac{1}{3} = 1:3 = 0{,}333\ldots = \mathbf{0{,}\overline{3}}$

(lies: null Komma **Periode** drei)

b) $\frac{14}{11} = 1\,4 : 1\,1 = 1{,}2\,7\,2\,7\ldots$

$$\begin{array}{l} -11 \qquad \uparrow \\ \hline \quad 30 \rightarrow \text{Komma} \\ \quad -22 \\ \hline \qquad 80 \\ \qquad -77 \\ \hline \qquad\quad 30 \\ \qquad\quad -22 \\ \hline \qquad\qquad 80 \\ \qquad\qquad -77 \\ \hline \qquad\qquad\quad \ldots \end{array}$$

Das Divisionsverfahren bricht nicht ab, da abwechselnd die Reste 3 und 8 auftreten.

Als Ergebnis erhalten wir einen periodischen Dezimalbruch, bei dem sich hinter dem Komma die Ziffernfolge 27 endlos wiederholt.

Wir schreiben:

$\frac{14}{11} = 14:11 = 1{,}2727\ldots = \mathbf{1{,}\overline{27}}$

(lies: eins Komma Periode zwei sieben)

c) $\frac{13}{6} = 13 : 6 = 2{,}1666...$

$$\begin{array}{l} -12 \\ \hline \quad 10 \rightarrow \text{Komma} \\ \quad -6 \\ \hline \quad\; 40 \\ \quad -36 \\ \hline \qquad 40 \\ \qquad -36 \\ \hline \qquad\; 40 \\ \qquad -36 \\ \hline \qquad\quad \dots \end{array}$$

Das Divisionsverfahren bricht nicht ab, da ab einem bestimmten Divisionsschritt stets der Rest 4 auftritt.

Als Ergebnis erhalten wir einen periodischen Dezimalbruch, bei dem sich hinter dem Komma ab der zweiten Dezimalstelle die Ziffer 6 endlos wiederholt.

Wir schreiben:

$\frac{13}{6} = 13 : 6 = 2{,}1666\ldots = \mathbf{2{,}1\overline{6}}$

(lies: zwei Komma eins Periode sechs)

Allgemein setzt man fest:

Definition 7.6

Ein Dezimalbruch heißt **periodisch**, wenn sich ab einer bestimmten Dezimalstelle eine feste Ziffernfolge beliebig oft wiederholt. Diese Ziffernfolge heißt **Periode**[1] des Dezimalbruchs.

Beginnt die Periode mit der ersten Nachkommastelle, heißt der Dezimalbruch **reinperiodisch**, andernfalls **gemischtperiodisch**.

Ein Dezimalbruch heißt **abbrechend** oder **endlich**, wenn er eine feste Zahl von Dezimalstellen besitzt oder ab einer bestimmten Stelle nur noch die Ziffer 0 erscheint.

Beispiel 2

a) $\frac{137}{40} = 137 : 40 = 3{,}425$ abbrechender Dezimalbruch

b) $\frac{11}{101} = 11 : 101 = 0{,}10891089... = 0{,}\overline{1089}$ reinperiodischer Dezimalbruch mit der Periode 1089

c) $\frac{47}{22} = 47 : 22 = 2{,}13636... = 2{,}1\overline{36}$ gemischtperiodischer Dezimalbruch mit der Periode 36

[1] periodos (griech.), Umlauf, Wiederkehr

Wir können also einen gewöhnlichen Bruch in einen Dezimalbruch verwandeln, indem wir den Zähler durch den Nenner dividieren. Geht diese Division auf, dann erhalten wir einen abbrechenden Dezimalbruch. Geht die Division nicht auf, dann erhalten wir einen periodischen Dezimalbruch. Dass dies immer so ist, verdeutlicht uns das folgende Beispiel:

Beispiel 3

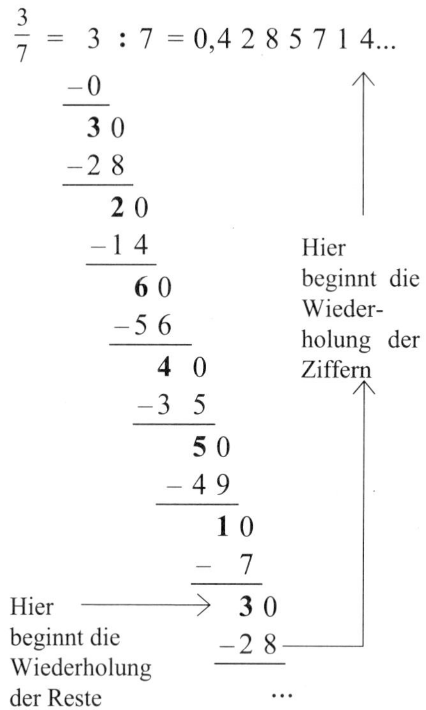

Das Divisionsverfahren bricht nicht ab, denn der Rest 0 tritt nicht auf.

Da wir in jedem Schritt durch 7 dividieren, können nur die Reste 1, 2, 3, 4, 5 oder 6 auftreten.

Spätestens beim siebten Divisionsschritt nach Setzen des Kommas muss sich einer der Reste wiederholen. Damit wiederholen sich aber im Ergebnis die Ziffern. Die Periode kann bei Division durch 7 also höchstens aus sechs Ziffern bestehen.

Wie man bei Durchführung der Divisionsschritte sieht, treten hier alle möglichen Reste auch tatsächlich in der Reihenfolge 3, 2, 6, 4, 5, 1 auf und führen im Ergebnis zu der Dezimalenfolge 428571.

Dann wiederholt sich der Rest 3 und mit dem folgenden Divisionsschritt erhält man im Ergebnis wieder die Dezimale 4. Mit den dann folgenden Resten wiederholen sich im Ergebnis die übrigen Dezimalen.

Es gilt also:

$$\frac{3}{7} = 3:7$$
$$= 0{,}428571428571\ldots = 0{,}\overline{428571}$$

Damit lässt sich jeder gewöhnliche Bruch entweder durch einen abbrechenden oder durch einen periodischen Dezimalbruch darstellen.

Da die gewöhnlichen Brüche alle rationalen Zahlen darstellen, gilt:

Merke
Bei Verzicht auf die Neunerperiode (siehe Beispiel 4d) und die Endziffer 0 lässt sich jede rationale Zahl eindeutig entweder durch einen abbrechenden oder durch einen periodischen Dezimalbruch darstellen.

Weiterhin gilt:

1. Der aus einem vollständig gekürzten Bruch berechnete Dezimalbruch ist abbrechend, wenn die Primfaktorzerlegung des Nenners nur die Primfaktoren 2 oder 5 (oder beide) enthält.
2. Der aus einem vollständig gekürzten Bruch berechnete Dezimalbruch ist reinperiodisch, wenn die Primfaktorzerlegung des Nenners keinen der Primfaktoren 2 oder 5 enthält.
3. Der aus einem vollständig gekürzten Bruch berechnete Dezimalbruch ist gemischtperiodisch, wenn die Primfaktorzerlegung des Nenners mindestens einen der Primfaktoren 2 oder 5 enthält und mindestens noch einen anderen Primfaktor.
4. Ist der aus einem vollständig gekürzten Bruch berechnete Dezimalbruch periodisch, so ist die Stellenzahl der Periode mindestens um 1 kleiner als der Nenner des Bruchs.
5. Die bisher formulierten Rechenregeln für Dezimalbrüche gelten nur für abbrechende Dezimalbrüche uneingeschränkt.

Umwandlung periodischer Dezimalbrüche

Da man mit periodischen Dezimalbrüchen nicht rechnen kann, ist man vor die Aufgabe gestellt, sie in gewöhnliche Brüche umzuwandeln.

Das folgende Beispiel zeigt dir ein Verfahren für reinperiodische Dezimalbrüche, die größer als 0 und kleiner als 1 sind.

Beispiel 4

a) Wir wollen den reinperiodischen Dezimalbruch $0,\overline{4}$ in einen gewöhnlichen Bruch verwandeln.

Der Dezimalbruch wird so mit einer Zehnerpotenz multipliziert, dass das Komma hinter die erste Periode kommt (hier mit 10).

Wir erhalten	$10 \cdot 0,\overline{4} = 4,\overline{4}$
Wir subtrahieren davon	$-\ 1 \cdot 0,\overline{4} = 0,\overline{4}$
Dann ergibt sich	$9 \cdot 0,\overline{4} = 4 \quad \vert :9$
Das Ergebnis lautet	$0,\overline{4} = \frac{4}{9}$

b) Wir verwandeln $0,\overline{53}$ in einen gewöhnlichen Bruch:

$$\begin{array}{rcrcl} 100 & \cdot & 0,\overline{53} & = & 53,\overline{53} \\ -\ 1 & \cdot & 0,\overline{53} & = & 0,\overline{53} \\ \hline 99 & \cdot & 0,\overline{53} & = & 53 \qquad \vert :99 \end{array}$$

$$\text{Also:} \quad 0,\overline{53} = \frac{53}{99}$$

c) Wir verwandeln $0,\overline{351}$ in einen gewöhnlichen Bruch:

$$\begin{array}{rcrcl} 1000 & \cdot & 0,\overline{351} & = & 351,\overline{351} \\ -\ 1 & \cdot & 0,\overline{351} & = & 0,\overline{351} \\ \hline 999 & \cdot & 0,\overline{351} & = & 351 \qquad \vert :999 \end{array}$$

$$\text{Also:} \quad 0,\overline{351} = \frac{351}{999} \underset{27}{=} \frac{13}{37}$$

d) Wir verwandeln $0,\overline{9}$ in einen Dezimalbruch:

$$\begin{array}{rcrcl} 10 & \cdot & 0,\overline{9} & = & 9,\overline{9} \\ -\ 1 & \cdot & 0,\overline{9} & = & 0,\overline{9} \\ \hline 9 & \cdot & 0,\overline{9} & = & 9 \qquad \vert :9 \end{array}$$

$$\text{Also:} \quad 0,\overline{9} = \frac{9}{9} = 1$$

Wir sehen, dass wir auf die Neunerperiode verzichten müssen, da es sonst z.B. für die Zahl 1 zwei verschiedene Dezimalbruchdarstellungen gibt.

An den Beispielen erkennen wir die Gültigkeit folgender Regel:

Regel zur Umwandlung eines reinperiodischen Dezimalbruchs in einen gewöhnlichen Bruch

Ein reinperiodischer Dezimalbruch zwischen 0 und 1 wird in einen gewöhnlichen Bruch verwandelt, indem man die Periode in den Zähler schreibt und so viele Neuner in den Nenner, wie die Periode Ziffern hat.

Beispiel 5

a) $0,\overline{3456} = \frac{3456}{9999} \underset{9}{=} \frac{384}{1111}$

b) $0,\overline{074} = \frac{074}{999} = \frac{74}{999} \underset{37}{=} \frac{2}{27}$

Ist ein reinperiodischer Dezimalbruch größer als 1, so zerlegt man ihn in eine ganze Zahl und einen reinperiodischen Dezimalbruch zwischen 0 und 1.

Beispiel 6

a) $1,\overline{2} = 1 + 0,\overline{2} = 1 + \frac{2}{9} = 1\frac{2}{9} = \frac{11}{9}$

b) $2,\overline{36} = 2 + 0,\overline{36} = 2 + \frac{36}{99} = 2 + \frac{4}{11} = 2\frac{4}{11} = \frac{26}{11}$

Die Umwandlung eines gemischtperiodischen Dezimalbruchs lässt sich auf die eines reinperiodischen Dezimalbruchs zurückführen. Dazu multipliziert man den gemischtperiodischen Dezimalbruch so mit einer Zehnerpotenz, dass die Periode unmittelbar hinter dem Komma beginnt, wandelt um und teilt den erhaltenen gewöhnlichen Bruch wieder durch die Zehnerpotenz.

Beispiel 7

a) $0,8\overline{3} = \frac{10 \cdot 0,8\overline{3}}{10} = \frac{8,\overline{3}}{10} = \frac{8 + 0,\overline{3}}{10} = \frac{8 + \frac{3}{9}}{10} = \frac{8 + \frac{1}{3}}{10} = \frac{\frac{25}{3}}{10} = \frac{25}{30} = \frac{5}{6}$

b) $2,43\overline{18} = \frac{100 \cdot 2,43\overline{18}}{100} = \frac{243,\overline{18}}{100} = \frac{243 + 0,\overline{18}}{100} = \frac{243 + \frac{18}{99}}{100} = \frac{243 + \frac{2}{11}}{100}$

$= \frac{\frac{2675}{11}}{100} = \frac{2675}{1100} \underset{25}{=} \frac{107}{44} = 2\frac{19}{44}$

Für die Berechnung von Ausdrücken, in denen periodische Dezimalbrüche vorkommen, gilt:

Merke

(1) Wandele für eine exakte Rechnung periodische Dezimalbrüche zunächst in gewöhnliche Brüche um.

(2) Runde für einen Näherungswert periodische Dezimalbrüche auf eine bestimmte Dezimale.

Beispiel 8

Wir wollen folgenden Term zunächst näherungsweise berechnen:

$$\frac{3}{4}\cdot 0{,}1\overline{6}+0{,}\overline{3}:0{,}\overline{6}\approx 0{,}8\cdot 0{,}2+0{,}3:0{,}6=0{,}16+0{,}5=0{,}66$$

Wir berechnen nun den exakten Wert:

$$\frac{3}{4}\cdot 0{,}1\overline{6}+0{,}\overline{3}:0{,}\overline{6}=\frac{3}{4}\cdot\frac{1\frac{6}{9}}{10}+\frac{3}{9}:\frac{6}{9}=\frac{3}{4}\cdot\frac{\frac{15}{9}}{10}+\frac{3}{9}:\frac{6}{9}=\frac{3}{4}\cdot\frac{\cancel{15}^{1}}{\cancel{90}_{6}}+\frac{{}^{1}\cancel{3}}{{}_{1}\cancel{9}}\cdot\frac{\cancel{9}^{1}}{\cancel{6}_{2}}$$

$$=\frac{{}^{1}\cancel{3}}{\cancel{24}_{8}}+\frac{1}{2}=\frac{1}{8}+\frac{1}{2}=\frac{5}{8}=0{,}625$$

Stichwortverzeichnis

Abkürzungen und Symbole

A

B